Nacozari de García

First Edition
OUR
History Words
Series

ERNESTO IBARRA

NACOZARI
DE GARCÍA
Tres siglos de historia y minería

HISPANIC INSTITUTE
of SOCIAL ISSUES
Mesa, Arizona | 2016

First Edition

Cover and book design by Yolie Hernandez, HISI © 2016
Front cover picture: Pilares de Nacozari (ca. 1920)
Freeport & McMoRan, Inc. - Phelps Dodge Collection
Back cover picture: Nacozari Railroad
Arizona Southwest Borderlands Photograph Collection
The University of Arizona Special Collections
Author picture by Eduardo Barraza, HISI © 2016

Published by the Hispanic Institute of Social Issues

No part of this book may be used, saved, scanned, or reproduced in any manner whatsoever without the written permission of the author and/or publisher.
All Rights Reserved.

HISI
PO Box 50553
Mesa, Arizona 85208-0028
(480) 646-9401 | hisi.org | info@hisi.org

Nacozari de García, Tres siglos de historia y minería
Ernesto Ibarra © 2016
1st. ed. pp.xv, 328

ISBN-10: 1-936885-16-6
ISBN-13: 978-1-936885-16-9

Printed in the United States of America.
1 2 3 4 5 6 7 8 9 10

Índice

- ix **Prólogo**
- xiii **Introducción**
- 3 **Nacozari: ¿nopal o fruta de piedra?**
  - Vestigios prehispánicos de los ópatas.....4
  - El mineral, la nueva realidad regional.....5
  - Riqueza mineral y bonanza.....7
  - La bonanza bajo asedio.....12
  - Abandono y desolación.....16
- 21 **Un nuevo pueblo, una nueva historia**
  - La Phelps Dodge al rescate.....25
  - El cobre: nuevo metal del desarrollo.....26
  - La Moctezuma Copper Company y el resurgimiento de Nacozari.....28
  - Rápida expansión territorial.....30
  - Placeritos: un nuevo lugar para la instalación del pueblo.....32
  - Nuevas instalaciones de la empresa minera.....34
  - Política social y laboral de la Moctezuma Copper Company: una realidad insuperable.....35
  - Medidas de seguridad dentro de la empresa.....38
  - Una nueva y más moderna concentradora.....40
  - «El Huacal» y el acceso al vital líquido.....43
  - La construcción de un nuevo pueblo.....49
  - Nacozari: un pueblo con energía eléctrica a principios del siglo XX.....60
  - Una parroquia nueva y diferente.....64

69   PILARES DE NACOZARI: COLUMNA VERTEBRAL DE LA HISTORIA DE NACOZARI
  Las minas de Pilares: nuevo núcleo de bonanza.....74
  Breve etapa como municipio libre.....88
  Abundancia de cobre, escasez de trabajo.....90
  Churunibabi: otro importante centro minero en Nacozari.....99
  El mineral de «La Plomosa».....108
  «El Tigre», mineral escondido en lo más alto de la sierra. Breve historia......109
  Otras pequeñas minas en la región.....113

117   EL FERROCARRIL DE NACOZARI: HISTORIA, IDENTIDAD Y DESARROLLO
  La compañía del ferrocarril de Nacozari en el contexto mexicano.....120
  La llegada del tren a Nacozari.....123
  El segundo ferrocarril de Nacozari: un proyecto descarrilado.....125
  La Compañía del Ferrocarril de Nacozari y sus operaciones en la región.....133
  El telégrafo: Un nuevo método de comunicación en Nacozari a principios del siglo XX.....136
  «Pueblo trenero...».....137
  La decadencia progresiva del ferrocarril en Nacozari.....139
  Privatización y licitación del antiguo ferrocarril de Nacozari.....145
  Impacto histórico del ferrocarril en Nacozari.....149

151   LA TRAGEDIA QUE FORJÓ A UN HÉROE
  Primeras muestras de heroísmo.....154
  Cronología de la tragedia.....157
  Reconocimiento inmediato al nuevo héroe ferrocarrilero.....163
  Homenajes nacionales y extranjeros.....166
  Un monumento a la altura del héroe.....168

Homenajes posteriores.....172

Homenajes en Sonora.....178

Réplica de la locomotora: homenaje de los ferrocarrileros.....182

Los orígenes de Jesús García.....185

Reconocimiento desde Londres.....191

197 NACOZARI Y SU PARTICIPACIÓN EN LA REVOLUCIÓN MEXICANA

Antecedentes sociales de la Revolución en Nacozari.....198

La rebelión de Pascual Orozco y la intervención de Nacozari de García.....203

La traición de Victoriano Huerta y la reacción de Nacozari.....209

La toma de Nacozari: primera victoria en Sonora contra el gobierno de Huerta.....211

Nacozari como punto estratégico en la Revolución: breve cronología.....214

Pancho Villa en Nacozari.....217

223 SILVESTRE RODRÍGUEZ OLIVARES: EL CANTOR DE NACOZARI

La llegada de Silvestre Rodríguez en Nacozari.....226

La Pilareña: himno del pueblo sonorense.....230

Otras composiciones famosas.....235

Otras composiciones.....240

Valses *Viva mi desgracia* y *El gorjeo de las aves*. La confusión que se hizo historia......242

Homenajes y reconocimientos.....243

Quiso morir entre su gente.....244

Consideraciones finales.....249

255 HISTORIA POLÍTICA DE NACOZARI DE GARCÍA: CONFLICTOS Y PROGRESO

«Don Pepe», primera autoridad del Nacozari moderno.....256

Cambios legales al nombre de la comisaría.....257

　　　　El surgimiento de un municipio libre.....260
　　　　Un municipio en busca de expansión.....261
　　　　El gobierno mexicano se impone a la Moctezuma Copper
　　　　　　Company.....266

275　Una nueva historia, un nuevo capítulo
　　　　Bonanza y abandono: paradojas de los años 40.....278
　　　　Resurgimiento económico.....281
　　　　Nuevas exploraciones repiten la historia.....284
　　　　Nacozari de García y Villa Hidalgo disputan la mina.....287
　　　　Surgen los primeros conflictos laborales.....288
　　　　Avance de las operaciones mineras en Nacozari.....290

293　Consideraciones finales

295　Lugares emblemáticos de la historia contemporánea
　　　　Fuente de las Sonrisas: un regalo europeo para
　　　　　　Nacozari.....295
　　　　El castillo de la cuesta.....302

305　Cronología de hechos históricos

313　Bibliografía

Prólogo

El escribir historia se asemeja al oficio de *gambusinear*: búsqueda de vetas temáticas, prospectiva de protocolos de investigación, arduo esfuerzo en el cotejo de fuentes e hipótesis de aparente rédito cualitativo o cuantitativo, desecho de tesis de baja ley historiográfica, apertura de tiros de exploración metodológica, balances, acotamientos, conclusiones.

No es exagerado decir que historiar es batirse en duelo con la enormidad de lo acontecido en el pasado, en la búsqueda de un *Potosí* que esclarezca un hecho, una coyuntura entre procesos, un suceso omiso pero que puede acabar explicando mucho, una biografía clave, un acontecimiento estratégico, es decir: ventanas empolvadas por el tiempo y el polvo acumulado de la historia.

En ese sentido, el presente trabajo de Jesús Ernesto Ibarra Quijada, *Nacozari de García: Tres siglos de historia y minería*, abona a la mejor tradición de estos *topos de Clío*, verdaderos excavadores de socavones y profundidades de nuestra rica historia regional y en particular, la del norte del hoy estado de Sonora.

A lo largo de más de 300 páginas y navegando en una narrativa amena e interesante y bien fundamentada, el autor —*nacozarense* de orgullosa identidad—, nos lleva de la mano desde su debate toponímico, a la fragua del origen y fundación minera del Nacozari de García actual. Desde sus comienzos de asentamiento de frontera ópata y de imprecisos linderos con la apachería trashumante en todo el XIX, hasta la erección del señorío y bonanza de lo que llegó a ser ese pueblo llamado Pilares. Desde el ferrocarril como la nueva y metálica bestia de carga que arrancaba de las entrañas de los cerros el metal rojizo, hasta el destino de sus protohombres más representativos, épicos, vitales.

Ventana abierta, la historia de Nacozari de García es una historia de épocas boyantes y de crisis; de sufrimiento colonizador a la vez que historia de ímpetu de náufrago en medio del septentrión novohispano; historia heredera del proceso afianzador de la frontera norte mexicana y del enclave minero en la mejor de las tradiciones de la historiografía moderna; historia de abandono y repoblamiento, de apertura al progreso y de confrontación y tensiones con los costos del progreso.

La chispa divina que rescató de los escombros del abandono a Nacozari, fue el cobre. Bendito metal de uso industrial y del desarrollo, que vino a detonar su resurgimiento en el contexto de la masiva electrificación y poblamiento de cableado que se empezaba a apoderar de todo el escenario del hemisferio. Ernesto Ibarra deja por lo tanto en claro que el eje de su trabajo, mismo que merece la mayor de las ponderaciones y que obliga a su lectura desde este momento, es entonces la historia de una región de corazón rojo y sangre minera.

La aparición de la Phelps Dodge y su subsidiaria la Moctezuma Copper Company, de finales del siglo XIX, habrán de ser el basamento de la nueva arquitectura política, económica y social de Nacozari de García. El historiador racionaliza adecuadamente sus diferentes etapas de constitución, exploración, instalación, organización, explotación y comercialización que les permitieron convertirse en el centro de todo. La enumeración de sus vicisitudes, riesgos y prácticas, son harto ilustrativas para los amantes de la historia minera y empresarial del noroeste de México.

No deja de lado el agudo ojo de Ibarra Quijada, el configurar su material desde una perspectiva general, panorámica y si se quiere hasta global, sin abandono de la cotidianidad que ayuda a explicar la formación del Nacozari de García actual, "isla rodeada de tierra" y su hermana menor Pilares y demás puntos de interés minero.

El abastecimiento del agua, la educación, el comercio, la urbanización apegada a la arrugada topografía de montaña, el fluido eléctrico, la expresión religiosa, su municipalización, el ferrocarril de uso minero, el telégrafo, entre otros muchos capítulos y secciones más, nos permiten una excelente amplitud informativa en materia histórica, económica y sociológica, que hacen de este libro una obra de capital atractivo para investigadores, académicos y público interesado en la materia.

El apartado dedicado a Jesús García Corona, su tragedia y leyenda, viene a ser a la par de un homenaje permanente a su legado y ejemplo humano y universal, unan narración inédita hasta hoy por la forma como va imbricando el contexto y los sucesos del drama convertido en salto a la inmortalidad del sonorense inmolado en aras del deber y el sacrificio socialmente útil.

Como bien lo asentara el constituyente sonorense Juan de Dios Bojórquez: *Se llamaba antes de morir Jesús García. Se llama ahora, El Héroe de Nacozari.*

La Revolución Mexicana, Silvestre Rodríguez, El Castillo de la Cuesta y el hotel de Nacozari, entre otros muchos platillos histórico literarios más, engalanan y cierran este periplo vasto de cultura y homenaje a la historia de esa significativa región del norte sonorense.

Agradecido con el autor por el inmerecido honor de tratar de contribuir con estas modestas y defectuosas líneas a este invaluable retrato sobre la historia de Nacozari de García, Sonora, México, recomiendo ampliamente su lectura dejando por seguro que se convertirá desde el mismo momento de su publicación, en un acervo imprescindible para el acercamiento y comprensión de la historia de nuestra tierra.

Mtro. Benjamín Gaxiola Loya
Presidente de la Sociedad Sonorense de Historia
2014-2016

Introducción

El trabajo de investigación que aquí se comparte, tiene una importante finalidad: ofrecer a las nuevas generaciones un panorama más amplio de los hechos y acontecimientos que marcaron el rumbo de la historia local, regional y nacional a partir de su realidad en Nacozari de García, Sonora.

El estado de Sonora es una entidad muy rica —no sólo por los vastos recursos naturales que ofrece a México y al mundo—, sino por la calidez y calidad de su gente, la riqueza de sus tradiciones y su interesante historia que sigue apasionado a las nuevas generaciones.

Este trabajo pretende preservar parte de la historia a fin de que las actuales y futuras generaciones puedan comprender con mayor claridad el legado histórico que les fue heredado por sus antepasados. De no preservarse y difundirse, nuestra historia se diluye y se pierde con los años. Es, por lo tanto, común que con el paso del tiempo se distorsione o tergiverse la realidad, dando pie a falsas historias que se alejan de la realidad.

Los sucesos en la vida de los pueblos tienen un particular efecto que marca la historia y permite definir la identidad de sus pobladores. En Sonora, cada rincón de su geografía cuenta con relatos que enriquecen su acervo histórico, y que forman parte el mosaico cultural del pueblo sonorense. Nacozari de García no es la excepción y —si bien es cierto que este pueblo minero es ampliamente reconocido por la gesta heroica del joven ferrocarrilero Jesús García Corona—, existen también muchos otros acontecimientos de gran importancia que determinaron el curso de la historia de Sonora.

Como investigador me avoqué a la tarea de buscar, recopilar y difundir en distintos medios la historia de este pueblo, en razón de la gran cantidad de datos que existen y pueden contribuir a enaltecer la presencia de Sonora en el mapa histórico de la República Mexicana. El extenso trabajo de investigación ha dado como resultado este libro: *Nacozari de García, tres siglos de historia y minería*, el cual plantea al lector un acercamiento verídico y real de la historia de este pueblo, desde sus inicios prehispánicos hasta los acontecimientos históricos contemporáneos de mayor relevancia. Esta obra constituye una visión generalizada de cuatro campos que componen la historia: la sociedad, la cultura, la economía y la política.

Las historias y acontecimientos que aquí se relatan son producto de dicha labor de investigación que incluye una detallada compilación de datos, documentos, fotografías y demás fuentes primarias que respaldan debidamente la información que aquí se expone. Como resultado de ello, las especulaciones y leyendas que con el tiempo se han fabricado en la imaginación colectiva por la falta y comisión de fuentes fidedignas que amparen la veracidad de estas anécdotas, quedan descartadas y desacreditadas. Aunque existen cuentos y leyendas bien fundamentadas, hay también numerosos relatos que nacieron de la fértil y creativa imaginación de unos cuantos. Este trabajo de varios años de investigación busca pues, disipar dudas y aclarar discrepancias. Todo está debidamente documentado.

Por tanto, el propósito fundamental de esta obra es divulgar datos históricos desconocidos que paulatinamente se han ido dejando de lado con los años. Así, mediante el uso único de fuentes fidedignas, se busca revalidar la verdadera historia del pueblo nacozarense.

Con la información que se presenta, el lector podrá entender y evaluar por sí mismo los acontecimientos que formaron nuestra identidad y le permitirán entender nuestra realidad actual. No obstante, a pesar de la abundante cantidad de datos que se comparten con el lector, esta información representa solamente una introducción breve que invita al estudio más a fondo del pasado que aconteció en lo que hoy conocemos como Nacozari de García. No se pretende en ningún momento hacer un análisis histórico ni juicios de valor; se busca más bien dar a conocer la realidad de los hechos que marcaron nuestra historia. Será el lector —con su propio criterio—, quien haga su juicio y formule sus propias conclusiones.

Jesús Ernesto Ibarra Quijada

«Nacozari es un hermoso poema, no sólo para cuantos han visto ahí la primera luz del alba sino para todos los que amamos la armoniosa arquitectura de sus montañas; la sonrisa acogedora de un clima ideal con las galas que enfloran su poético caserío».

—Prof. Manuel Sandomingo

Nacozari: ¿nopal o fruta de piedra?

Para poder entender los orígenes de esta región serrana de Sonora, es necesario iniciar un recorrido desde la época prehispánica en este lugar y, a partir de ello, comprender el surgimiento, no sólo del nombre, sino del desarrollo de esta importante localidad minera en el noroeste de México.

El consenso generalizado, respaldado por las muchas leyendas que se han transmitido por generaciones, señala que la palabra *Nacozari* proviene de la lengua ópata, y su significado se traduce al español como «lugar de nopales» o «abundancia de nopales».

La ubicación geográfica de la región que hoy se conoce como Nacozari fue territorio de influencia y dominación ópata, y es precisamente a esta tribu sonorense a la cual se le atribuye la etimología de la palabra *Nacozari*.

La llegada de los primeros colonizadores europeos a la región de Nacozari permitió identificar y documentar la situación de los indígenas, incluyendo su estilo de vida, su lengua, sus tradiciones, usos y costumbres. Fue así como en el año de 1637, el sacerdote italiano Tomás Basilio —uno de los primeros europeos en llegar a Sonora durante el siglo XVII—, escribió acerca de sus descubrimientos sobre las distintas regiones en la provincia de Sonora. En sus observaciones, el padre Basilio insiste en la necesidad de evangelizar a las comunidades indígenas de las distintas regiones de la provincia, incluyendo a los nativos que ocupaban la región conocida desde aquél entonces como «Nacozari», donde habitaban ópatas de la comunidad eudeve, a quienes se les conocía como «nacossuras». Fue justamente en este lugar donde se concentró uno de los más grandes asentamientos de la tribu ópata en Sonora.

Por otra parte, en su obra El rudo ensayo: *Descripción geográfica, natural y curiosa de la provincia de Sonora*, publicada en el año 1764, el sacerdote y explorador alemán Juan Nentvig señala que la palabra Naco —derivada de la lengua ópata—, significa «nopal», por lo tanto, se deduce que la etimología de la palabra «Nacozari» es, en efecto, alguna variante del nombre de esta planta en el lenguaje ópata.

Aunque el nopal es, en efecto, una planta nativa de la región serrana y forma parte de los variados colores de la flora sonorense, no es neciamente una planta de mucha abundancia como sugiere la supuesta etimología de la palabra.

Los registros que existen desde el siglo XVII podrían tal vez dejar en claro el origen y significado de la palabra *Nacozari*; sin embargo, existe una versión distinta a las anteriores con un giro radical en su significado, pues reta a las anteriores versiones y presenta lo que pudiera interpretarse como una interesante antítesis de ese consenso ya generalizado que se basa en la palabra «nopal». En su libro *El señor del palofierro: elementos para la conformación de una posible historia de la cultura ópata*, Manuel García Madrid, señala que la palabra Nacozari se deriva, efectivamente, de la lengua ópata, pero que proviene no de alguna variable de «nopal», sino de la palabra *nacazauri*, que se traduce al español como: «mineral o fruta de piedra». Esta versión pudiera, por lo tanto, tener más lógica, ya que tiene una más acercada relación con el entorno geológico que predomina en la región de la serranía de Nacozari.

Vestigios prehispánicos de los ópatas

La búsqueda de los orígenes de esta región se enfoca a la sierra alta sonorense, lugar que alberga numerosas evidencias de actividades prehispánicas en toda región. Gracias a estos vestigios se sabe que las tribus ópatas que habitaron la región de Nacozari, acostumbraban a celebrar rituales buscando atraer la lluvia y conseguir buenas cosechas.

La cultura ópata estaba íntimamente relacionada a los objetos que le rodeaban, así como a las manifestaciones de la naturaleza, lo cual se puede observar claramente en las distintas pinturas rupestres en las distintas cuevas en la región serrana. Estas reveladoras pinturas rupestres que aún se encuentran celosamente escondidas en la sierra de Nacozari, describen parte de la cultura y el desarrollo de las actividades que realizaban los indígenas ópatas, entre ellas la agricultura y la cacería. En ellas se aprecia también el uso de posibles rituales practicados por los antiguos *chamanes* de la tribu, a quienes se atribuye la autoría de las pinturas en las cuevas en distintas partes de la sierra alta.

En cuanto a las representaciones humanas, en las pinturas se plasman las distintas interacciones con la naturaleza. En ellas también se puede ver la actividad social, agrícola y cinegética. La representación del cuerpo humano revela, por otra parte, la importancia que tenía entre los nativos. La cantidad abundante de figuras con las características del ser humano, conocidas como antropomorfas, demuestra la aparente preocupación de sus primitivos autores por resaltar la predominancia de la figura del ser humano sobre la flora o la fauna.

Por otra parte, los dibujos de animales representados en las cuevas de Nacozari son igualmente constantes, aunque su propósito era, tal vez, describir la importancia de la convivencia con la fauna, ya que representaba para los ópatas, al igual que las demás tribus en Sonora, una de las principales fuentes de alimentación para sus pueblos.

El mineral, la nueva realidad regional

Con la llegada de los primeros europeos, la variedad étnica empezó a cambiar poco a poco. Los misioneros jesuitas que exploraron el noroeste de la Nueva España llegaron a la sierra alta con el propósito de fundar y establecer poblados de misión, buscando evangelizar a los nativos.

En sus esfuerzos de colonización, los misioneros lograron congregar dentro de los pueblos a los indígenas que vivían dispersos en pequeñas comunidades. Conforme pasaba el tiempo, se fueron estableciendo centros de población, incluyendo los llamados «presidios», que se instalaban bajo el control de militares a fin de proteger a los pobladores de los indígenas hostiles que se resistían ante los intentos de colonización.

Después llegó la espada de los conquistadores que, a diferencia de los misioneros, venían movidos por la búsqueda de metales preciosos. De las entrañas de la tierra pronto surgiría la «fruta de piedra» que se sumaría a los cambios religiosos y poblacionales que rápidamente transformaron la región. Así, se crearon también los denominados *reales de minas*, que se distinguieron por agrupar a religiosos, colonos, mestizos e indígenas, entre otros, con el fin de explotar y trabajar las minas que surgían tras el descubrimiento de yacimientos minerales en las distintas regiones de Sonora.

Existieron también los lugares conocidos como placeres, que se encontraban a los márgenes de los ríos, cañadas o arroyos. En torno a ellos se establecían pequeños asentamientos humanos temporales que albergaban a gambusinos errantes que no contaban con los recursos ni la capacidad suficiente para establecer poblados fijos.

Los cambios radicales del territorio continuaban sin dar marcha atrás. Ya para mediados del siglo XVII, se aceleró el descubrimiento de nuevas vetas en la región y, con ellas, el establecimiento de nuevos reales. Fue así como la actividad minera se convirtió, en poco tiempo, en una de las principales actividades que impulsó la economía en la provincia de Sonora. No obstante, la fundación de los reales de minas dependió en gran manera de la labor previa de los misioneros, quienes, desde su llegada, habían preparado ya el camino mediante sus labores de pacificación entre los nativos. Entre los años de 1650 y 1680, los exploradores españoles se enfrentaron a muy poca resistencia entre los indígenas ópatas.

Fue en buena medida la cruz y no necesariamente la espada lo que permitió pacificar a muchos indígenas de la sierra. Gracias a la instrucción que brindaban los misioneros, los nativos aprendieron técnicas y oficios que desconocían en sus anteriores estilos de vida.

Debido a ello, cuando los exploradores descubrían nuevas minas, ya existía entre los ópatas suficiente mano de obra disponible para el trabajo en las minas y en los campos agrícolas. Se fomentaron también las actividades agropecuarias. En los pueblos de misión había una gran variedad de animales, desde aves de corral hasta caballos y ganado bovino. Se cultivaba trigo, maíz y demás cereales. Fue probablemente durante esta época en las misiones cuando se originaron en Sonora las tortillas de harina y la carne asada

A diferencia de otros centros mineros en la Nueva España, los yacimientos minerales que se descubrieron en el noroeste no representaron en sus inicios una riqueza abundante. Pero a pesar de ello, el descubrimiento progresivo de nuevas vetas atrajo la atención de nuevos exploradores.

Riqueza mineral y bonanza

La colonización del noreste de Sonora empezó a mediados del siglo XVI, a la par de la famosa expedición del conquistador español Francisco Vázquez de Coronado, quien recorrió entre 1540 y 1542 áreas cercanas a la región.

Y mientras Vázquez de Coronado seguía rumbo el norte con su expedición, algunos españoles esclavistas permanecieron en Sonora abusando de los indígenas de la región. Confiados en la fuerza que garantizaba la superioridad de sus armas, los conquistadores se aprovecharon de la vulnerabilidad de los indígenas, obligándolos a prestar servicios personales y a desempeñar trabajos forzados mientras que otros abusaban de las mujeres. Fue precisamente de las relaciones entre los españoles y las mujeres ópatas de donde nacieron los primeros mestizos en Sonora.

Pero el primer explorador europeo en pisar la tierra que hoy llamamos Nacozari no fue un conquistador acompañado de la espada, sino un misionero que intentaba mediante la cruz, cristianizar a los nativos.

El primero de los misioneros en llegar a la región que hoy se conoce como Nacozari fue Gilles de Fiodermont, un religioso de la

REAL DE MINAS

Un real de minas consistía principalmente en un conjunto de yacimientos mineros que ofrecía la posibilidad de establecer un asentamiento permanente con la capacidad de organizar socialmente a los habitantes.

Por el contrario, cuando un lugar, o conjunto de minas no ofrecía tales características, al lugar se le conocía simplemente como *rancho o ranchería*.

orden de los jesuitas, originario de Bélgica, quien después de haber participado activamente en la fundación de las misiones de San Miguel Arcángel de Oposura y Nuestra Señora de la Asunción de Cumupa —hoy Moctezuma y Cumpas, Sonora—, recorrió hacia el norte el río Moctezuma.

El trayecto representó para el jesuita un recorrido difícil, pues se encontró con tierras completamente distintas a las que había visto en los valles del sur, en donde las condiciones permitían establecer áreas para el desarrollo de actividades agropecuarias. En la región hacia el norte del río Moctezuma, la geografía accidentada y la ausencia de tierras de cultivo dificultaron considerablemente la fundación de pueblos como los que se habían establecido a unos kilómetros hacia el sur. A pesar de la difícil condición de los terrenos, el reciente descubrimiento de yacimientos minerales en aquella zona atrajo la atención de los exploradores europeos, quienes no dudaron en seguir explorando y estableciendo reales de minas en la sierra alta de Sonora.

Finalmente, tras un complicado recorrido, Fiodermont fundó en 1660 el poblado al que llamó Nuestra Señora del Rosario de Nacozari como real de minas. Si el área de Nacozari fue o no alguna vez un «lugar de nopales», lo cierto es que a partir de su riqueza mineral se comenzó a fraguar una nueva identidad.

La pequeña población, con su correspondiente templo, se ubicó en las inmediaciones de lo que hoy se conoce como Granaditas y Nacozari Viejo, a los márgenes del río Moctezuma. La fundación fue posible gracias a la afluencia del río, que fue rebautizado tiempo después como río «Nacozari», y que brindó a los misioneros y mineros españoles la posibilidad de establecerse en un lugar donde la principal actividad sería, desde sus inicios, la minería.

A pesar del ríspido terreno, Nacozari empezó a surgir como un importante centro minero en la Nueva España. Con el paso del tiempo, el pequeño pueblo se convirtió en el principal centro de desarrollo económico de la región, compitiendo con importantes centros agropecuarios en el sur de la comarca. Un claro ejemplo de lo anterior es el poder y la influencia que ejercía la iglesia sobre el poblado. La parroquia de Nuestra Señora del Rosario, que pertenecía a la diócesis de Durango, se extendía a largas distancias hacia el norte y el oriente. Dentro de su jurisdicción incluía, hacia el oriente, al pueblo de Bavispe; hacia el norte, se extendía y abarcaba la totalidad del valle de Santa Cruz hasta el presidio de Tubac, hoy perteneciente al estado de Arizona, Estados Unidos; hacia el sur, alcanzaba los ríos Yaqui y Oposura; y al poniente, la jurisdicción de la parroquia de Nacozari se extendía hasta el río Sonora.

El poblado en sí se extendía únicamente unos cuantos cientos de metros sobre el margen del río Nacozari. El caserío —que no se estableció siguiendo un patrón específico, ni respetando figuras lineales que permitieran trazar calles bien definidas—, no fue impedimento para que el Real de Minas de Nuestra Señora del Rosario de Nacozari gozara de gran prestigio.

En las décadas después de su fundación, Nacozari logró posicionarse como un importante centro minero en Sonora, convirtiéndose en una prominente región minera dentro de la zona de influencia ópata en la sierra alta sonorense. Pero a pesar de su reconocimiento como pueblo de bonanza, Nacozari fue siempre un lugar inestable en términos demográficos. Sus habitantes residían en forma temporal y su arraigo dependía de las circunstancias sociales y económicas de la época. La situación no sorprendía a los colonos, pues era una realidad común y recurrente que se vivía en los reales de minas.

Esta realidad demográfica era común en la región. En torno a los reales se fundaban pueblos que al poco tiempo quedaban despoblados fácilmente y no permitían la evolución de un verdadero arraigo entre los habitantes. La permanencia de los moradores dependía de la riqueza de los yacimientos. Al agotarse el mineral, o al dificultarse su extracción, los pobladores de pueblos mineros abandonaban el lugar en busca de nuevos lugares donde establecerse y seguir trabajando. Sin embargo, pesar de los problemas y la inestabilidad causada por la población flotante de los centros mineros, los metales extraídos de las minas en el norte de la provincia de Sonora —incluyendo el de las minas de Nacozari—, llegaron a representar hasta una tercera parte de

GILLES DE FIODERMONT
(1607-1671)

FUNDADOR DEL REAL DE MINAS de Nuestra Señora del Rosario de Nacozari. Nació en 1607 probablemente en la ciudad de Lieja, Bélgica. En 1626 ingresó en al noviciado en la Compañía de Jesús y en 1642 llegó a la Nueva España.

Desde su llegada al nuevo continente, inició sus labores de evangelización en las regiones del noroeste. Fue de los primeros misioneros jesuitas en cristianizar a los indígenas ópatas.

Fiodermont se distinguió por ser el primer misionero jesuita en construir templos con estructuras sólidas. En las fundaciones que encabezó, contó con el apoyo de indígenas que acarreaban cientos de vigas a kilómetros de distancia para la construcción de los templos.

Murió en Puebla el 29 de junio de 1671.

FUENTE: Burns-Pradeau s.f. p. 177.
Zambrano, 1961, x, pp. 215-220.

la totalidad del mineral producido en la región de Sonora, conocida en aquella época también como la Nueva Vizcaya.

La bonanza bajo asedio

Las cosas no siempre marcharon de manera favorable para la región. Con los años, la supervivencia del pueblo del real de Nuestra Señora del Rosario de Nacozari y la explotación de sus minas se vieron constantemente amenazadas por dos factores fundamentales: el agotamiento progresivo de los yacimientos y el ataque constante de los indígenas hostiles, cuya resistencia a la colonización ponía en riesgo las distintas actividades económicas.

Uno de los principales problemas para los pioneros de la minería en Sonora fue el consumo gradual de los recursos minerales. Esto se debía a que los antiguos y rudimentarios métodos de explotación no facilitaban la exploración a fondo de los yacimientos, que posiblemente pudieron haber ofrecido mayor bonanza si la tecnología adecuada lo hubiera permitido.

El avance en el descubrimiento de yacimientos y la explotación de minas en ocasiones se detenía o se retrasaba debido a lejanía y la geografía accidentada de algunos lugares encumbrados en los puntos más altos de la Sierra Madre. Por otra parte, el ataque de tribus indígenas representaba también una constante problemática para los nuevos pobladores. Existieron tribus que se resistieron ferozmente a los intentos de colonización y que lanzaban incursiones agresivas en los nuevos poblados que poco a poco se iban estableciendo. La combinación de estos dos factores causó el éxodo de muchos centros mineros en las regiones del noroeste durante los siglos XVII y XVIII, y Nacozari no fue la excepción.

Al poco tiempo de su fundación, surgieron los conflictos entre los colonos y los indígenas en el Real de Minas de Nuestra Señora del Rosario de Nacozari. Al iniciar la década de 1680, los principales centros mineros como Nacatóbari, San Juan Bautista y Nacozari estuvieron en riesgo constante, incluso a punto de desaparecer por completo a causa de los ataques de los algunos ópatas hostiles en la sierra.

La situación de inseguridad provocó la reacción inmediata de los habitantes. Confiados en el apoyo de las autoridades regionales, algunos pueblos alzaron su voz y manifestaron sus inconformidades y preocupaciones. En el año de 1689, por ejemplo, tras los ataques de los indígenas jácomes a la vecina población de Cuquiárachi, los pobladores de Nacozari expresaron su preocupación al gobernador de la Nueva Vizcaya. En un comunicado al alto funcionario, informaron y advirtieron que las localidades de Teuricachi, San Miguel de Bavispe y Bacanuche corrían el riesgo de despoblarse y desaparecer, pues sus habitantes vivían en constante situación de riesgo al ver amenazados sus intereses por los nativos a quienes calificaron de salvajes.

Los indígenas atacaban frecuentemente a discreción y saqueaban las principales comunidades de la sierra. El clima de inseguridad se extendía y con él se propagaba el temor colectivo de los moradores, que se sentían indefensos ante la ausencia de militares que pudieran protegerlos de los ataques.

Para la década de 1690, el real de minas de Nacozari se había convertido ya en el principal productor de plata en la provincia de Sonora, pero a pesar de la bonanza, el lugar se fue despoblando poco a poco hasta terminar prácticamente en el abandono, de no ser por algunas familias españolas que se negaron a abandonar el lugar y decidieron seguir en el mineral durante esa década. Los ataques de los indígenas continuaron y las violentas incursiones se manifestaron con mayor frecuencia. Los nativos —además de resistirse a la colonización—, buscaban, entre otras cosas, los bienes materiales que únicamente se podían encontrar en los poblados. Durante las incursiones que se registraron en Nacozari durante la década de 1690, los indígenas tomaban consigo mulas, caballos y ganado en general. Ante la situación hostil en la que vivían, los habitantes de Nacozari buscaron nuevamente el apoyo de las autoridades. A finales del siglo XVII, los vecinos del real de minas de Nacozari expusieron una vez más a las autoridades de la provincia la gravedad de su situación, y manifestaron su preocupación por la inseguridad en la que vivían. En esta ocasión señalaron además una nueva inconformidad, esta vez contra las autoridades mismas.

Las autoridades locales, en su necesidad de combatir a los nativos, obligaban a los pobladores a unirse a las batallas y participar activamente en la lucha contra los indígenas, lo cual vino a sumarse también a las preocupaciones de los mineros. Algunos habitantes manifestaron que sus familias padecían hambre debido a la exigencia de participar en las campañas militares, y la situación los obligaba a abandonar a sus hogares y su trabajo. Las condiciones sólo empeorarían aquella difícil realidad.

El problema de inseguridad, lejos de disiparse, continuó al iniciar el siglo XVIII. Así, para fines de la década de 1710, se agregó una amenaza más. Esta vez, el ataque provenía de los temidos indios apaches. El real de minas de Nuestra Rosario de Nacozari sintió las agresiones en forma más directa y constante, lo cual vino a traducirse nuevamente en el abandono del centro de población, inactividad productiva, destrucción y deterioro generalizado.

Para enfrentar la situación, los vecinos Nacozari, en esta ocasión, presentaron en 1718 una petición muy particular al juez visitador general de la provincia de Sonora, Antonio Becerra Nieto. Los pocos habitantes que quedaban en el real de Nacozari —principalmente españoles prominentes de aquella época—, se sentían desprotegidos por las autoridades militares encargadas de velar por la seguridad de la población. En su comunicado al juez, solicitaron que se investigara al capitán Gregorio Álvarez Tuñón y Quirós, militar encargado de la compañía volante, que estaba a cargo de la seguridad de los habitantes. Las compañías volantes, de carácter más ofensivo, se distinguían por su habilidad para desplazarse y brindar apoyo a las compañías militares establecidas en los presidios. Se acuartelaban en los pueblos misioneros a fin de proteger a los pobladores y evitar las incursiones de los indígenas

Los pobladores de Nacozari acusaron al capitán Álvarez no sólo de la acumulación desproporcionada de minas, así del abandono de sus funciones y obligaciones como comandante militar. Señalaron que desde 1708, año en que Álvarez había asumido el cargo, la compañía militar carecía de suficientes efectivos, pues contaba únicamente con 47 soldados, cantidad que consideraban insuficientes para hacer frente a los ataques de los apaches. Señalaron que desde 1712, Álvarez se dedicaba en forma permanente al trabajo en las minas de Nacozari, haciendo a un lado sus obligaciones y comisionando a los soldados bajo su mando como trabajadores y guardias en las minas.

En su pedimento, manifestaron su protesta y señalaron:

«Protestando como protestamos con uniformidad de daños, atrasados y menoscabos de abandonar con nuestras pobreza y minas por defender el útil real, bien común y causa pública, en que sea a costa de culpados. Y juramos en debida forma este pedimento no ser de malicia sino deseosos de alcanzar la razón y justicia. Y en lo necesario, imploramos su auxilio y rectitud de vuestra merced».[1]

Como respuesta a sus demandas, el juez Becerra giró instrucciones al capitán Álvarez para que comisionara al teniente Juan Bautista de Escalante[2] como encargado de la vigilancia en los puntos de acceso a la población. Las órdenes del juez vinieron a solucionar en parte el problema de inseguridad, aunque poco hicieron para frenar las arbitrariedades del capitán Álvarez.

La situación no mejoró lo suficiente y requirió de nuevas medidas de seguridad, por lo que, en septiembre de 1724, el destacado militar Ventura Félix Calvo, que para ese entonces ostentaba el cargo de teniente de justicia mayor y capitán de guerra del real de minas de Nuestra Señora del Rosario de Nacozari, decidió sumarse a las campañas militares. En un comunicado dirigido al capitán del presidio en la vecina población de Fronteras, manifestó su decisión de incorporarse a la guerra contra los apaches, quienes, a pesar de la guerra iniciada en su contra, continuaban atacando a los pobladores.

---

1   Archivo General de la Nación. *Archivo Histórico de Hacienda,* 278, No. II.

2   Juan Bautista de Escalante recibió en 1689 el nombramiento como Teniente de Alcalde Mayor del real de minas de Nuestra Señora del Rosario de Nacozari. Una década más tarde, en abril de 1700 recibió la orden de que saliera de Nacozari rumbo al sur pacificar y cristianizar al pueblo indígena que habría de convertirse tiempo después en la ciudad de Hermosillo, Sonora.

Décadas más tarde se habría de grabar en la historia uno de los ataques más violentos de los apaches sobre Nacozari. En un asalto registrado el 16 de abril de 1754, la tribu atacó brutalmente al sacerdote Pedro Rodríguez Rey. Los apaches burlaron la escolta militar que lo acompañaba y lograron asesinarlo brutalmente. La muerte del párroco era sólo el inicio. Muerto el cura, y con la violencia que los caracterizaba, destruyeron e incendiaron la parroquia y dejaron al pueblo completamente en ruinas. Aunque se desconocen los motivos exactos del feroz ataque, lo cierto es que a partir de aquella salvaje incursión, el poblado de Nuestra Señora del Rosario de Nacozari empezaría a despoblarse hasta quedar prácticamente como un pueblo fantasma.

Tras el asesinato del presbítero Rodríguez Rey, la escasa feligresía quedó a cargo del cura Joaquín Félix Díaz, quien fungió como párroco y juez eclesiástico de Nacozari por cerca de treinta años, pero debido a la inseguridad y a la baja población del lugar, cambió su residencia en 1760 al presidio de Fronteras. Fue así como Nacozari fue perdiendo poco a poco la estabilidad de su población.

Abandono y desolación

La instalación de presidios militares en la región y el patrullaje constante dieron pocos resultados y no resolvieron la agresiva amenaza de los indígenas de la región. Con el paso de los años, los campos mineros de Nacozari quedaron prácticamente desolados. La parroquia, que en alguna ocasión había alcanzado amplios límites de autoridad, había desaparecido convirtiéndose en una pequeña capellanía perteneciente a la parroquia del presidio de Fronteras. Pero a pesar de este abandono, Nacozari ya había alcanzado la fama por sus años de bonanza. La admiración fue tanta que alcanzó, con el tiempo, la notoriedad internacional a pesar de los problemas. Fue así como en 1826 —durante los primeros años del México independiente—, llegaron a Sonora algunos empresarios europeos provenientes de Inglaterra con la intención a iniciar la búsqueda de las minas perdidas en el noreste del estado.

Uno de los exploradores más destacados fue Robert William

Hale Hardy, teniente retirado de la Marina Real Británica, quien inició el recorrido por la sierra alta sonorense en compañía de algunos guías originarios de la región. Después de un largo trayecto llegaron por fin a Nacozari, donde encontraron un panorama desolador. Las leyendas que habían sobrevivido describían un lugar maravilloso, pero la realidad era muy diferente. A su llegada los recibió un desolador cuadro de abandono y desolación. El lugar se encontraba completamente en ruinas; la iglesia y las viviendas estaban tan deterioradas que era casi imposible distinguir su aspecto original. Ante aquel devastador cuadro, los guías explicaron que en épocas anteriores aquél lugar había llegado a ser uno de los lugares más prolíficos y altamente productivos en todo México, pero que los ataques constantes de los apaches —que destruyeron por completo el pueblo y causaron el éxodo de sus habitantes—, fueron la causa principal de la desaparición del ya famoso real de minas de Nuestra Señora del Rosario de Nacozari. Pero a pesar de ello, el explorador se adentró a recorrer lo poco que quedaba de sus abandonadas minas buscando la posibilidad, tal vez, de volver a explotar aquellos yacimientos.

En sus memorias, Hardy escribió sus observaciones sobre Nacozari[3], y realizó una descripción de las minas en el antiguo real. Durante su recorrido, exploró la antigua y perdida mina de San Pedro, de donde se había extraído cobre y oro. Al llegar al resto de las minas abandonadas las encontró en una situación deplorable. El panorama era tan desolador que consideró inútil invertir en su explotación.

El ex teniente británico no fue el único que exploró la región de Nacozari durante los primeros años del siglo XIX. Otro prominente explorador que recorrió hacia el norte el río Moctezuma fue Sir Henry George Ward, político, diplomático y explorador inglés, que publicó en 1828 los resultados del análisis de las minas en México. En su publicación hace una descripción similar a las observaciones de Hardy y señala, incluso, que Nacozari llegó a ser el lugar más encantador en México; lamentablemente el lugar se encontraba en ruinas y

---

3   En su libro, *Viajes por el interior de México en 1825, 1826, 1827 y 1828*, el teniente Robert William Hale Hardy hace referencia a Nacozari como «el valle de Nacósario».

de la antigua parroquia quedaban únicamente unas cuantas paredes de adobe. Atraído por las antiguas leyendas que hablaban de una bonanza incomparable, Ward exploró también la mina de San Pedro. En sus escritos la describe como la principal mina de aquél lugar, y aunque se encontraba también completamente en ruinas, señala que llegó a producir grandes cantidades de plata. La situación desoladora de Nacozari desanimó por muchos años a los nuevos exploradores, quienes pasaron por el antiguo real de minas sin establecer nuevamente un campo minero con la posibilidad de explotar aquél desaparecido lugar que tanta riqueza había brindado siglos antes a la Corona española.

Tras el fracaso de nuevos proyectos de explotación minera, llegó por fin el abandono total del lugar que llegó a ser reconocido en todo México como uno de los sitios mineros de mayor bonanza en el noroeste de la Nueva España.

La famosa mina perdida El Huacal se encontraba en este distrito y a ella se le atribuye una magnífica producción. Probablemente la mina San Pedro de la Moctezuma Copper Company sea la mina perdida El Huacal, pues los trabajos de la superficie de la propiedad son bastante antiguos, y las leyendas cuentan que una luz en los vertedores del Huacal podía verse de la puerta desde la iglesia en Nacozari y de hecho en ciertas partes de San Pedro se puede ver hoy una luz en Nacozari Viejo.

—John S. Williams, Jr., 1922
Gerente General de la Moctezuma Copper Company

Un nuevo pueblo, una nueva historia

«La arquitectura es el testigo insobornable de la historia, porque no se puede hablar de un gran edificio sin reconocer en él el testigo de una época, su cultura, su sociedad, sus intenciones...»

—Octavio Paz

El siglo XIX llegó con un panorama muy distinto para lo que fue el antiguo real de minas de Nacozari. Durante la primera mitad de la centuria, el poblado de Nuestra Señora del Rosario de Nacozari estaba prácticamente en el abandono. El viejo pueblo había dejado de existir ya como importante centro minero en el estado de Sonora.

Con el paso de los años, las grandes minas y los ricos yacimientos fueron quedando en el olvido, perdidos en la lejanía inhóspita de la serranía alta sonorense. Nacozari existía únicamente en la memoria de aquellas familias españolas y mestizas que habitaron el pueblo durante la explotación de sus minas. Ya no eran los tiempos de la dominación española donde el oro y la plata se podían encontrar casi en la superficie de la tierra. La situación era muy diferente. La amenaza de los indígenas —en especial de los apaches—, fue una de las principales causas de abandono de aquel sitio, al cual durante gran parte de los siglos XVII y XVIII, los exploradores europeos describían como «el más grandioso lugar en todo México».

La falta de elementos suficientes y herramientas necesarias para la explotación a gran escala de los yacimientos fue otra de las principales causas que provocó la desolación de los grandes centros mineros. El éxodo progresivo fue causando poco a poco el deterioro de los pueblos y sus minas, ocasionando su decadencia gradual, provocando su derrumbe y dificultando en gran medida su futura explotación.

Así, muchas de las grandes minas que alguna vez existieron en la región desaparecieron con los años entre la sierra, impidiendo que los nuevos exploradores lograran encontrar su ubicación geográfica en la región montañosa de Nacozari y sus alrededores.

Por otra parte, y no menos importante, fue el conflicto armado causado por la guerra de independencia a principios del siglo XIX, la cual provocó cuantiosos y considerables daños a las actividades económicas del país. El sector minero no estuvo ajeno a esto; aunque —a comparación de otras actividades económicas—, la minería resultó menos afectada, ya que tanto realistas como insurgentes procuraron no dañar ni entorpecer esta importante actividad económica, que consideraban vital para el desarrollo.

Décadas más tarde, mientras lejos de Sonora terminaba la guerra de intervención francesa con el triunfo de la República, en Nacozari otro grupo extranjeros estaba por escribir una nueva historia. Una nueva intervención a mediados de la década de 1860, esta vez sin armas, empezó a conquistar silenciosamente la riqueza minera de la sierra sonorense. Serían ahora los estadounidenses quienes fijarían poco a poco el rumbo de la nueva historia de la minería en la región de Nacozari. Un nuevo capítulo estaba por escribirse.

Para mediados del siglo, la actividad minera en el estado de Sonora se encontraba en decadencia. Las nuevas inversiones mineras se vieron frenadas en parte por la constante inestabilidad social y económica de aquella época. Los antiguos trabajadores mineros en Sonora optaron por dedicarse a otras actividades como la ganadería y la agricultura, aunque algunos exportadores se rehusaron a rendirse ante los problemas, y siguieron buscando nuevas oportunidades de desarrollo.

En aquella región de la sierra alta quedaban únicamente vestigios aislados de lo que alguna vez fue un importante lugar que ofreció grandes riquezas a la Nueva España. En su lugar permanecían sólo gambusinos errantes que buscaban oro y demás metales preciosos en los arroyos y cañadas. En la zona serrana había habitantes dispersos que no lograban establecer un asentamiento formal. Parecía poco el interés por invertir nuevamente en la explotación de las minas abandonas o pérdidas de la región.

Sin embargo, en medio de aquella indiferencia, destacaron algunos exploradores nacionales y extranjeros que buscaban vetas perdidas con la esperanza, tal vez, de volver a dar vida al antiguo mineral de Nacozari. Se rehusaban, quizá, a aceptar aquella oscura realidad que vivía el sector minero. Estas nuevas generaciones de exploradores entusiastas buscaban que el brillo de la plata volviera a iluminar el panorama desolador que se vivía durante las primeras décadas del siglo XIX. Así, en la década de 1860 —en medio de aquél escenario poco alentador—, llegó a la región serrana de Sonora un estadounidense de nombre Upton Barr Freaner. Mientras en su país aún se vivían las secuelas de la Guerra Civil estadounidense, este personaje, descendiente de inmigrantes europeos, se dedicaba representar en México a inversionistas extranjeros en negociaciones mineras, encargándose de realizar los trámites necesarios ante el gobierno mexicano. Freaner empezó a realizar por su cuenta la compra de varias minas pequeñas en el distrito de Moctezuma, cerca de la región de Nacozari, y en 1867 constituyó una pequeña empresa minera a la que bautizó con el nombre Moctezuma Concentrating Company, con sede en Nueva Jersey, a casi cuatro mil kilómetros de distancia. Como parte del desarrollo minero, y para procesar a pequeña escala los concentrados de mineral, Freaner instaló un pequeño molino y una fundidora al margen del río Nacozari, en el lugar conocido como Nacozari Viejo.

Durante algunos años, la pequeña empresa minera logró generar una notable actividad industrial, dando con ello nuevamente vida a la abandonada región de Nacozari. Por espacio de una década, la nueva compañía intentó consolidarse y hacer crecer sus actividades mineras en la región —y aunque operaba las minas conocidas como La Fortuna, la Bella Unión y las minas de San Pedro—, la pequeña empresa no duró por mucho tiempo. La inestabilidad en los precios internacionales de los metales y la baja productividad de las minas obligaron su dueño a vender la pequeña empresa, misma que fue adquirida por el coronel John Weir, un ex militar estadounidense, pero la suerte del nuevo dueño no fue distinta. Al poco tiempo, Weir optó también por vender las propiedades mineras, pues la falta de capital suficiente para impulsar sus actividades en la industria, no le permitió sostener con éxito aquella negociación. Weir perdió el interés por las minas y decidió vender sus derechos a la familia de Meyer Guggenheim, un prominente empresario extranjero de descendencia suiza, radicado en Estados Unidos. Guggenheim y sus siete hijos, dedicados también a la actividad minera, llegaron a Nacozari intentando revivir la bonanza en las minas recientemente descubiertas en la región de Nacozari, aunque —al igual que sus antecesores—, empezaron a ver resultados poco alentadores. Los nuevos dueños se enfrentaron a una situación inhóspita. Sin conocer a fondo la región, se aventuraron a trabajar las minas que años atrás Freaner había empezado a explotar. La situación se tornaba cada vez más difícil para los nuevos dueños.

Para la década de 1890 aun existían problemas esporádicos con indígenas en la serranía de Sonora. Algunas tribus seguían manifestando comportamientos hostiles como medida de resistencia hacia los nuevos habitantes que llegaban a la región de Nacozari. Aunque en ciertas zonas de dominación ópata aún continuaban las incursiones de los indígenas, los ataques se daban con menos frecuencia. Los brotes de violencia no eran ya tan frecuentes y no se comparaban con las salvajes atrocidades que siglos atrás habían acabado con todo un pueblo.

Esta situación, lejos de permitir una estabilidad cómoda y duradera, se convertía cada vez más en una realidad muy poco alentadora. La familia Guggenheim se vio constantemente amenazada por los distintos problemas que aún permeaban en la sierra, a los cuales se sumaron otros agravantes de igual importancia. Las remotas distancias y la ubicación geográfica accidentada dificultaban en buena medida la situación de los mineros en Nacozari. Aunque la producción era más o menos buena, el traslado del mineral era la parte más difícil de superar. Una vez que el mineral era extraído de las profundidades de las minas, se transportaba lentamente hasta Estados Unidos por medio de carromatos tirados por mulas. El rudimentario medio de transporte no les permitía lograr grandes avances en la exportación y comercialización de los minerales. El primitivo método de transportación por medio de mulas se dificultaba muchísimo, especialmente en temporadas de lluvias, pues las remotas distancias que debían recorrerse hacían del transporte un método tedioso, lento y complicado. El paisaje de Nacozari, dominado por cerros, barrancos y cañadas, dio a los nuevos mineros una bienvenida poco agradable. Pareciera como si alguna cruel maldición ópata se hubiera cernido en aquellos lugares; una maldición que impedía a los nuevos colonos revivir al Nacozari que tanta riqueza había brindado siglos atrás.

La Phelps Dodge al rescate

Aunque los obstáculos pudieron haber dado a Nacozari una mala imagen, la fama de sus minas ya había cruzado fronteras, logrando alcanzar el reconocimiento en el extranjero. El impacto fue tal que la prestigiada empresa minera Phelps Dodge & Corporation puso sus ojos en Nacozari. Este gran emporio minero, con una experiencia de más de ochenta años en la industria, estaba dispuesto a explorar y estudiar la situación de las minas en la región, pues consideraba que con una inversión adecuada, podrían despuntar una mayor producción del metal.

Con la visión empresarial que la caracterizaba, la Phelps Dodge se dedicó a analizar la situación industrial y económica de la familia Guggenheim en Nacozari, viendo las posibilidades y posibles ventajas de adquirir los derechos de explotación y sustituir a la familia Guggenheim en las actividades mineras en Nacozari.

A finales del siglo XIX, durante la paz que reinaba durante la presidencia del general Porfirio Díaz, se abrieron nuevas oportunidades para las empresas extranjeras que desearan instalarse en el país. Los llamados *rurales* empezaban a patrullar los caminos en zonas apartadas, brindando a los moradores la sensación de paz y seguridad, y con la cooperación entre fuerzas federales de México y los Estados Unidos; con ello se empezaron a pacificar a los salvajes y forajidos que rondaban en la sierra.

Por otra parte, las leyes reglamentarias vigentes en la década de

1890 estimulaban la participación de empresas extranjeras en territorio nacional. Para los inversionistas, una simple concesión minera era suficiente para garantizar la inversión de capitales. Durante el gobierno de Díaz, la industria minera se convirtió en una actividad creciente que recibió constantes estímulos del gobierno federal; se modificó incluso el Código de Minería para facilitar la inversión mediante la eliminación de regulación excesiva. A partir de 1892, los cambios a las leyes que regulaban la minería permitieron que los bienes del subsuelo pudieran ser también de propiedad privada, incluso pasar a manos de extranjeros. Estas facilidades alentaron a la Phelps Dodge a adentrarse en la sierra alta sonorense en busca de las riquezas que las minas en la región de Nacozari habrían de ofrecer durante muchas generaciones venideras. Fue así como en 1895 la Phelps Dodge se embarcó en una nueva misión. La empresa estaba dispuesta a invertir en nuevas exploraciones, destinando el capital que fuera necesario para echar a andar la bonanza en el noreste de Sonora. La empresa estadounidense estaba consciente de la realidad: sabía que las minas de Nacozari habían pasado por muchos dueños y conocía las dificultades que aún tenían que enfrentar, por lo tanto era necesario conocer muy bien el terreno y ver si verdaderamente era factible invertir en las pequeñas minas que poco a poco se iban descubriendo con el paso de los años.

El cobre: nuevo metal del desarrollo

Sabiendo que todo era posible, la empresa comisionó a un prestigiado ingeniero metalurgista de nombre Louis Davidson Ricketts para que explorara a fondo las minas y realizara un cuidadoso estudio que permitiera evaluar los yacimientos cerca de Nacozari. Su tarea como perito era recorrer toda aquella región y presentar un reporte sobre la situación real.

El ingeniero Ricketts —doctor en química y geología económica—, descubrió en poco tiempo el enorme potencial que podían ofrecer los yacimientos de toda aquella región. El resultado del peritaje y el análisis sobre la situación geológica se tradujo en un diagnóstico positivo. En sus memorias y entrevistas, Ricketts relataría años después que había quedado sumamente impresionado por aquellas minas y por la riqueza que podían producir.

Después de concluir sus evaluaciones, sugirió inmediatamente a la Phelps Dodge que a la brevedad posible adquiera los campos mineros de aquella región en el noreste de Sonora. A juicio de Ricketts, si se invertía en grande, los beneficios superarían a los obstáculos.

Las negociaciones correspondientes no se hicieron esperar y se llevaron a cabo con la intervención de Daniel Guggenheim, el hermano menor de la familia. Fue un procedimiento mercantil relativamente rápido y sencillo; la Phelps Dodge no escatimó en el capital económico necesario para hacer suyas las minas, especialmente las que se ubicaban en la región conocida como «Los Pilares», muy cerca de Nacozari. El proceso concluyó a finales de 1896 cuando la compañía minera negoció con la familia Guggenheim el pago por concepto de adquisiciones y pérdidas, aportando además una pequeña cantidad adicional.

Los nuevos dueños llegaron a Nacozari con una mentalidad diferente. Pronto remplazaron los anticuados métodos de explotación; cambiaron de herramientas e instalaron maquinaria con tecnología más moderna. Se sustituyeron las viejas torres de madera por sólidas estructuras de acero, y con una amplia disponibilidad de recursos económicos y humanos, se logró habilitar en poco tiempo el acceso a aquellos remotos lugares enclavados en la sierra de Sonora.

Con la oportuna combinación de recursos, voluntad y esfuerzos, se iniciaba un nuevo capítulo en la historia de la minería en Sonora y con él, una nueva era en la historia de Nacozari.

Los picos y palas de los viejos exploradores empezaron a sonar nuevamente en la sierra, aunque no serían ya el oro y la plata los que brillaran y brindaran la riqueza, sino el cobre y otros minerales los que habrían de comercializarse con gran éxito. El nuevo capítulo en la historia de Sonora se escribía desde otra perspectiva. Atrás quedaban los años de los mineros españoles; los viejos gambusinos dejarían atrás el lavado de tierra en busca de pepitas de oro de los ríos, y en su lugar empezarían a trabajar en nuevos métodos de explotación.

Fue así como a partir de finales del siglo XIX Nacozari se sacudió el yugo del atraso y la decadencia, despertando así de aquel prolongado y profundo letargo. El cobre sería el motor que impulsara el nuevo desarrollo. Desde Europa y Estados Unidos venía una fuerte demanda por el metal rojo. Las nuevas invenciones demandaban grandes cantidades de cobre. El cambio radical estaba por iniciar.

La visión de expansión y desarrollo económico que pretendió el gobierno de Díaz requería más que la experiencia que podía ofrecer la Phelps Dodge en Nacozari. A juicio del gobernador del estado, para que las actividades resultaran productivas, era necesario conectar a Nacozari con los mercados extranjeros.

La Moctezuma Copper Company y el resurgimiento de Nacozari

La llegada de la Phelps Dodge a Nacozari llamó mucho la atención. Por primera vez en mucho tiempo empezaron a ver que no todo estaba perdido. Si una prestigiada empresa estadounidense estaba dispuesta a invertir en Nacozari, eso significaba que la bonanza sería nuevamente una realidad; en razón de ello, siguiendo la misma visión de la Phelps Dodge, el nuevo siglo inició con la presencia de más empresas extranjeras en Sonora.

Las nuevas negociaciones mineras, en su mayoría estadounidenses, iniciaron operaciones principalmente en la zona del desierto y en la sierra de Sonora. Ya para el año de 1903 había en la zona serrana más de ochenta compañías dedicadas a la explotación minera. La instalación de pequeños y grandes negocios ponía de manifiesto la gran influencia de los inversionistas extranjeros en el norte de México.

Entre las pequeñas empresas mineras que llegaron a la región de Nacozari a principios del siglo XX, destacaron la Boston Moctezuma Mining Company, la Nacozari Consolidated Copper Company, El Canario Copper Company y la Moctezuma Copper Company, siendo esta última la que más perduró y destacó por su reconocimiento a nivel nacional e internacional en sus actividades mineras y económicas en el noroeste del país.

Mientras la Phelps Dodge & Corporation realizaba la exploración y la respectiva compra de las minas en la región de Nacozari, se iban formalizando al mismo tiempo los trámites necesarios para crear una empresa subsidiaria que se pudiera instalar en Nacozari. Fue así como en el 17 de septiembre de 1895 se constituyó en la ciudad de Charleston, West Virginia, EE.UU., la empresa Moctezuma Copper Company como subsidiaria de la Phelps Dodge bajo las leyes mercantiles de ese estado en la Unión Americana. Con un capital inicial de tres millones de dólares, la nueva compañía estaba preparada para iniciar actividades en la industria minera en el noroeste México. Pero antes de poder dar inicio con los trabajos en territorio nacional, la nueva organización debía realizar las diligencias necesarias para legalizar su permanencia en México con apego a las leyes mercantiles del país.

Después de concluir los trámites legales con el gobierno mexicano, la empresa llevó a cabo su protocolización en la Ciudad de México, Distrito Federal el 20 de enero de 1896, contando para tales efectos con un capital de seis millones en oro nacional que le permitieron instalarse legalmente en la República Mexicana. La empresa subsidiaria de la Phelps Dodge en México se constituyó legalmente como una sociedad anónima adoptando el nombre de Moctezuma Copper Company, S.A. Los nombramientos de mayor importancia recayeron, como era de esperarse, sobre reconocidos personajes estadounidenses: Benjamín Williams como gerente general y Appleton H. Danforth en calidad de superintendente. Los protocolos legales permitieron que se llevara a cabo también una formalización de la relación laboral, económica y empresarial entre México y los Estados Unidos, cobijados por la prestigiada empresa estadounidense Phelps Dodge & Corporation. A diferencia de otras compañías mineras de la época, la Moctezuma Copper Company no quedó constituida por cientos o miles de acciones. Al contrario, la nueva empresa estaba conformada por un reducido número de personas que laboran con un capital económico no solamente amplio, sino enteramente propio. Con esta modalidad, sus grandes negocios podían ofrecer sólidas garantías en todas sus operaciones.

Rápida expansión territorial

En la escritura notarial constitutiva de la Moctezuma Copper Company se contemplaron más de 2,261 hectáreas en el noreste de Sonora. Pero la amplia visión empresarial de la Phelps Dodge no permitió que sus directivos se limitaran a unas cuantas hectáreas en Nacozari. Poco a poco, y con el paso de los años, la extensión territorial se transformó en cantidades que rebasaron las catorce mil hectáreas en la región noreste de la entidad.

Bajo la dirección del doctor James Douglas, presidente y director general de la Phelps Dodge & Co., se adquirieron grandes extensiones forestales en los alrededores de Nacozari. La expansión territorial era necesaria, pues así se garantizaba el fácil acceso a campos madereros y terrenos de agostadero para la crianza de ganado bovino. Lógicamente la expansión del dominio y el crecimiento territorial de la Moctezuma incluía la compra de nuevos derechos y la negociación de más concesiones para explotar otras pequeñas minas en los alrededores.

De norte a sur y de oriente a poniente, la minera estadounidense fue adquiriendo rápidamente los derechos de explotación de pequeñas minas, así como la compra de amplios terrenos. Una de las primeras adquisiciones —considerada una de las más importantes antes de finalizar el siglo XIX—, se registró el 30 de julio de 1897 cuando se realizó la compra del rancho Juárez con una extensión territorial de 4,998 hectáreas hacia el norte del viejo Nacozari. Dos años más tarde, en 1899 la empresa negoció con un estadounidense de nombre Willard Richards la compra del rancho «San Nicolás de las Calabazas». A tan sólo 68 centavos por hectárea, la Moctezuma Copper Company adquirió una extensión territorial de aproximadamente 6,832 hectáreas que habrían de dedicar principalmente a la crianza de ganado mayor. Fue así como en el ocaso de ese siglo se sumaron más de más de once mil ochocientas hectáreas adicionales a las que ya estaban contempladas en las escrituras de la empresa.

La adquisición de terrenos en el noreste del estado continuó durante los primeros años del siglo XX, pues ya para 1910 la

Moctezuma Copper Company se había hecho dueña de nuevas propiedades en la región. En los primeros días de ese año, la empresa le compró al señor Rodolfo Charles el rancho «San Cristóbal» de 784 hectáreas en el pueblo de Cumpas. Los proyectos de expansión siguieron concretándose, y ya para diciembre —mediante un contrato de compraventa con la empresa Wheeler Land Company, S.A., propiedad de George F. Wheeler—, la compañía compró cerca de Nacozari un rancho con una extensión territorial de casi cincuenta mil hectáreas que se rodeaban a los ranchos Juárez y San Nicolás, abarcando buena parte del poblado que después se conoció como Pilares de Nacozari. Dos años más tarde adquirió de la misma empresa el rancho «Nogal del Carrizo» cerca de Óputo, Sonora. Con ello se agregaron 24,380 hectáreas adicionales al territorio dominado por la Moctezuma Copper Company.

La adquisición de terrenos se fue dando con relativa facilidad. La Moctezuma tenía un control territorial de grandes proporciones en Sonora; el crecimiento era real y se podía ver en la ambiciosa adquisición de tierra en la sierra alta de la entidad.

La historia parecía volverse a repetir. Al igual que en los años de la influencia española cuando los misioneros en Nacozari dominaban la región de norte a sur y desde la sierra hasta el río Sonora, las nuevas generaciones de exploradores volvieron a dominar aquellos territorios. Pero no eran ya los intereses religiosos, sino la ambición por explotar la riqueza de las minas lo que impulsaba a los nuevos colonos. A fin de facilitar el desarrollo industrial y económico, el gobierno federal ofreció varios incentivos fiscales a la Moctezuma Copper Company. Un ejemplo de ello fue una extensión fiscal por veinte años en los capitales que fueran invertidos en las minas y concentradoras, así como en el manejo del mobiliario. Como sencilla condición, la empresa debía emplear a cinco jóvenes en los trabajos de explotación y en el manejo de su maquinaría.

Las leyes fiscales de la época permitieron también que la empresa quedara exenta del pago de impuestos estatales y municipales por concepto de la producción de cobre, debiendo cubrir únicamente los impuestos de producción de otros metales como el oro y la plata, cantidades que, a comparación de las toneladas de cobre que se extraían diariamente, eran prácticamente insignificantes.

Al poco tiempo la Moctezuma Copper Company se convirtió en un ejemplo que reflejaba la política del gobierno federal en el fomento minero. Las distintas acciones llevadas a cabo fueron también resultado del proyecto de colonización que impulsaba la presidencia de Díaz. Fue tanto el nivel de desarrollo que generó la inversión de capital extranjero en la producción minera, que rápidamente se detonó la generación de empleos y en poco tiempo se rebasaron las expectativas del gobierno federal en cuanto al desarrollo y crecimiento económico.

Nacozari volvía poco a poco a resurgir del estancamiento provocado décadas atrás por el abandono de sus habitantes. Gracias al empeño y el esfuerzo que empezaba a realizar la Moctezuma Copper Company —aunado al trabajo arduo y dedicado de su fuerza laboral durante la primera década del siglo XX—, Sonora se convirtió en el principal estado productor de cobre en México, logrando aportar el 90 por ciento de la producción total del metal rojo a nivel nacional.

Iniciaba así la transformación total de aquél desolado lugar que había permanecido abandonado durante gran parte del siglo XIX. El capital extranjero facilitó rápidamente la exploración avanzada y a gran escala, así como el descubrimiento de nuevos yacimientos mineros en la región. La riqueza y la bonanza sonreían de nuevo.

Placeritos: un nuevo lugar para la instalación del pueblo

La nueva realidad económica y demográfica exigía una expansión en todos los sentidos. El crecimiento de las actividades mineras era tanto que fue necesario fundar un nuevo poblado que permitiera la expansión en todas las áreas.

El cambio estructural que pretendió la Moctezuma Copper Company incluyó la fundación de un nuevo pueblo que pudiera cumplir con las demandas de modernización y lograr con ello un desarrollo consolidado en aquél lugar serrano.

A juicio del doctor Ricketts, el antiguo campo minero dónde siglos atrás se ubicaba la cabecera del Real de Minas de Nuestra Señora del Rosario de Nacozari, no ofrecía ya las condiciones necesarias para la expansión y el desarrollo de las nuevas inversiones mineras. La zona —rodeada de cerros, brechas y barrancos—, quedó descartada, pues no reunía las características básicas y necesarias para las nuevas instalaciones de la empresa que iba en crecimiento.

La compañía decidió abandonar el sitio conocido como Nacozari Viejo y optó por construir un nuevo poblado a escasos diez kilómetros hacia al norte, sobre el margen del río Nacozari en los terrenos conocidos como «Placeritos». El nuevo lugar ofrecía más comodidades y mejores condiciones geográficas para el asentamiento humano y la instalación de la nueva infraestructura industrial. Al nuevo lugar se le denominó simplemente *Nacozari*, respetando así el nombre original con el cual los indígenas ópatas habían bautizado siglos atrás a aquel escabroso lugar en la sierra alta sonorense.

Fotografía: *Freeport-McMoRan, Inc. - Phelps Dodge Collection.*

Zona centro de Nacozari en 1904
En primer plano: la antigua cárcel pública; al fondo la Casa de Huéspedes y el Hotel Nacozari.

Fue así como surgió rápidamente el típico pueblo con las características propias de los pueblos mineros del suroeste de los Estados Unidos. Nacozari se había convertido en un *company town* donde la empresa era la autoridad predominante. Al nuevo pueblo llegaron inmigrantes de todas partes del país y del extranjero. Poco a poco empezaban a llegar irlandeses, eslavos, ingleses y chinos. La diversidad étnica era evidente en el nuevo pueblo.

Nuevas instalaciones de la empresa minera

Cuando el gobierno federal autorizó la concesión a la Moctezuma Copper Company, la compañía quedó obligada a invertir, cuando menos, la cantidad de 300 mil pesos en el desarrollo de la infraestructura y en los trabajos de explotación.

Para dar el debido cumplimiento a sus obligaciones legales, el 25 de mayo de 1898 la empresa suscribió con el gobierno del estado un contrato para establecer en Nacozari una planta tratadora de metales, en la cual invirtió un millón de dólares.

Con el mismo estilo de las empresas mineras en los Estados Unidos, se estableció en Nacozari una economía a gran escala a fin de lograr utilidades del mineral marginal. A un costado del río Nacozari se construyó una planta concentradora con su correspondiente trituradora que incluía dos hornos de 135 toneladas y dos laminadoras de 180 toneladas métricas. Se incluyeron también plantas generadoras de gas con sus respectivos tanques de almacenamiento, así como dos molinos con capacidad de 400 toneladas; dos hornos de 150 toneladas cada uno y dos convertidores *Bessemer* de cinco toneladas.

La concentradora —a pesar de sus pequeñas dimensiones—, era capaz de procesar diariamente hasta 544 toneladas métricas del concentrado. El diseño de la infraestructura estuvo a cargo del ingeniero Louis D. Ricketts, quien asumió la gerencia a partir de 1899.

En el año de 1900, el mineral extraído de las minas de Pilares de Nacozari contenía 8 por ciento cobre, lo cual se convirtió en una producción de más de 3,600 toneladas del mineral durante el siguiente año. Para 1908, la concentradora procesaba un promedio de 600 toneladas métricas de concentrado diariamente, logrando procesar al año una cantidad aproximada de 219 mil toneladas de mineral al año.

La planta procesadora de la Moctezuma Copper Company era la primera y la única concentradora moderna de la región serrana de Sonora a principios del siglo XX, y para 1908 fue calificada como una de las más eficientes concentradoras de minerales en toda la República Mexicana. A nivel internacional, se le calificó a la empresa como una de las mejores compañías dedicadas a la minería y una de las mejores administradas.

Política social y laboral de la Moctezuma Copper Company: una realidad insuperable

En materia laboral, para el año de 1900, la empresa contaba con aproximadamente 500 trabajadores, de los cuales 100 eran estadounidenses y el resto de nacionalidad mexicana. En tan solo un año, la fuerza laboral creció a la mitad, alcanzando en 1901 un total de 750 trabajadores con lo cual se logró alcanzar una producción de más de 3,600 toneladas de cobre ese mismo año.

El régimen laboral era flexible y permitía el avance y crecimiento de los trabajadores al interior de la compañía. Dentro de sus políticas, la Moctezuma fomentaba y ofrecía oportunidades para que los empleados mexicanos recibieran asensos y aprendieran nuevos oficios en distintas disciplinas. De esta forma, muchos trabajadores de nacionalidad mexicana pudieron escalar y ocupar puestos más elevados, aunque los directivos y empleados en puestos administrativos eran estadounidenses en su mayoría. La brecha se fue cerrando, y ya para 1905, tan solo ocho de cada cien empleados eran extranjeros, mientras que el 92 por ciento restante eran mexicanos. Para 1908, 56 por ciento de los empleados eran mineros. Los que trabajaban en el interior de los túneles eran únicamente mexicanos y japoneses, aunque no por eso se menospreciaba su labor, pues, por el contrario, la empresa fomentaba siempre el crecimiento de los trabajadores. Muchos tuvieron la oportunidad de aprender y ascender rápidamente en sus respectivas actividades. La empresa no escatimó esfuerzos en capacitar debidamente a sus empleados, y ello le mereció el reconocimiento a nivel nacional, pues los trabajadores que se especializaron en excavaciones, llegaron a ser reconocidos entre los mejores perforistas a nivel mundial. Ya para 1915, la política de la empresa era contratar la menor cantidad posible de estadounidenses y capacitar al personal mexicano para que suplantara a los *gringos*. Esta peculiar práctica inició durante la gestión de James S. Douglas y con ello se garantizó, en buena medida, que se evitaran grandes conflictos laborales en razón de posibles diferencias entre jefes y obreros.

No todos los trabajadores eran asalariados; el trabajo se realizaba también por medio de contratos. A criterio de James Stuart Douglas, quien asumió la gerencia a partir de 1901, no existía comparación entre el empleo por medio de contrato y la contratación por salario, pues el sistema laboral con la modalidad de contratos rendía, a su juicio, mejores resultados. Todos los mineros se empleaban por este miedo, aunque que los servicios de mantenimiento, ajenos a las actividades mineras, se realizaban en ambas modalidades.

La empresa adoptó ciertas políticas que fomentaban la contratación de empleados mexicanos y minimizaban la intervención de extranjeros. Por si eso fuera poco, los empleados contaban con un incentivo adicional. La concesión que había recibido la empresa en Sonora estipulaba que los empleados quedaban exentos del servicio militar.

Como gerente general, Douglas era el alma y pilar de la empresa. Supervisaba y estaba al tanto de asuntos industriales, administrativos y laborales. «Jimmy», como se le llamaba, era un hombre justo y firme, inventivo y enérgico que sacó adelante la negociación minera y que supo ganarse a la vez el cariño y respeto de los nacozarenses. El crecimiento de la empresa no era únicamente en cuestión industrial. La Moctezuma Copper Company se empezó a expandir rápidamente en otros aspectos. El crecimiento y desarrollo se extendían, no únicamente hacia los fines lucrativos, sino que permitían un bienestar social para la fuerza laboral. Al depender directamente de la compañía, la vida de los trabajadores giraba en torno a lo que la empresa proporcionaba en cuestión de bienes y servicios, así como las prestaciones laborales que garantizaban un cierto bienestar para las familias de los trabajadores.

Era tal el apoyo que la Moctezuma ofrecía a su fuerza laboral que para el año de 1910 contaba con cerca de cinco mil cabezas de ganado bovino, cantidad que incrementó dramáticamente en los años siguientes. Para 1923, por ejemplo, se contaba ya con más de once mil cabezas de ganado incluyendo toretes, vacas, vaquillas, becerros y toros finos. Con ello, la empresa se daba el lujo se garantizar el constante abasto de provisiones para los empleados, y a su vez garantizar el control e influencia sobre el trabajador desde el área de trabajo hasta el interior de su hogar.

En su libro *Jesús García, El héroe de Nacozari*, Cuauhtémoc L. Terán describe así la interacción entre la empresa y la fuerza laboral:

> «...la Moctezuma proveía las exigencias de sus trabajadores de la cuna a la tumba, pues en la tienda de raya se podía adquirir con cargo a la cartera, cajones de muerto y en casos de enfermedad había un moderno hospital con excelentes médicos...»

Existía un régimen de exclusividad y paternalismo —según relata Terán—, ejercido con mano benigna y espíritu comprensivo. La condición social y económica permitió que existiera en Nacozari un clima de paz y tranquilidad, que a comparación de otros centros mineros, era algo poco común en aquella época.

En enero de 1907, por ejemplo, después de haber dado a los trabajadores buenos regalos en la Navidad del año anterior, la Moctezuma Copper Company tomó una decisión que pocas empresas se atrevían a hacer, incluso hoy en día. Al iniciar el año, se aumentó el sueldo de los trabajadores sin que ellos lo hubiesen solicitado. Para coronar los esfuerzos, la empresa, calificada como paternalista, autorizó en noviembre de 1912, la cantidad de cinco mil dólares para comprar regalos navideños a todos sus trabajadores mexicanos. La maldición ópata estaba lejos de volverse nuevamente una realidad.

La política laboral de la empresa estaba enfocada en ofrecer el mejor ambiente para sus empleados. Otro ejemplo de ello fue el aumento salarial del 7 por ciento que dio la empresa a sus trabajadores a partir del 1º de mayo de 1923 en razón del incremento de la producción minera.

El impacto generado por el crecimiento industrial, laboral y económico fue tanto, que para 1913 la Moctezuma Copper Company se encontraba entre las principales empresas mineras en Sonora, y para 1915 fue calificada como una de las mejores empresas dedicadas a la extracción de cobre a nivel mundial.

Desde los Estados Unidos, en 1916 la empresa fue reconocida como una de las compañías mineras mejor administradas. En México, el reconocimiento no fue menor. En 1917, la Moctezuma se había convertido en una de las compañías más importantes del sector privado en toda la República Mexicana. Todo ello a pesar de los efectos políticos y socioeconómicos causados por los conflictos nacionales e internacionales como lo fueron la Revolución Mexicana y la Primera Guerra Mundial.

Medidas de seguridad dentro de la empresa

A comparación de los estándares laborales de seguridad que existen hoy en día, las condiciones de trabajo de principios del siglo XX eran muy diferentes. El antiguo método de extracción por medio de «tiros» —con profundos y oscuros pozos al interior de la tierra—, eran con frecuencia horrendos calabozos donde quedaban atrapados los mineros que se adentraban con el afán de extraer el metal de sus entrañas. El aire estaba contaminado, las paredes húmedas y la temperatura en ocasiones rebasaba los 60 grados centígrados.

En razón de la precaria situación de seguridad, la empresa minera empezó a tomar medidas necesarias para resolver, aunque fuera en parte, las condiciones de seguridad de sus trabajadores. Se instaló una red de alumbrado eléctrico al interior de los túneles para que los perforistas pudieran al menos observar cuidadosamente el oscuro calabozo donde trabajaban. Pero la inseguridad en las minas no influyó en el carácter de los empleados ni menguó sus esfuerzos, pues gozaban de muy buenas prestaciones, incluyendo seguros, pensiones y programas de auxilios.

La empresa Phelps Dodge, por conducto de su subsidiaria en Nacozari, dio inicio a una serie de medidas en materia de seguridad laboral que se equiparaban a los estándares en Estados Unidos y Canadá. Para el año de 1920, por ejemplo, las estrategias de seguridad de la Moctezuma fueron reconocidas como las mejores medidas preventivas en todo México.

Una nueva y más moderna concentradora

Lo que parecía una maldición ópata que frenó el desarrollo de la región un siglo atrás, parecía haber quedado ya sin efecto. La bonanza era una realidad; cada día se extraía más cobre y demás minerales en

Fotografía: *Freeport-McMoRan, Inc. - Phelps Dodge Collection.*

Circo Fernandi en Nacozari de García. 31 de octubre, 1926.
Para agradecer la cooperación de la fuerza laboral en la operación de 120 días en los que se trabajaron 44,706 «puebles» (conjunto de operarios de una mina) sin accidentes ni pérdida de tiempo, la Moctezuma Copper Company festejó a los empleados con el gran Circo Fernandi.

Nacozari. El incremento gradual de la producción minera fue tanto, que la pequeña concentradora resultó insuficiente para poder procesar las grandes cantidades de mineral que se extraía diariamente. Para enfrentar esta nueva realidad, la empresa inició en 1907 la construcción de una nueva concentradora con dimensiones más grandes y con mayores avances tecnológicos.

Bajo la guía y supervisión de Douglas, se realizaron inversiones millonarias en el equipamiento de la infraestructura a fin de poder procesar debidamente los concentrados de mineral.

El diseño de la nueva planta concentradora estuvo a cargo del ingeniero H. Kenyon Burch, superintendente e ingeniero en jefe de la antigua concentradora. La magna obra implicó una inversión superior a los tres millones de dólares en infraestructura y equipamiento moderno. Al igual que la primera planta, la nueva concentradora se construyó sobre las faldas de un cerro al margen del río Nacozari y contaba con sólidas estructuras de acero y firmes cimentaciones de concreto reforzado.

El proyecto dio inicio no obstante los obstáculos y limitaciones que imponían los problemas económicos internacionales generados por la crisis de 1907.

El estado de Sonora no fue ajeno a los impactos negativos de los descalabros económicos internacionales; las economías regionales fueron víctimas de los problemas económicos generados en los Estados Unidos durante los años de 1907 y 1908. Las fluctuaciones en la economía trajeron consigo la caída en los precios internacionales del cobre y de la plata, lo que causó el cierre de minas, el desempleo y el desplazamiento de los trabajadores.

Aunque a Nacozari llegó también la crisis causada por el famoso «Pánico de 1907», esta no frenó los esfuerzos de la empresa. Aunque la producción de cobre ese año cayó casi una cuarta parte en relación al año anterior, a diferencia de otros pueblos mineros, Nacozari no se hundió en el estancamiento de la crisis. Ejemplo de ello fue la edificación de la nueva planta concentradora ese mismo año. La Moctezuma Copper Company logró concluir satisfactoriamente en poco tiempo la construcción de la nueva planta, logrando instalarse debidamente y entrar en operaciones a mediados de 1908.

Entre el equipamiento moderno que se instaló en la nueva concentradora, se incluyó el siguiente equipo: una planta trituradora, fabricada en Wisconsin, Estados Unidos; una báscula fabricada en Nueva York; equipo de bombeo elaborado en Pennsylvania; motores eléctricos; bombas de centrifugado, entre otro tipo de maquinaria con tecnología de punta. El cemento se trajo desde el estado de Kansas y el suministro de pintura para el inmueble estuvo a cargo de una empresa en Ohio.

Al iniciar operaciones en 1908, la nueva concentradora en Nacozari contaba con la más moderna tecnología de la época, representando para la empresa una inversión multimillonaria. La nueva planta contaba con una capacidad para procesar 1,800 toneladas de concentrado al día, cantidad que fue rápidamente superada, ya que al iniciar sus operaciones —en su primer año de actividades—, logró procesar hasta dos mil toneladas de mineral diariamente, llegando a producir dieciséis mil toneladas métricas de cobre refinado al año. La producción —impulsada en buena parte por la modernidad del equipo—, llegó a equipararse a la producción en las minas de Morenci, y se le comparó incluso con una tercera parte de la producción de la mina Copper Queen, ambas propiedad de la Phelps Dodge en Arizona.

Según cifras proporcionadas en diciembre de 1908 por la revista *The Engineering and Mining Journal*, la producción registrada por la Moctezuma Copper Company entre los años 1903 y 1907 fue de más de veinticuatro millones de toneladas de mineral aproximadamente, lo cual se tradujo en ganancias de más de tres millones y medio de dólares de aquella época durante un breve lapso de cuatro años.

Entre mayo y octubre de 1908, la producción de cobre se disparó en más de la mitad, lográndose consolidar una producción sostenida de aproximadamente 900 toneladas métricas de cobre refinado cada mes.

Ya para noviembre de ese mismo año, la Moctezuma Copper Company había invertido más de tres millones de dólares sus instalaciones, pero a la vez recibía ganancias firmes, alcanzando un millón de dólares en activos líquidos antes de cerrar el año.

La producción anual siguió incrementando progresivamente y para 1909 se registró una producción de casi doce mil toneladas de cobre. El incremento gradual de las extracciones de mineral obligó a la expansión constante de las instalaciones y capacidades de la nueva concentradora, logrando para el año de 1918 una producción de más de diecinueve mil toneladas.

«El Huacal» y el acceso al vital líquido

Nacozari fue siempre, desde la época de colonia, una región minera. La ausencia de tierras de cultivo imposibilitó la actividad agrícola, pero más que la falta de terrenos para la siembra, la escasez de agua limitó considerablemente esa labor. Desde la llegada de los

Fotografía: *Freeport-McMoRan, Inc. - Phelps Dodge Collection.*

Concentradora nueva

En 1908 se construyó una nueva concentradora con la más moderna tecnología de la época. Al iniciar operaciones, contaba con una capacidad para procesar hasta 1,800 toneladas de concentrado al día.

primeros colonos europeos, se observó que —a diferencia de la geografía en los valles de Cumpas y Moctezuma—, en la región de Nacozari sería imposible desarrollar actividades agrícolas. No había suficiente agua como la que proporcionaban el río en las comunidades aledañas desde Bavispe hasta Huásabas y Granados. Nacozari era diferente y permaneció así hasta la llegada de nuevos exploradores. Fue una realidad a la que se tuvo que enfrentar la Moctezuma Copper Company al fundar el pueblo de Nacozari en la última década del siglo XIX.

El acceso al agua fue vital para el desarrollo industrial y, aunque era un elemento relativamente abundante, era también un recurso escaso, especialmente en ciertos lugares de la geografía sonorense. En Nacozari, acceder a los recursos hidráulicos fue de suma importancia para procesar debidamente el mineral en la nueva concentradora. El crecimiento en la producción de cobre exigía cada vez mayores cantidades de agua, lo cual presentó un gran desafío y un enorme reto para la empresa. Fue necesario buscar un abastecimiento adecuado ante las circunstancias adversas que se suscitaban durante ciertas temporadas del año. La necesidad de agua incrementó a partir de la década de 1900. El acelerado crecimiento industrial y demográfico creó una mayor demanda de agua para poder sobrevivir. Las actividades productivas generadas por el auge minero y la expansión progresiva de las actividades de refinería y procesamiento, incrementaron considerablemente la necesidad de buscar métodos que garantizaran el suministro suficiente de agua para la concentradora y para satisfacer las demandas de la población, que al igual que la producción minera, crecía cada día más.

Encontrar agua suficiente en aquella región no era fácil. Según observaciones realizadas a principios de la década de 1900, el agua en la zona de Nacozari era abundante, aunque escaseaba drásticamente durante ciertas temporadas del año, principalmente en el verano. El agua superficial de ríos y arroyos ya no era suficiente, y para hacer frente a esta realidad, la empresa, bajo la dirección de *mister* Douglas, se abocó a explorar los mantos acuíferos buscando la posibilidad de perforar pozos sobre los márgenes del río Nacozari. Mediante este método, encontrar agua resultó fácil, pues esta estaba disponible con relativa facilidad sin presentar complicaciones serias en su extracción. De esta forma se logró instalar un pozo de casi 70 metros de profundidad que operaba mediante un equipo de bombeo con capacidad para extraer un promedio más de 30 litros de agua por segundo. Para el año de 1908 se había instalado también otro sistema de bombeo en el lugar conocido como *El Rosario*, a unos cinco kilómetros hacia el sureste de la población. Este moderno sistema hidráulico se operaba con un similar equipo de extracción, activado mediante tres transformadores de diez kilowatts cada uno, los que permitían el abasto suficiente de agua para dos propósitos fundamentales: el primero, garantizar la cantidad necesaria de agua para la operación de locomotoras a vapor desde la mina de Pilares hasta la concentradora y, el segundo, proporcionar el vital líquido para consumo doméstico a la población de Pilares de Nacozari.

En el centro del Nacozari —a pesar del fácil e inmediato acceso al agua que proporcionaban los pozos—, esta se reducía a niveles alarmantes por periodos de dos a cuatro meses durante las temporadas de sequía. La situación imponía considerables limitaciones para procesamiento de los concentrados del mineral, ya que los trabajos en la concentradora exigían una cantidad aproximada de más de 4,700,000 litros de agua diariamente, es decir, más de 4,700 metros cúbicos de agua al día.

A pesar del esfuerzo, la cantidad del recurso hidráulico llegó a ser insuficiente, y la situación escaló a niveles alarmantes. A las exigencias de la concentradora por la creciente producción de mineral, se sumaron las demandas de una población que iba rápidamente en aumento. Lejos de visualizarse como obstáculos, aquellas imposiciones que ponía la naturaleza eran retos que abrieron las puertas al crecimiento. Tal y como años atrás la producción minera obligó a la construcción de una concentradora más grande, la necesidad de almacenar enormes cantidades de agua obligaba a tomar medidas drásticas. Ante la situación crítica por la falta de agua suficiente, y para hacer frente a esta necesidad, la empresa inició un ambicioso proyecto hidráulico en 1911, que consistió en la construcción de una presa que pudiera garantizar la captación, almacenamiento y suministro suficiente de agua principalmente para uso industrial.

El nuevo proyecto de infraestructura hidráulica se inició bajo una nueva administración. No sería ya *mister* Douglas quien encabezara la obra, pues en 1909 había dejado la gerencia en manos de John S. Williams, hijo, y sería este quien presentara la idea de la construcción de una presa única y exclusivamente para Nacozari. En junio de 1910, durante un viaje de negocios a los Estados Unidos, Williams, a quién se le conoció como un hombre de carácter decisivo, explicó a los directivos de la Phelps Dodge que la escasez de agua en Nacozari representaba un gravísimo problema para las actividades industriales. La escasez de agua empezaba a causar estragos, pues para mayo de aquél año, la concentradora operaba únicamente a la mitad de su capacidad, aun cuando se utilizaba agua reciclada en los procesos de refinación. La situación fue tan grave, que la empresa se vio obligada a recortar las jornadas de trabajo, orillando a sus empleados a trabajar únicamente jornadas medio turno. El problema no era solamente para las actividades industriales, sino para las miles de cabezas de ganado que criaba la empresa para proveer alimento a sus empleados. La sequía empezaba a afectar también a las actividades pecuarias. Era una realidad insostenible; había que tomar nuevas medidas que implicaron mayores inversiones.

A criterio de Williams, los pozos perforados durante la administración de James S. Douglas eran ya insuficientes. Ya no podían depender únicamente del abastecimiento de agua por medio de los pozos. En vista de la problemática, y de la necesidad de contar con suficientes cantidades del recurso hidráulico, se consideró iniciar la construcción de una presa que permitiera captar y almacenar el agua pluvial de las torrenciales lluvias que se daban en la sierra, especialmente durante el verano. Después de realizar las evaluaciones y los estudios necesarios, se localizó un lugar ubicado a unos cinco kilómetros al noroeste del poblado en el sitio conocido como el «arroyo del Huacal». Aquel cañón, situado a una altura de casi 170 metros en relación al pueblo y a más de 1,200 metros sobre el nivel del mar, tenía las características idóneas y necesarias para la construcción de una presa moderna. Las condiciones geográficas hacían de aquél lugar el sitio perfecto para la nueva edificación y lograr con ello una amplia capacidad de almacenamiento. El proyecto no se hizo esperar. El diseño y la construcción de la obra estuvieron a cargo de un ingeniero estadounidense de nombre Harry Hawgood, un reconocido ingeniero civil miembro de la Sociedad Estadounidense de Ingeniero Civiles. A su llegada a Nacozari, Hawgood tuvo que enfrentarse a muchas limitaciones al iniciar el proyecto, entre ellas, la altitud del terreno. Por una parte, la elevación de aquella zona altamente accidentada dificultaba en buena medida el acceso para transportar los materiales de construcción. El terreno era escabroso y muy difícil de recorrer, y por si esto fuera poco, se sumaron los problemas causados por el conflicto armado de la Revolución Mexicana. La lucha armada limitaba en ocasiones el acceso a mano de obra suficiente para la construcción de la obra. Pero aún en medio de la guerra civil causada por la Revolución, el proyecto de construcción siguió su curso. Predominó la necesidad de abastecer de agua a Nacozari a pesar de las calamidades y pérdidas causadas por las incursiones de los revolucionarios en el pueblo. Al igual que años antes cuando la crisis económica de 1907 no impidió la construcción de una majestuosa concentradora, la agitación social en 1912 no limitó tampoco la construcción de la magna obra hidráulica.

Las herramientas y el material de construcción llegaron rápidamente hasta Nacozari por medio del ferrocarril. El cemento fue solicitado a la empresa Southwestern Portland Cement Company de El Paso, Texas, bajo los estándares y las estrictas especificaciones de la Sociedad Estadounidense de Ingenieros Civiles. Un vez que el material llegaba al pueblo, el reto era transportarlo hasta el sitio de la obra. Esta limitación fue enfrentada con medidas viables aunque rudimentarias en cuanto a su método. A criterio del ingeniero constructor, lo más factible era transportar la herramienta y el material cuesta arriba en mulas por las estrechas veredas sobre las faldas de los cerros. Para ventaja de los constructores, la obra se inició durante un periodo relativamente seco y escaso en lluvias, lo que permitió en buena parte transportar el material sin dificultades ni percances.

Para el diseño de la presa, se tomaron en cuenta las altas formaciones rocosas y la estrechez del cañón en el arroyo del Huacal y se optó por un diseño arqueado en la cortina. Las perforaciones para colocar los cimientos se hicieron completamente a mano. Evitaron en su totalidad el uso de explosivos que pudieran fracturar las estructuras rocosas en ambos lados del cañón.

Al concluir el proyecto, la presa contaba con un área superficial de más de 37 hectáreas de agua contenidas mediante un muro de 30 metros de altura y cimientos de entre 1.5 a 4.5 metros de profundidad en la base y seis metros horizontales a cada lado. La nueva presa

Fotografía: *Freeport-McMoRan, Inc. - Phelps Dodge Collection.*

Presa «El Huacal»
Construida en 1912 para garantizar el de abasto de agua para la concentradora, la presa contaba con un área superficial de 37 hectáreas de agua contenidas mediante un muro de 30 metros de altura. El nuevo proyecto hidráulico garantizaba el almacenamiento de hasta más de 3 millones, 300 mil metros cúbicos de agua pluvial al nivel de la cresta.

aseguraba el almacenamiento de hasta más de tres millones 330 mil metros cúbicos de agua pluvial al nivel de la cresta. Años más tarde, el ingeniero Hawgood señaló en sus memorias que si hubiera existido en Nacozari mayor mano de obra con más experiencia en el manejo del concreto, tal vez se hubiera considerado la posibilidad de incrementar la capacidad de tensión en el muro.

El reto no había terminado. La siguiente etapa era asegurar la conducción segura del agua hasta la concentradora. Para tales efectos, se instaló una tubería de acero con una longitud de más de cuatro kilómetros y medio que fue expresamente traída desde Los Ángeles, California, generando un costo de más de 25,000 dólares de aquella época. Al concluir en su totalidad el magno proyecto hidráulico, la Moctezuma Copper Company había realizado una inversión total de más de 114,000 dólares,[1] según se describe en los análisis y el informe presentados por el ingeniero constructor a la Sociedad Estadounidense de Ingenieros Civiles en mayo de 1914.

Al iniciar las operaciones en la nueva presa a la que llamaron «El Huacal», los pozos que se habían perforado quedaron fuera de servicio, aunque nunca dejaron de operar en su totalidad, pues las perforaciones y el equipo de bombeo se reservaron para casos de contingencia ante la falta de una suficiente captación en la presa. El proyecto hidráulico iniciado en 1911 durante la administración de John S. Williams, trajo consigo varios beneficios. Por una parte, la presa garantizaba un constante suministro de agua para las operaciones de su concentradora, así como el abasto suficiente para la población y, por otro lado, la inversión representaba un ahorro económico a mediano y largo plazo, pues el anterior sistema de bombeo en los pozos generaba, en aquella época, un costo anual aproximado de 12,500 dólares. La nueva presa logró garantizar agua suficiente para dos años, facilitando una operación sostenida en los trabajos de la concentradora.

---

[1] La cantidad de 114,290 dólares en 1913 equivaldría a 2,745,327 dólares en el 2015 según cálculos del Buró de Estadística Laboral del Departamento del Trabajo de los Estados Unidos.

La construcción de un nuevo pueblo

El diseño de la nueva ciudad estuvo a cargo dos destacados personajes estadounidenses reconocidos por amplia visión empresarial: el director general de la Phelps Dodge, el doctor canadiense James Douglas y el ingeniero Louis D. Ricketts. Ambos se avocaron a construir en Nacozari un típico pueblo al estilo «americano» con todas las características de un pueblo moderno sin escatimar gastos ni esfuerzos.

La Phelps Dodge se dedicó a ofrecer —mediante la disponibilidad de bienes y servicios—, un estilo de vida digno y cómodo para los habitantes de su pueblo. La ideología política y religiosa de los dirigentes de la Phelps Dodge influyó en gran parte la oferta de servicios de calidad y en el estilo de vida que se ofrecía los trabajadores mexicanos. Con una inversión millonaria, se inició el cuidadoso trazo de las calles y la construcción de viviendas para los trabajadores. La mayor parte de la infraestructura urbana se ubicó al norte de la ribera donde se construyeron las alineadas casas de piedra en forma escalonada. Había, sin embargo, una clara diferencia en las viviendas de los trabajadores mexicanos y las casas construidas para los empleados estadounidenses.

Aunque Nacozari nunca se concibió como un pueblo con segregación racial, la población se encontraba visiblemente seccionada. Hacia al sur, por ejemplo, a los márgenes del río se ubicaban las residencias de inmigrantes chinos, quienes se dedicaban principalmente al comercio y a la agricultura a pequeña escala. Las habitaciones de los trabajadores se construyeron de piedra, e incluían sótano y pisos de madera; algo muy diferente a las tradicionales viviendas de adobe con pisos de tierra en los demás pueblos aledaños. Dichas as viviendas contaban también con traspatio y se equiparon debidamente con calentadores a leña para minimizar el intenso frío que caracteriza a la sierra de Sonora durante la temporada de invierno.

La comunidad *gringa* en el pueblo contaba con un estilo de vivienda muy distinto; con casas más amplias y mejor acondiciona-

Fotografía: *Freeport-McMoRan, Inc. - Phelps Dodge Collection.*

Cancha de tenis en la Colonia Americana. Octubre de 1926.
Con el llamado *Nacozari Country Club* para los aficionados al golf y al tenis, la Moctezuma Copper Company buscaba brindar «refugio» a los extranjeros por medio de la adopción de elementos básicos en las clases sociales, el idioma y la cultura.

Fotografía: *Freeport-McMoRan, Inc. - Phelps Dodge Collection.*

Plaza principal de Nacozari de García. Década de 1940.
Las más imponentes edificaciones, como el hotel de la compañía y otros edificios a su alrededor, se construyeron con el estilo arquitectónico *victoriano* que surgió en Inglaterra a mediados del siglo XIX.

das. La residencia de la familia Douglas, por ejemplo, se edificó en una pequeña colina en la zona centro. La «casa de arcos» o «casa grande», como se le llamaba a aquella lujosa residencia en Nacozari, era un inmueble imponente con un amplio pórtico, rodeado de un hermoso jardín con árboles frutales y vegetación variada. El acceso estaba restringido y se permitía la entrada únicamente a personal de confianza y a los empleados que laboraban en las áreas de mantenimiento, jardinería y demás servicios al interior del inmueble. A un costado se encontraba aislada la lujosa residencia que ocupaba el gerente en turno de la empresa. Muchos de los estadounidenses que venían desde lejos, incluso desde Nueva York hasta Nacozari por motivos de trabajo, buscaban en el «campo minero», como ellos le llamaban, las comodidades con las que contaban en su país. Fue así como en lo que después de le conocería como «Colonia Americana», se construyó un amplio campo de golf y una espaciosa cancha de tenis debidamente equipada. Las instalaciones contaban con luz eléctrica y agua por tubería. Al llegar a Nacozari, los *gringos* difícilmente notaban la diferencia entre su estilo de vida en Estados Unidos y el de México a principios del siglo. Se podía decir que Nacozari era completamente diferente a los demás «pueblitos» típicos de la sierra alta sonorense.

Para el año de 1900, Nacozari mostraba ya la apariencia de un pequeño y pintoresco «pueblo americano» dotado de la infraestructura básica para su desarrollo. En 1910 un periódico en Arizona publicó una impresionante descripción del Nacozari de aquella época. En la primera plana del diario *Bisbee Daily Review* se señaló: «...todo en Nacozari es tan moderno y acogedor que uno ni cuenta se daría de que está en el extranjero».

Se construyeron también amplios y lujosos hoteles en el centro del poblado para alojar a demás empleados y visitantes, dependiendo de su rango y posición social. Su diseño y fachada invocaban imágenes típicas de los edificios del viejo oeste. La Moctezuma Copper Company se dedicó a presentar una imagen clásica de los pueblos del suroeste estadounidense y con ello, ofrecer una perspectiva de cambio en los

EL HOTEL DE NACOZARI

El famoso «Hotel de Nacozari», al igual que el legendario hotel Copper Queen en Bisbee, Arizona, fue en Nacozari uno de los íconos más famosos de la arquitectura victoriana que caracterizó al poblado durante la primera mitad del siglo XX. Conocido también como el *hotel de la compañía*, el inmueble abrió sus puertas el 20 de septiembre de 1904 con una disponibilidad de sesenta habitaciones y un servicio de primera calidad. Con la llegada del ferrocarril a Nacozari en mayo de 1904, la empresa minera Moctezuma Copper Company vio la necesidad de edificar un moderno hotel para hospedar a la creciente cantidad de visitantes y dignatarios que llegaban al pueblo. Sus modernas instalaciones convirtieron al Hotel de Nacozari en un imponente atractivo visual que adornó por muchos años el centro histórico con su peculiar diseño al estilo del «oeste americano».

estilos de vida de la población mexicana. Todos los edificios principales se construyeron con un diseño especial, brindando al pueblo nacozarense una identidad única entre los demás pueblos de Sonora. La arquitectura de los distintos edificios en Nacozari a principios del siglo XX era completamente distinta a los demás pueblos en la sierra. Las más imponentes edificaciones, tales como el hotel de la compañía —llamado también Hotel Nacozari—, el hotel conocido como «casa de huéspedes», la tienda y las oficinas centrales se construyeron con el estilo arquitectónico *victoriano* que surgió en Inglaterra a mediados del siglo XIX.

El pequeño pueblo enclavado en la serranía sonorense fue diseñado, en gran parte, con influencia europea y estadounidense casi en su totalidad. Pareciera como si Nacozari fuera una ciudad europea aislada en medio de aquella inhóspita y escabrosa geografía de la serranía sonorense.

En cuestión de escuelas, la oferta de educación básica estuvo también a cargo de la empresa. Se construyeron escuelas para varones y para niñas, así como una escuela integrada para los hijos de trabajadores estadounidenses. Los atractivos salarios que ofrecía la empresa atrajeron a Nacozari a los mejores educadores de la época.

Veinte años después de la fundación de Nacozari, el general Plutarco Elías Calles, siendo gobernador del estado, promulgó el 24 de septiembre de 1915 un decreto que obligaba a las haciendas y compañías mineras en Sonora a instalar escuelas públicas. En el decreto número 15, el general Calles señaló:

> «...debe lucharse contra el yugo de la ignorancia, causa primordial de que nuestro pueblo sea víctima de la explotación de burgueses y adinerados; que por ser nuestro estado esencialmente minero, nuestra clase obrera se retira a vivir a lugares apartados de los centros de civilización...»

El nuevo ordenamiento legal señalaba que en toda negociación minera donde hubiera veinte niños en edad escolar de ambos sexos, debían establecerse las escuelas necesarias. Sin embargo, la promulgación del decreto fue innecesaria para los pobladores de Nacozari. Años antes de que se publicara el nuevo ordenamiento que exigía la construcción de planteles educativos, en Nacozari ya existían escuelas de educación elemental para niños y niñas. Al poco tiempo se fundó también la escuela primaria Melchor Ocampo, que llegó a convertirse en ejemplo nacional por su programa de desayunos escolares gratuitos. La empresa ofrecía todo esto mucho antes de que el gobierno mexicano lo exigiera.

La salud tampoco estaba al margen de los intereses de la empresa. Cerca del centro se construyó un amplio y moderno hospital debidamente equipado para brindar atención médica a los empleados. La compañía descontaba de la nómina de sus trabajadores lo equivalente a un dólar de aquella época a fin de garantizarles el servicio

Fotografía: *Freeport-McMoRan, Inc. - Phelps Dodge Collection.*

Antiguo hospital de la compañía
En la década de 1900 se construyó un amplio y moderno hospital debidamente equipado para brindar atención médica a los empleados de la empresa minera. Para 1910, el amplio nosocomio contaba con capacidad para atender a 250 pacientes.

Fotografía: *Colección del autor.*

Enfermeras y radiólogo del hospital viejo. Década de 1950.
De izquierda a derecha: Angelita Arriquidez Aguilar, enfermera; Pedro Moreno «El Pecas», radiólogo y Julia López Arvizu, enfermera.

médico de calidad en instalaciones bien equipadas, no sólo con material quirúrgico, sino con todo el medicamento necesario para atender a los pacientes. El nosocomio estaba a cargo de médicos estadounidenses que prestaban servicios de alta calidad con la más avanzada tecnología de la época. Para 1910, el hospital contaba con la capacidad para atender a más de 250 pacientes. El centro médico contaba con quirófano y tres pabellones: uno para hombres, otro para mujeres y uno especial para los empleados estadounidenses. Contaba también con una cocina donde trabajaban excelentes chefs que preparaban los alimentos adecuados para cada paciente.

Con el tiempo, el diseño de la infraestructura urbana incluyó un avanzado sistema de drenaje pluvial. Aunque las calles no estaban pavimentadas, Nacozari contaba con un alcantarillado subterráneo que atravesaba la ciudad de norte a sur y desembocaba sobre el cauce del río Nacozari. De esta forma se evitaban desastres en las calles durante la temporada de lluvias y se aseguraba una correcta conducción de aguas residuales para evitar inundaciones. En cuestión de equipamiento urbano, la Moctezuma instaló también una red de alumbrado público que incluía 400 lámparas incandescentes de 250 voltios y diez lámparas de arco potencial constante.

La empresa coronó sus esfuerzos a favor de la comunidad con la construcción de un grandioso centro de entretenimiento que incluía sala de cine, salón de baile, billar y biblioteca. El inmueble, construido en plena crisis económica de 1907, se edificó con el estilo arquitectónico *románico richardsoniano* que incorporaba características del estilo desarrollado en Europa occidental durante los siglos XI y XII. La imponente obra de piedra en el corazón de Nacozari se diseñó con una magnífica atención al detalle que conjugaba en ella la modernidad y la belleza.

El diseño estético de la llamada «biblioteca» incluyó estructuras bastante amplias con arcos redondeados y gruesos muros de piedra cantera cuidadosamente labrada. La parte superior del inmueble estaba dominada por cuatro imponentes cúpulas y un amplio balcón adornado con seis lámparas que iluminaban la parte superior del edificio. Al interior del segundo piso se incluyó una grandiosa y moderna biblioteca con selectas obras literarias, así como un espacio para periódicos y revistas de la época.

A pesar de que un terrible incendio en 1914 consumió gran parte de la planta alta y que obligó a la modificación original del inmueble, la obra sigue siendo considerada una hermosa joya que buscaba en aquellos años imponer una nueva identidad entre los mineros de la época.

El propósito principal de todo aquello era ofrecer diversión sana para los obreros. La principal regla para el uso y disfrute de aquél lugar era presentar en todo momento un comportamiento de altura. Con ello se invitaba a toda la clase obrera —sin distinción de categoría ni clase social—, a hacer uso sin costo alguno de las instalaciones que la compañía había puesto a su entera disposición.

La empresa tenía incluso su propia banda de música que dirigía

Fotografía: *Freeport-McMoRan, Inc. - Phelps Dodge Collection.*

Antigua biblioteca

En plena crisis de 1907 se edificó un magnífico edificio con el estilo arquitectónico europeo *románico richardsoniano*. En el amplio inmueble albergaba sala de cine, salón de baile, billar y biblioteca. La imponente obra de piedra en el corazón de Nacozari se diseñó con una magnífica atención al detalle que conjugaba en ella la modernidad y la belleza.

de destacado violinista y compositor Eduardo C. Gulliver[2], que para 1919 percibía cien pesos mensuales en la nómina de la Moctezuma Copper Company.

La Phelps Dodge, a través de la Moctezuma Copper Company, mantuvo en Nacozari el monopolio del comercio y proveía, a través de su *tienda de raya*, todos los artículos básicos para el consumo de la población. Para 1910, la tienda de la compañía contaba con uno de los almacenes mejor surtidos en el norte de Sonora. Los productos llegaban en ferrocarril desde distintas regiones de los Estados Unidos y en poco tiempo, Nacozari se llegó a convertir en un importante centro mercantil en el estado. Ya para la década de los veinte llegaban desde el extranjero finas mercancías que incluían desde grandes cantidades de maíz, harina, café y manteca, hasta hilos finos escoceses; además, cada diez meses llegaba en el ferrocarril un carro completo con papel cigarro traído desde Italia.

Durante la primera década del siglo XX, la Moctezuma Copper Company logró con gran éxito la creación de una identidad propia entre los pobladores. No obstante que Nacozari era una comisaría del municipio de Cumpas en el distrito de Moctezuma, la compañía era prácticamente la dueña indiscutible del pueblo en todos los aspectos, ejerciendo autoridad laboral, económica, política y social. En Estados Unidos calificaban incluso a James S. Douglas como un monarca. Su palabra era la ley y nadie la discutía, pero aun así, la gente lo respetaba, desde los niños hasta jóvenes y adultos. Un periódico de la época lo describió así:

> «Una mente gobierna el lugar: la mente de James S. Douglas; él es el rey de Nacozari y sus leyes parecen ser justas y su autoridad se respeta».
>
> —*The Bisbee Daily Review*
> 10 de enero, 1907

---

2   **Eduardo C. Gulliver** (1890-1926) fue en su época un reconocido violinista que durante su residencia en Nacozari de García compuso en 1920 el famoso vals *Lilias y dalias*. Figuraba en la nómina de empleados de la Moctezuma Copper Company como director de la banda de música.

A diferencia de los demás pueblos de la sierra sonorense de aquellos años, el nuevo pueblo de Nacozari exhibía características completamente diferentes, principalmente en los avances y en su arquitectura de corte estadounidense con una marcada influencia europea. Todo ello permitió generar una identidad de pueblo minero. La población empezó a desarrollar un estilo de vida «americano» y al pueblo se le llamaba en ocasiones «Douglas chico» debido a su influencia estadounidense y a su estilo de vida que predominaba. La impresionante belleza de su arquitectura no representaba en forma alguna los típicos y tradicionales valores mexicanos.

Aunque el poblado de Nacozari reunía en su modernidad y estilo arquitectónico las características básicas de los típicos pueblos estadounidenses del suroeste de aquél país, la población mexicana conservaba aún las tradiciones propias de los pueblos de Sonora. Los moradores que llegaban al pueblo de distintas partes del estado traían consigo sus costumbres y arraigadas tradiciones. A excepción de las actividades agrícolas que no pudieron desarrollarse a gran escala por la falta de tierras de cultivo, existieron pequeños productores dedicados a la crianza de ganado en la serranía de Nacozari. Desde los alrededores de las minas de La *Cobriza* hasta el campo minero del *Barrigón*, rondaba el ganado de los vaqueros de aquella época. Así, la influencia de los inversionistas extranjeros no modificó del todo las costumbres de los mexicanos en el pueblo. Nacozari conservaba en su gente las tradiciones típicas de los sonorenses que eran imposibles de hacer a un lado.

Los periódicos publicados en Estados Unidos en la década de 1900 describían con asombro el estilo de vida de Nacozari. En 1907, por ejemplo, el periódico *The Bisbee Daily Review*, en una edición de enero de aquél año, publicitó el impresionante panorama de la ciudad. Era, según relató el diario, de todos los campos mineros de México, el pueblo más limpio y salubre de la República Mexicana, a reserva de los desechos de la concentradora que, en ausencia de un marco regulatorio que controlara la contaminación del medio ambiente, se depositaban directamente sobre el río.

Sin embargo, a pesar de aquellos elementos de modernidad y de progreso que mostraban un impresionante panorama de desarrollo urbano, en la periferia del poblado prevalecían la pobreza, la marginación y la desigualdad. Las primeras fotografías de la década de 1900, dejan en clara evidencia el marcado contraste entre la moderna arquitectura que adornaba el centro de Nacozari y las precarias viviendas en los márgenes del pueblo, sobre las faldas de los cerros, entre arroyos y cañadas. La notoria diferencia entre las modernas casas en el centro y las humildes viviendas de los habitantes en condición de pobreza, era un elemento distintivo que marcó al Nacozari que nacía a la par del siglo XX. No obstante, a pesar de los obstáculos sociales y económicos que prevalecían —con esa dicotomía de elementos y la evidente discrepancia en los estilos de vida—, el nuevo pueblo se encaminaba hacia nuevos horizontes de desarrollo que empezarían poco a poco a cambiar el panorama social de la nueva urbe minera en el noroeste del estado Sonora.

Nacozari: un pueblo con energía eléctrica a principios del siglo XX

Hay algo que no se puede negar: el desarrollo de Nacozari no hubiera sido posible sin el acceso a la electricidad. Para poder detonar el crecimiento, fue necesario implementar nuevas medidas e instalar el equipo necesario para echar a andar las operaciones con el uso de energía eléctrica.

Hacia finales del siglo XIX, el desarrollo en la producción de energía eléctrica impulsó el auge de las actividades mineras en el país. Con las ventajas que ofrecía la electricidad, se pudieron reducir costos y se facilitaron las actividades de explotación. Durante el porfiriato, la industria eléctrica en el país estuvo siempre asociada con el crecimiento económico, siendo la energía eléctrica una de las principales fuerzas motrices en la industria minera. En Nacozari, la Moctezuma Copper Company vio, desde un principio, la necesidad de producir electricidad para impulsar a gran escala el desarrollo minero en la región y avanzar en el terreno del a modernidad y el progreso. La idea se concentró en torno a la edificación e instalación de un moderno equipo para generar electricidad. Sin embargo, antes de iniciar con el proyecto de construcción de una planta generadora de energía eléctrica, fue necesario considerar algunas limitaciones. Entre los principales obstáculos estuvieron: el acceso al agua, los métodos de transporte y la dificultad para hacer llegar suficiente leña, considerando que esta debía ser transportada por medio de mulas desde los cerros aledaños.

El diseño y construcción del proyecto estuvo a cargo del ingeniero canadiense John Langton, quien edificó el inmueble a base de concreto reforzado y acero corrugado. Debido a que la edificación del inmueble inició antes de la llegada del ferrocarril a Nacozari, todo el material de construcción se transportó desde Estados Unidos en mulas y carromatos. Aunque la capacidad máxima de carga por cada mula era aproximadamente de 90 kilogramos por cada 16 millas recorridas, ello no fue impedimento para terminar rápidamente el ambicioso proyecto. Nacozari fue uno de los primeros lugares del occidente americano donde se instaló por primera vez un moderno e innovador sistema de turbinas diseñado por Langton a principios del siglo XX. En vista de que la demanda de leña incrementaría gradualmente, se optó también por utilizar métodos alternativos, entre ellos, motores a base de carbón operados con aire comprimido. Se instalaron además dos almacenes de gas con capacidad de 425 y 141.5 metros cúbicos para alimentar principalmente a los motores y, a su vez, ofrecer la flexibilidad necesaria en el almacenamiento entre la producción en la planta de gas y el consumo en la planta de fuerza.

La planta de energía eléctrica —o «casa de fuerza»[3], como comúnmente le llamaban—, operaba a base de leña y de carbón. Uno de los más novedosos métodos de la planta de energía eléctrica en Nacozari era la producción de gas a base de leña y, aunque no existía en la región experiencia previa en estos menesteres, se decidió optar por este método y experimentar con las posibilidades de mezclar leña y carbón.

Con nuevas tecnologías y con el más moderno equipo traído

---

3   El término *casa de fuerza* se deriva de la traducción directa de su versión en inglés: *Power House*.

directamente desde Canadá, la casa de fuerza inició sus operaciones el 31 de julio del año 1900 utilizando, al principio, únicamente carbón como combustible principal, y fue hasta el 4 de febrero de 1901 cuando se iniciaron los experimentos con el uso de leña. Según cifras oficiales de noviembre de 1902, en tan solo seis días se consumían 91 toneladas de leña, es decir, un promedio aproximado de 15 toneladas métricas de leña diariamente. Con ello se aseguraba la producción de más de 38,000 kilogramos de vapor a una temperatura de 25.5 grados centígrados; cantidad necesaria para impulsar los motores que generaban energía eléctrica. Para cortar la leña que se utilizaba en la alimentación las calderas, se instaló una sierra eléctrica portátil. En una hora se cortaban más de 1.36 toneladas de leña, o lo equivalente a 32.66 toneladas diarias aproximadamente. En el proceso de combustión se utilizaba principalmente mezquite y roble blanco. En el proyecto inicial se contempló la posibilidad de producir entre 500 y 600 caballos de fuerza para asegurar las operaciones y la producción de energía eléctrica suficiente para las actividades de producción, pero también para futuras contingencias y posibles expansiones en la industria. Los principales y más importantes consumidores de energía serían la concentradora, los túneles de las minas, el alumbrado público y una planta de hielo que producía más de nueve toneladas diarias para abastecer a Pilares y a Nacozari.

En el caso de las minas, el suministro de energía eléctrica se conducía mediante un moderno sistema de cables tendidos sobre postes instalados a cada 40 metros que llegaban desde Nacozari hasta el Provenir y de ahí a Pilares.

Nacozari y Pilares eran dos poblados en la sierra sonorense que al iniciar la década de 1900 contaban con una moderna planta de energía eléctrica que garantizaba no solamente una producción minera sostenida, sino el abasto de electricidad para alumbrado público y uso doméstico: algo verdaderamente insólito en aquella región a principios del siglo XX. Mientras en otros lugares de Sonora la gente aún dependía de velas y lámparas de petróleo para iluminar los hogares, el grueso de habitantes de Nacozari contaba con electricidad en sus

Fotografía: *Freeport-McMoRan, Inc. - Phelps Dodge Collection.*

Casa de fuerza. Junio de 1920.
Con nuevas tecnologías y el más moderno equipo traído desde Canadá, la llamada «Casa de Fuerza» inició sus operaciones el 31 de julio de 1900 con motores a base de carbón. Aún para mediados de la década de 1940, la planta seguía considerándose una de las más grandes de su tipo en América Latina.

---

casas. A nivel nacional, el servicio de energía eléctrica habría de llegar a algunos pueblos de la sierra sonorense hasta la década de 1960, sin embargo, el panorama de Nacozari era muy diferente. La modernidad llegó en forma rápida y anticipada al pequeño pueblo serrano.

Entre los años de 1918 y 1922 se invirtieron 4.3 millones de dólares en la remodelación de la concentradora. La inversión incluyó también la remodelación de la planta de energía eléctrica y fue durante estos años cuando se realizó la transición del uso de leña al uso de diésel en la operación de la planta. La modernización de las instalaciones y del equipo se dio con rapidez, y para 1921 se instalaron dos motores de diésel diseñados en Bélgica con capacidad de dos mil caballos de fuerza cada uno. Curiosamente, se eligió a Nacozari para estrenar los nuevos diseños europeos. Los nuevos motores a base de diésel se instalaron primero en el pueblo de Nacozari antes de que este nuevo sistema se llevara a los Estados Unidos.

Debido a sus características modernas de la época, así como las tecnologías innovadoras que se fueron implementando, la planta de energía eléctrica de la Moctezuma Copper Company en Nacozari fue por muchos años objeto de estudio y análisis por parte de organizaciones en el extranjero, tales como la Sociedad Canadiense de Ingenieros Civiles, el Instituto Estadounidense de Ingenieros Mineros de Nueva York y el Instituto de Minas y Metalurgia de Londres, Inglaterra. Incluso para mediados de la década de 1940, la planta seguía considerándose una de las más grandes de su tipo en América Latina.

Una parroquia nueva y diferente

Cuando los directivos estadounidenses diseñaron el pueblo, lo hicieron con la idea de formar una nueva identidad en los pobladores. Fue un intento por subordinar o minimizar símbolos tradicionales que los mineros tenían en sus pueblos de origen. Un ejemplo visible de ello fue la construcción del templo católico.

Al iniciar la fundación del nuevo Nacozari en 1895, la construcción de un templo no fue prioridad para los fundadores, aunque ellos mismos eran personas muy religiosas. Los directivos de la Phelps Dodge estaban conscientes de que la abrumadora mayoría de la población mexicana profesaba la religión católica, pero aun así, nunca dieron prioridad a la construcción de un templo. Fue tan marcada la indiferencia y falta de interés de la empresa por las actividades religiosas, que el templo católico se construyó casi dos décadas después de la fundación de Nacozari. Cuando al fin se decidió construir una parroquia, la Moctezuma Copper Company aportó el capital necesario para la construcción del templo, mismo que se edificó a finales de la década de 1900. La empresa contribuyó a la edificación del inmueble religioso no obstante que ello no representaba ninguna obligación de carácter social, sin embargo, con su intervención y aportación económica, se aseguró de que el templo quedara alejado del centro del poblado, fuera de la influencia industrial. Era algo insólito, pero no sorprendente desde el punto de vista arquitectónico, pues Nacozari en sí era un pueblo diseñado al «estilo americano» donde las iglesias no forman parte de los edificios centrales del pueblo.

DATO HISTÓRICO:

La Comisión Federal de Electricidad se fundó en agosto de 1937 con una capacidad inicial de 64 kilowatts.

Tres décadas antes, en 1908, la planta de energía eléctrica en Nacozari contaba con tres turbogeneradores con una capacidad de 1,000 kilowatts cada uno.

FUENTES: John Langton, Charles Legrand, *Steam Turbine and Power Transmission Plant of the Moctezuma Copper Company at Nacozari, Sonora, Mexico*. Montreal, Canadá, 1908.

Comisión Federal de Electricidad, *CFE y la electricidad en México*, 2014.

A diferencia de la mayoría de los templos católicos en el resto de Sonora, la parroquia de Nacozari se construyó tomando como base el diseño y el estilo de templos protestantes en los Estados Unidos. Posiblemente la ideología religiosa, derivada de la iglesia presbiteriana a la cual pertenecía la familia Douglas influyó en el diseño del inmueble, el que construyó de piedra cantera labrada y se ubicó hacia el norte y no en la zona centro como en otros pueblos. Así, en Nacozari la iglesia no fue el edificio predominante en el pueblo. De esta forma —alejada del centro y con dimensiones notoriamente pequeñas—, la iglesia no representaba en Nacozari una influencia preponderante sobre la población obrera. Su autoridad estaba en cierta forma limitada por la superioridad de la inversión extranjera.

Una vez terminada su construcción, el pequeño templo fue bendecido el 24 de julio de 1909; y fue en ese entonces cuando al arzobispado autorizó que se celebraran en el nuevo templo los rituales religiosos y la administración de los sacramentos.

Mientras que la mayoría de los habitantes de Nacozari profesaban la religión católica, la población estadounidense en el pueblo era protestante. La élite estadounidense, que para 1907 formaba una cuarta parte de la población de Nacozari, celebraba sus rituales religiosos en el céntrico y espacioso edificio de la biblioteca. Existían también empleados de origen chino con creencias religiosas distintas, quienes profesaban el budismo y el confusionismo. Todo ello hacía de la pequeña comunidad de Nacozari un pueblo con una amplia diversidad religiosa. La familia Douglas de ascendencia irlandesa, así como otras prominentes familias estadounidenses, conservaba en México sus tradiciones europeas. En marzo de 1908, por ejemplo, se realizó en el elegante edificio de la biblioteca uno de los más grandes festejos de los que se tenga registro en honor a San Patricio. Amenizaron la noche con sus bailes y música tradicional en una fiesta que duró hasta las 4:30 de la madrugada.

Incluso en el aspecto religioso se sintió el cambio radical. La nueva parroquia adoptó como santo patrón al Sagrado Corazón de Jesús y no a Nuestra Señora del Rosario, como siglos antes lo había hecho el misionero jesuita Gilles de Fiodermont en el antiguo real de minas. El nuevo Nacozari no era ya un pueblo de misión. La nueva realidad vino a cambiar incluso el aspecto religioso. El nuevo Nacozari había cambiado y abrió paso para a convertirse, a partir del siglo XX, en un lugar dedicado exclusivamente a la actividad minera.

Fotografía: *Freeport-McMoRan, Inc. - Phelps Dodge Collection.*

Templo católico de Nacozari de García

A diferencia de la mayoría de los templos católicos de Sonora, la parroquia de Nacozari se construyó tomando como base el estilo de templos protestantes en los EE.UU. El 24 de julio de 1909, el arzobispado autorizó la celebración de rituales religiosos y la administración de los sacramentos.

Pilares de Nacozari: columna vertebral de la historia de Nacozari

«Era el mejor de los tiempos y era el peor de los tiempos; la edad de la sabiduría y también de la locura; la época de las creencias y de la incredulidad; la era de la luz y de las tinieblas; la primavera de la esperanza y el invierno de la desesperación».

—Charles Dickens
Historia de dos ciudades, 1859

Era la primavera de 1892; habían transcurrido tan solo siete años desde el último ataque de los indígenas cerca de Nacozari. El 27 de mayo de 1885, un reducido grupo de apaches había matado en la serranía de Nacozari a varios intrépidos buscadores de minas que se atrevieron a internarse en la región en busca de riquezas. Pero las incursiones y la violencia que las caracterizaba no durarían mucho, pues un año más tarde, en 1886, el temido líder apache Gerónimo habría de rendirse ante tropas del ejército de los Estados Unidos, terminando con ello un oscuro y trágico capítulo para los habitantes de la sierra sonorense. Los aguerridos apaches no serían ya una amenaza para el desarrollo y expansión de los nuevos pueblos. El camino estaba prácticamente libre para los nuevos exploradores.

A partir de la derrota de los indígenas y de la tranquilidad que ello garantizaba, muchos vieron que Nacozari podría brindar nuevamente una buena oportunidad para volver a colonizar los pueblos que años atrás habían quedado en el abandono. La rendición definitiva de los aguerridos nativos era de alguna manera una garantía de paz y estabilidad. Tras la dimisión de la temida tribu, algunos extranjeros provenientes de los Estados Unidos se aventuraron en la sierra de Sonora en busca de metales preciosos, atraídos tal vez por las viejas leyendas de riqueza y minas perdidas. Tan solo del abandonado pueblo de Nacozari se contaban extraordinarias relatos adornados por la riqueza que por muchos años brindaron el oro y la plata. Lo que para muchos era incertidumbre, para otros era una realidad; era un hecho innegable: toda aquella zona estaba íntimamente ligada a las actividades mineras y, pese al abandono progresivo de la región, la fama seguía vigente en las nuevas generaciones.

La llegada a Nacozari de nuevos inversionistas extranjeros volvió a colocar a la región en el mapa económico no sólo de Sonora, sino del país entero. El descubrimiento de nuevos yacimientos abrió una vez más las puertas de la riqueza a los nuevos habitantes que poco a poco empezaron a poblar los valles y montañas en la zona. En forma muy particular, las minas ubicadas en el área de influencia de Nacozari, fueron parte fundamental del desarrollo de la historia minera de Sonora.

Los nuevos yacimientos fueron, a la par de los incansables mineros, la columna vertebral de la historia contemporánea que se habría de desarrollar en Nacozari a partir de la última década del siglo XIX.

En el ocaso del «siglo de las revoluciones», la fortuna y la bonanza le sonreían nuevamente a Nacozari. Los tenaces buscadores de minas no se daban por vencidos, pues de alguna manera sabían que su esfuerzo algún día rendiría frutos. Estaban seguros que la riqueza que alguna vez nació en aquella región, podía volver a traer a las nuevas generaciones la fortuna que le dio fama a la Nueva España una singular fama siglos atrás.

Eran nuevas épocas; se acercaba ya el siglo XX y atrás quedaban los tiempos del dominio español en México; la Revolución Industrial nacida en Europa traería consigo un conjunto de transformaciones económicas, tecnológicas y sociales. Los avances y la modernidad brindarían a los nuevos colonos las herramientas indispensables para el desarrollo moderno. El cambio y la transformación que muchos empezaban a convertirse por fin en una realidad.

A pesar del abandono y el deterioro de la minería en la región, aún existían en el noroeste de Sonora pequeñas minas enclavadas en alejados rincones de la serranía. Algunas vetas ofrecían buenas rentas para sus dueños, otras ni siquiera garantizaban el retorno sobre la inversión de su explotación. Mientras unos exploradores llegaban con ambiciosas expectativas, otros se retiraban en desalentadoras circunstancias, prevaleciendo así una inestabilidad poblacional que duró por muchos años. Aunque no había ya brotes de violencia, pocos se atrevían a establecerse nuevamente en Nacozari, pues, a pesar de que las minas eran fáciles de ubicar, en algunos casos era demasiado el riesgo económico.

En tanto se reestablecían nuevamente las operaciones mineras en la región, la mayor parte de los pueblos serranos se dedicaban a actividades agropecuarias, como en el caso de Fronteras, Cumpas y Moctezuma. En Nacozari el panorama era muy distinto dadas las condiciones geográficas que predominaban en los alrededores. Las accidentadas formaciones rocosas, las profundas cañadas y la ausencia de buenas tierras imposibilitaban considerablemente el desarrollo de actividades agrícolas. Pero aunque la adversidad ahuyentó a muchos, el destino le preparaba a Nacozari un futuro próspero y alentador. La inhóspita región sería al poco tiempo el escenario donde se registró en la historia de Sonora el descubrimiento de lo que sería a partir de siglo XX una de los mayores centros cupríferos en todo el mundo.

A diferencia de siglos atrás, donde las grandes cantidades de oro y planta pintaban un excelente panorama de riqueza, la nueva realidad se dibujaría ahora con el cobre. El metal rojo pasaría a ser el principal mineral que posicionaría a Nacozari nuevamente en la mira nacional e internacional. El descubrimiento de una nueva mina habría de marcar un antes y un después en la historia de Nacozari y de Sonora. Sería la anhelada oportunidad que abriría las puertas a la inversión extranjera logrando con ello una enorme derrama económica que, aunque empezó a despuntar con una desesperante y preocupante lentitud, con el pasar de los años habría de cambiar para siempre la nueva realidad de la minería en el estado. Los buscadores de minas estaban a punto de descubrir la famosa mina de «Los

Pilares», enclavada celosamente entre las escabrosas montañas que rodean a Nacozari.

Aunque muchos habían recorrido aquél lejano lugar y se decían dueños de esos terrenos, el primer propietario legalmente reconocido que obtuvo los permisos de explotación de la nueva mina de «Los Pilares» fue un estadounidense de nombre Williams Charles Streeter. Motivado al igual que muchos por las leyendas de la extraordinaria riqueza escondida entre las montañas de Sonora, Streeter llegó a Nacozari en el año de 1886 dispuesto a encontrar esa fortuna abandonada. Ya no había en esos lugares indígenas a quienes combatir, y por si eso fuera poco, el gobierno mexicano permitía y facilitaba la inversión extranjera sin regulación excesiva. Fue precisamente en uno de sus recorridos por la serranía de Nacozari cuando el intrépido explorador estadounidense descubrió varios yacimientos de cobre en la región que hoy se conoce como «Pilares». En la zona habitan sólo algunos pobladores errantes que se dedicaban a actividades ajenas a la minería, por lo que no fue difícil negociar la adquisición de las minas.

La percepción generalizada de México en los Estados Unidos durante aquella época era la imagen de una «magnífica mina» en espera de intereses extranjeros. Por lo menos así lo manifestó el ex presidente estadounidense Ulysses S. Grant durante su visita a México en 1880. Aunque muchos lo interpretaron en sentido figurado, en Nacozari se observó en forma literal, pues había en efecto una magnifica mina que abrió paso sin precedentes a la inversión extranjera.

En 1886, mientras en el sur del estado 15,000 soldados del ejército mexicano abatían a los indígenas del río Yaqui, en el noreste de Sonora, el *gringo* Streeter negociaba la adquisición de Pilares mediante un sencillo intercambio de víveres con unos leñadores que se decían dueños del lugar. Pero a pesar de la rápida negociación con los lugareños, habrían de pasar seis años antes de que el nuevo propietario denunciara formalmente aquellos campos. Fue en abril de 1892 cuando la Secretaría de Fomento en el ramo de la Minería, con sede regional en Moctezuma, Sonora, otorgó a Streeter una concesión para

El primer dueño de la mina de «Pilares» fue un estadounidense de nombre William Charles Streeter, originario de San Bernardino, California, quien —según cuenta la leyenda—, la compró a unos leñadores a cambio de víveres en 1886. Años más tarde, en 1911, fue encarcelado por asesinar a balazos a un hombre llamado Antonio Montaño en una cantina de Nacozari de García durante un juego de póker. Logró escapar de prisión y regresó a Estados Unidos donde nunca más se volvió a saber de él.

explotar un total de diez pertenencias en la zona denominada «Los Pilares», a unos diez kilómetros del viejo Nacozari. Empezaba así el nuevo capítulo en la historia. La minería en la sierra alta sonorense por fin empezaba a despuntar.

Aunque la actividad minera redituó en un principio algunas ganancias, la permanencia del nuevo dueño no se prolongó por mucho tiempo. Si bien los yacimientos podían fácilmente garantizar una explotación sostenida, la lejanía y el difícil acceso a la mina, dificultaban en forma considerable las actividades del intrépido minero. Las largas distancias y la ubicación geográfica complicaban en gran medida la extracción y el traslado del cobre. No existían aún en todo aquél lugar métodos eficaces para transportar el metal y ello se traducía en inversiones altamente costosas. En razón pues de la difícil situación que prevalecía entre los nuevos habitantes, los derechos de explotación fueron pasando de dueño en dueño, incluyendo un transportista mormón de nombre E. G. «Lige» Clifford, hasta que finalmente invirtió en su explotación la empresa estadounidense Phelps & Dodge por medio de su filial mexicana Moctezuma Copper Company, S.A. Las nuevas exploraciones y la nueva explotación a gran escala habían empezado. Esta vez sería una estadía definitiva, pues los nuevos inversionistas llegaron no sólo con una visión más amplia, sino con el capital suficiente para detonar a gran escala la riqueza que se rehusaba a salir de las profundas minas.

Las minas de Pilares: nuevo núcleo de bonanza

En los primeros años de la década de 1900, las principales minas en Pilares tenían tres perforaciones a las que bautizaron como: «Guadalupe», con una profundidad inicial de 335 metros; el tiro de «Pilares», de 300 metros; y, el tiro de la «Esperanza», con 213 metros de profundidad. El progreso era una realidad. La estabilidad inicial permitió una rápida expansión que para 1913 logró avanzar considerablemente hacia la modernidad industrial, pues ese año las minas contaban ya con modernos equipos de ventilación y alumbrado eléctrico en su interior. Pero a pesar de las medidas de seguridad que con

PILARES: ORIGEN DEL NOMBRE

Conocido originalmente como *Los Pilares*, el nombre nació tan pronto como se descubrieron las minas en esa región. Lleva ese nombre debido a los grandes pilares con manchas azul, verde de hierro y cobre que se ubicaban en la cima de las cordilleras de los cerros donde se ubicaban las minas. Así lo describe el viajero y explorador estadounidense Morris B. Parker en su libro *Mules, Mines and Me in Mexico 1895-1932*. Lo anterior lo confirma también el geólogo estadounidense Samuel Franklin Emmons en su obra titulada *Los Pilares Mines, Nacozari, Mexico*, publicada en 1905.

Fotografía: *Freeport-McMoRan, Inc. - Phelps Dodge Collection.*

Nivel 600 del tiro «La Esperanza», ca. 1908

el tiempo se fueron implementado, era imposible evitar del todo el peligro al que se exponían los perforistas. La vida del minero estaba siempre en riesgo pese a los esfuerzos por evitar accidentes, pues el solo hecho de entrar a los oscuros túneles acompañados con pólvora y detonadores, era un peligro latente para quienes laboraban en lo más profundo de las minas. Fueron muchos los trabajadores que perdieron la vida en la profundidad de los túneles durante las jornadas diarias de trabajo. En 1924, un joven ingeniero estadounidense comisionado en Pilares, describió así el riesgo que se corría al interior de los socavones:

> «Bajo tierra, la vida, desde el punto de vista psicológico, siempre me recordó a la visión que se tenía de la vida en ultramar durante la guerra. Un grupo de hombres entrenados y disciplinados se enfrenta cara a cara con la muerte».

—Ralph M. Ingersoll, 1924

El nuevo siglo había empezado con indudables miras de prosperidad y crecimiento. En 1901, las minas arrojaron aproximadamente ocho millones de libras de cobre. En términos modernos la cantidad es muy reducida, pero en la alborada del siglo XX, esas cifras le merecieron a Nacozari el reconocimiento a nivel mundial, pues ese mismo año se pronosticaban ganancias por el orden de los 35 millones de dólares: sin duda una cantidad increíble para aquél entonces.

En 1905, la Sociedad de Geólogos Economistas de los Estados Unidos publicó una detallada evaluación sobre la situación de las minas de Pilares. En una década fue tanto el impacto que causaron en México y el extranjero las operaciones mineras, que varios reconocidos geólogos se avocaron a estudiar cuidadosamente la situación económica y geológica de la región con el fin de conocer más a fondo los yacimientos que se escondían en las montañas de Nacozari. Los resultados del peritaje fueron claros y contundentes: la evaluación fue positiva y señalaron que los principales minerales que arrojaba la

Fotografía: *Freeport-McMoRan, Inc. - Phelps Dodge Collection.*

La vida del minero estaba siempre en riesgo pese a los esfuerzos por evitar accidentes, pues el solo hecho de entrar a los oscuros túneles acompañados con pólvora y detonadores, era un peligro latente para quienes laboraban en lo más profundo de las minas.

Fotografía: *Freeport-McMoRan, Inc. - Phelps Dodge Collection.*

Para mediados de 1910, las minas de Pilares albergaban los segundos depósitos de cobre más grandes del mundo.

mina contenían principalmente cobre, hierro, azufre, así como muy pequeñas cantidades de zinc, oro y plata por cada tonelada de concentrado que se extraía diariamente.

Por espacio de una década, el desarrollo económico había crecido tanto como la extracción de cobre, a grado tal que en julio de 1910 el periódico estadounidense *Los Angeles Herald* publicó en la Unión Americana que las minas de Pilares albergaban ese año los segundos depósitos de cobre más grandes en todo el mundo. La sensacional nota periodística causó muchas expectativas y alimentó aún más las esperanzas de mineros e inversionistas, pues se pronosticaba en Pilares una extracción constante durante medio siglo.

La economía regional siguió creciendo de manera considerable y con ella, la fama y el reconocimiento internacional. Para 1914 las minas estaban en pleno apogeo a pesar de la inestabilidad causada por la agitación social que provocó la Revolución Mexicana. Ese mismo año, otros diarios extranjeros consideraban a las minas de Pilares como las más grandes del mundo y se les llegó a comparar incluso con las grandes minas europeas de Riotinto al sur de España.

La expansión industrial y los nuevos descubrimientos atrajeron a muchísima gente de distintos lugares de México y del extranjero. La demanda urgente de mano de obra permitió la pronta llegada de trabajadores que se iban incorporando rápidamente a las distintas actividades de la negociación minera. Ante la creciente expansión demográfica, la empresa se vio orillada a diseñar un poblado donde pudiera ubicar a su fuerza laboral cerca de las instalaciones de la mina y controlar con ello la situación social del nuevo poblado. Sin escatimar esfuerzos, inicio rápidamente el diseño y la construcción del pequeño pueblo sobre las faldas de los cerros, a un costado de la mina.

La ubicación de las viviendas que se dividieron en distintos barrios dejaba en clara evidencia la segregación racial y jerárquica que establecía la empresa en los pueblos de su propiedad. Pero a pesar de la clara separación de las viviendas mexicanas, marcada por la segregación racial —que prevalecía incluso en las escuelas—, los trabajadores contaban con servicios básicos y comodidades que no se encontraban en otros lugares de la sierra sonorense durante las primeras décadas del siglo XX.

Había un marcado y evidente contraste entre las casas de empleados mexicanos y los trabajadores estadunidenses. Para 1920, por ejemplo, una típica vivienda de las más sencillas, con dos cuartos de 43 metros cuadrados, paredes de adobe, pisos de tierra y techo de lámina, costaba en promedio 556 dólares de la época, mientras una casa moderna en la colonia Americana, prefabricada en Los Ángeles, California —con un área de unos 1,040 metros cuadrados y debidamente equipada con agua potable, electricidad, habilitada con sala, comedor, cocina, dos recamaras, chimenea, porche y dotada del sistema de drenaje instalado un año antes—, tenía un costo aproximado de 4,450 dólares: ocho veces más costosa que las viviendas diseñadas para la comunidad mexicana. La diferencia era abismal, no sólo en cuestión económica, sino en el diseño de la estructura. En las pequeñas viviendas diseñadas para la clase obrera vivían familias numerosas de hasta diez integrantes que cohabitaban en la misma habitación. Eran muchas las familias que ante las reducidas condiciones de las viviendas, sucumbían ante las enfermedades, siendo los niños y recién nacidos quienes caían víctimas de infecciones a consecuencia del hacinamiento.

Con la edificación de las casas escalonadas sobre las faldas de los cerros, se empezaron a formar los distintos barrios donde vivía la fuerza obrera. Otros pobladores establecieron sus viviendas por cuenta propia en casas de madera o adobe, ubicadas en los demás cerros que rodeaban al pueblo. La población china, por ejemplo, que se dedicaba entre otras cosas al comercio, contaba con su propio cementerio sobre las faldas de un empinado cerro alejado del casco urbano.

En las zonas más altas que rodean al pueblo, se construyeron las casas más cómodas y de mayor elegancia. Se le conoció a la *zona gringa* como la colonia Americana. Tal y como era de esperarse, en ella habitaban los altos ejecutivos, así como la mayor parte de los empleados estadounidenses. Su estilo de vida era el mismo que en Estados

Fotografía: *Freeport-McMoRan, Inc. - Phelps Dodge Collection.*

La ubicación de las viviendas que se dividieron en distintos barrios dejaba en clara evidencia la segregación racial y jerárquica que establecía la empresa en los pueblos de su propiedad. Pero a pesar de la clara separación de las viviendas mexicanas, los trabajadores contaban con servicios básicos y comodidades que no se encontraban en otros lugares de la sierra sonorense durante las primeras décadas del siglo XX.

Fotografía: *Freeport-McMoRan, Inc. - Phelps Dodge Collection.*

Club Deportivo de Pilares de Nacozari
Con el distintivo estilo «americano» que distinguía a la arquitectura del lugar, la empresa construyó un gimnasio debidamente equipado con duela y canastas de baloncesto en el lugar que después se conoció como Club Deportivo.

Fotografía: *Freeport-McMoRan, Inc. - Phelps Dodge Collection.*

Cine de Pilares de Nacozari. Década de 1920.

El «séptimo arte» formó también parte de la diversidad en el entretenimiento de los pilareños. En los años veinte, la empresa edificó un céntrico y moderno cine donde los habitantes podían disfrutar de los estrenos de la época en la pantalla grande.

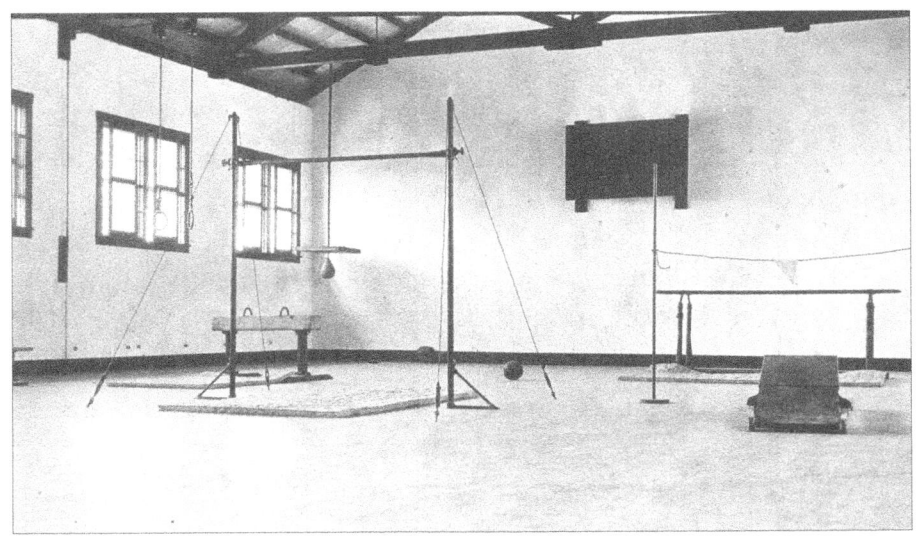

Fotografía: *Freeport-McMoRan, Inc. - Phelps Dodge Collection.*

Gimnasio de Pilares de Nacozari. Agosto, 1925.

Unidos. Al igual que en Nacozari de García, el diseño de las casas era igual a las modernas viviendas del suroeste de la Unión Americana: con cuartos amplios, porche, chimeneas, abundantes comodidades y la seguridad de los más básicos servicios como electricidad y agua potable. Los empleados que llegaban incluso desde Nueva York difícilmente notaban la diferencia entre Pilares y los pueblos más desarrollados de Arizona.

A pesar la marcada discrepancia entre las viviendas de los mexicanos y estadounidenses, la Moctezuma Copper Company se abocó también a edificar distintas áreas de esparcimiento donde podía convivir toda su fuerza laboral. Para esta tarea, la empresa puso un marcado énfasis en el deporte y en el fomento a las actividades culturales mexicanas. Con el distintivo estilo «americano» que distinguía a la arquitectura del lugar, la empresa construyó una amplia cancha de tenis y un gimnasio debidamente equipado con duela y canastas de baloncesto en el lugar que después se le conoció como el Club Deportivo. Se dice incluso que fue precisamente en Pilares de Nacozari conde se jugó por primera vez el basquetbol a nivel nacional, con entrenadores profesionales que llegaron exclusivamente a Pilares para entrenar a los nuevos deportistas mexicanos.

La modernidad trajo consigo otro tipo de diversiones para el nuevo pueblo. El «séptimo arte» formó también parte de la diversidad en el entretenimiento de los pilareños. A diferencia de otros pueblos en aquella época, la comunidad de Pilares no dependía de cines ambulantes para su entretenimiento, pues en los años veinte la empresa edificó un céntrico y moderno cine donde los habitantes podían disfrutar de los estrenos de la época en la pantalla grande. Desde las más recientes de películas mudas de Charlie Chaplin, hasta cintas del cine mexicano, los pilareños podían disfrutar de la pantalla grande en cómodas, amplias y modernas instalaciones que la empresa puso a su disposición.

Tanto en Pilares como en Nacozari la cultura *gringa* ganaba terreno. Con el llamado *Nacozari Country Club* para los aficionados al golf y al tenis, y el *Nacozari Book Club* que bajo la modalidad de club de lectura brindaba a la comunidad estadounidense la oportunidad de disfrutar de su cultura en el extranjero, la empresa buscaba brindar «refugio» a los extranjeros por medio de la adopción de elementos básicos en las clases sociales, el idioma y la cultura. Por medio del marcado paternalismo que identificaba a los de los llamados *company towns* —y Pilares no era la excepción—, la empresa intentaba de alguna manera evitar que sus ingenieros estadounidenses se «perdieran» en un país ajeno a su cultura.

Entre la gerencia *gringa* existía la idea de «americanizar» al mexicano. Creían que en un promedio de cuatro años podían lograr que los mexicanos —a quienes miraban inevitablemente con cierta inferioridad—, podían aprender a bañarse a diario, dormir en habitaciones limpias y bien ventiladas y modificar a lo que los *gringos* llamaban un «feroz apetito» por el alcohol. La implementación de este tipo de estrategias probó ser una medida satisfactoria, hasta cierto grado. Como consecuencia del intento por modificar el estilo de vida del obrero mexicano, la gerencia de la empresa logró mayores resultados con esa «mejoramiento» físico y psicológico.

Pero no todo era de corte «americano» en el nuevo pueblo de Pilares. Para armonizar la infraestructura del pueblo con el predominante entorno cultural de la población mexicana, se construyó también una amplia plaza de toros en un lugar conocido como «Los Torreones». Las populares corridas se realizaban cada semana con matadores que llegaban de distintas partes de la República Mexicana, atrayendo tanto a la comunidad mexicana como a los estadounidenses que disfrutaban también de aquellos concurridos eventos.

Aunque tanto en Nacozari como Pilares la empresa extranjera buscaba elementos para crear entre sus habitantes una nueva identidad, los gerentes decidieron edificar al poco tiempo un templo en la parte dominante de la población para los feligreses católicos. Al igual que en la vecina comunidad de Nacozari, la fachada del templo fue diseñada y construida utilizando como modelo las estructuras de los templos protestantes que abundaban en los Estados Unidos en aquella época: claramente distinto a los demás templos católicos en la región.

Aunque la religión predominante fue siempre la católica, al menos la fachada del templo era congruente con la modera arquitectura de Pilares.

La presencia de una empresa extranjera con estabilidad económica y capital suficiente para invertir en sus empleados fue lo que marcó una clara y evidente diferencia entre Pilares y los demás pueblos de la región a principios de siglo XX. Gracias a ello, los pobladores tenían también acceso a servicios médicos en instalaciones bien equipadas, así como disponibilidad en el servicio de educación básica para sus hijos. Era, en pocas palabras, un pequeño pueblo del primer mundo enclavado al interior un país en vías de desarrollo. Y a pesar de que los trabajadores eran rehenes de las prestaciones y servicios de la empresa, la diferencia entre otros puntos mineros en la entidad era amplia y muy notoria.

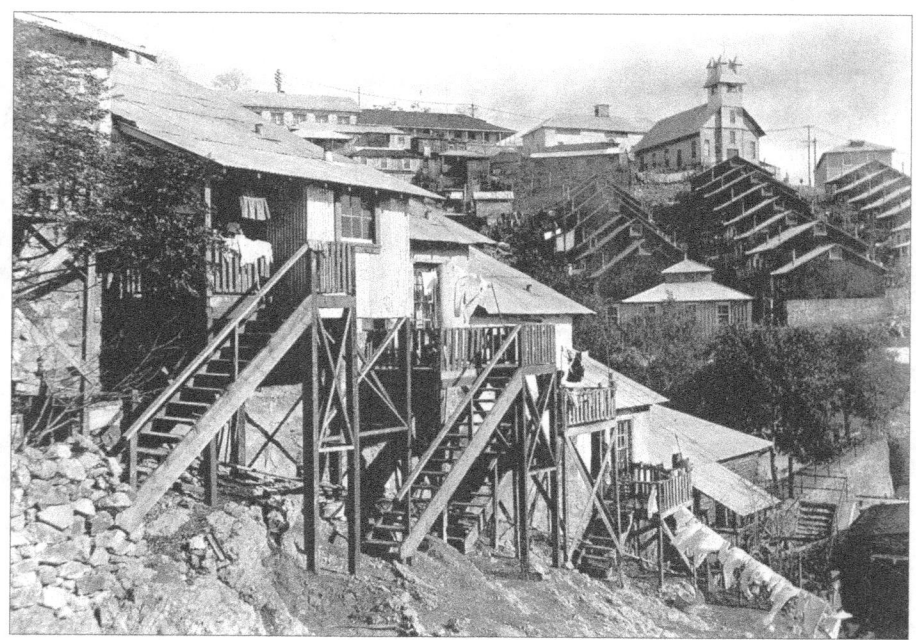

Fotografía: *Freeport-McMoRan, Inc. - Phelps Dodge Collection.*

Con la edificación de las casas escalonadas sobre las faldas de los cerros, se empezaron a formar los distintos barrios donde vivía la fuerza obrera. Otros pobladores establecieron sus viviendas por cuenta propia en casas de madera o adobe, ubicadas en los demás cerros que rodeaban al pueblo.

Fotografía: *Freeport-McMoRan, Inc. - Phelps Dodge Collection.*

Torre del malacate en Pilares de Nacozari

Con el paso de los años, el pueblo siguió creciendo con notable rapidez. Llegaban día a día nuevos habitantes de distintas partes del país cautivados por las atractivas oportunidades de empleo. Estaban dispuestos a dejar atrás sus antiguas actividades como agricultores o ganaderos para dedicarse completamente a la minería y establecerse cómodamente en un lugar que les pudiera garantizar una mejor calidad de vida. Todo ello lo encontraron en Pilares de Nacozari.

Breve etapa como municipio libre

Al igual que Nacozari de García en 1912, la comisaría de Pilares había logrado en 1917 la capacidad para poder subsistir en forma independiente. En razón de ello se empezó a negociar ante las autoridades nacozarenses la posibilidad de abandonar la calidad de comisaría y convertirse en un municipio libre. 1917 era un año importante para México, pues tanto el estado como la federación estrenaban nueva constitución política. Con la promulgación de la Constitución Federal en febrero de 1917 se abrió paso para un nuevo ejercicio de autonomía municipal y con ello el surgimiento de nuevos municipios para la entidad. En Sonora se adoptaría también una nueva constitución para armonizarla con la carta magna federal y que incluyera los preceptos básicos para la organización municipal. Fue así como se promulgó en el estado una nueva constitución el 15 septiembre de 1917 en el marco de las fiestas patrias de aquél año. Un mes más tarde en todos los municipios se realizó el juramento de la nueva constitución.

Tan pronto como se adoptó el nuevo marco jurídico municipal —y considerando que Pilares de Nacozari contaba ya con todos los elementos para subsistir en forma independiente—, el Ayuntamiento de Nacozari de García, aprobó en sesión extraordinaria de cabildo la conveniencia de erigir como municipio libre a la comisaría de Pilares de Nacozari. La medida se logró gracias a que dicha localidad contaba ya con más de cuatro mil habitantes y reunía las características básicas y necesarias para proveer su existencia política. Una vez aprobada la iniciativa, la propuesta se envió al poder legislativo estatal para que evaluara y en su caso aprobara debidamente la separación de Pilares para que se constituyera como un nuevo municipio en el mapa político de Sonora.

En menos de un mes el dictamen legislativo estaba listo para su aprobación. Tras el debate reglamentario para el análisis de la propuesta, el Congreso del Estado decretó finalmente el 24 de octubre de 1917 la ley número 16 que declaraba municipio libre a la comisaría de Pilares de Nacozari. Al presentar el dictamen final al pleno de la cámara, los diputados Alonso S. González y José María Lizárraga hicieron una excelente descripción del poblado y señalaron que Pilares era «...una de las comisarías del estado más bonancibles y de donde se ve progresar a grandes pasos, material, intelectual y moralmente a todos sus habitantes».

Tras su debida aprobación, la nueva ley entró en vigor a partir del 1º de enero de 1918, y desde de esa fecha pasaron a formar parte del municipio de Pilares de Nacozari los siguientes lugares: El Porvenir, La Esperanza, la comisaría de San Pedro y San Pablo, los campos mineros la Bella Unión, Esperanza, Los Ángeles, El Globo, la Gran República, la Tarasca, los ranchos Salsipuedes y Agua Buena, así como otros campos adyacentes.

Al igual que a principios de siglo, cuando las reservas de cobre causaron grandes expectativas entre los pobladores, la transformación en municipio generó muchas expectativas para los pilareños. Aunque sería esta vez la clase política y no los inversionistas quienes se alegraran de la independencia política de Pilares, pues tendrían por fin una autoridad municipal legalmente constituida. Aunque la empresa minera seguía conservando la influencia sobre las principales decisiones en el pueblo, existía ahora un gobierno municipal con amplias facultades constitucionales para reglamentar desde servicios básicos hasta la gestión de recursos federales y estatales. A diferencia de la clase política pilareña que celebraba con gusto su autonomía municipal, en Estados Unidos la nueva ley causaba cierta inconformidad. En una comunicado enviado por James Douglas, presidente de la Phelps Dodge al gerente general de la Moctezuma Copper Company en Nacozari, el alto funcionario manifestó su descontento al enterarse de la aprobación de la ley número 16. En su carta fechada el 12 de noviembre de 1917, *mister* Douglas expresó:

> «Lamento mucho esta acción que ha tomado el estado, aunque supongo que ha sido algo inevitable y no me sorprende. Ciertamente, el nombramiento de funcionarios no ha sido mejor si se compara con funcionarios electos por el pueblo, de manera que el efecto de esta ley tal vez no sea tan oneroso».

Abundancia de cobre, escasez de trabajo

Los nuevos cambios políticos y económicos parecían presagiar un buen futuro para los pilareños, pero al igual que todos los pueblos que se dedican a la minería, no había para Pilares un futuro completamente garantizado. Aunque para 1918 las operaciones eran estables, la caída drástica en los mercados del cobre a nivel internacional después de la Primera Guerra Mundial (1914-1918), vino a causar estragos a la comercialización del metal rojo.

Ante la adversa situación económica que prevalecía, la empresa se vio orillada a detener sus operaciones en Pilares y Nacozari. Irónicamente, la abundancia en la producción de cobre fue la causa de la ruina de Pilares. No todos fueron capaces de entenderlo. Las grandes cantidades de cobre causaron una sobreoferta de mineral con muy poca demanda en un mercado global. En pocas palabras, había bastante cobre, pero muy pocos interesados en comprarlo. Con la sobreproducción del metal rojo y las escasas ventas, los precios cayeron casi a la mitad. La industria del cobre empezaba a entrar en su peor depresión económica en la historia. Los principales consumidores a nivel mundial se habían abastecido de grandes cantidades de cobre con la expectativa de seguir fabricando material de guerra sin prever que el conflicto habría de llegar a su fin antes de lo esperado. Tan solo en los Estados Unidos había almacenes con reservas de casi medio millón de toneladas métricas de cobre refinado. La Phelps Dodge, siendo una de las empresas dedicadas a la explotación de cobre, fue una de

No. 16

Ley que declara municipio libre a la comisaría de Pilares de Nacozari

ARTÍCULO 1º - La XXIV Legislatura del Estado, en uso de la facultad que le confiere la fracción XII del artículo 64 de la Constitución Política Local vigente, declara municipio libre a la comisaría de Pilares de Nacozari.

ARTÍCULO 2º - La municipalidad de Pilares comprenderá en su jurisdicción los campos: «El Porvenir» y «La Esperanza», la comisaría de «San Pablo y San Pedro»; los campos mineros: «La Bella Unión», «La Gran República», «La Tarasca»; ranchos «Salsipuedes» y «Agua Buena» y demás campos adyacentes de trabajo y sobre los cuales ha tenido hasta hoy jurisdicción, quedado esta segregada de la municipalidad de Nacozari de García.

ARTÍCULO 3º - La elección del primer ayuntamiento de la municipalidad de Pilares y comisarios de su jurisdicción se efectuarán en la misma fecha que expresa la convocatoria de elecciones generales del ayuntamientos del estado y de acuerdo con la Ley Electoral que para el efecto se designe; dicho ayuntamiento y comisarios de policía entrarán a fungir al mismo tiempo que los demás del estado por el mismo periodo.

ARTÍCULO 4º - Que el Ejecutivo del estado provea lo necesario para que la cabecera de dicha municipalidad de Pilares sea dotada de su fundo legal correspondiente.

ARTÍCULO 5º - Esta ley entrará en vigor, para el efecto a la convocatoria a las elecciones que expedirá este congreso, desde la fecha de su publicación y para el funcionamiento del nuevo municipio tomo tal, desde el 1º de enero de 1918.

Ley sancionada el 26 de octubre de 1917

las compañías más devastadas, sufriendo pérdidas que rebasaron los ocho millones y medio de dólares al iniciar la década de 1920. Siendo la Moctezuma Copper Company su filial en México, la negociación minera en Pilares y Nacozari recibió el impacto directo.

Ante la crítica situación económica que predominaba en esos años, la gerencia decidió suspender sus operaciones el 15 de abril de 1921. Aunque muchos lo pronosticaban, pocos esperaban el trágico desenlace. A pesar de que algunos se aferraron al terruño, fueron muchos los que emprendieron la salida en busca de empleo en otro lugar. El triste éxodo iba a acompañado de miles de añoranzas, pues quedaba atrás un agradable estilo de vida caracterizado no sólo por las comodidades de las que gozaban, sino por la abundancia que durante más de veinte años había permitido la bonanza que se había recuperado tras siglos de abandono. Sólo unos cuantos se aferraron a quedarse para laborar en los pocos puestos que aún quedaban disponibles.

La triste ironía contrastaba directamente con la historia. No era ya la escasez de mineral, sino su abundancia lo que esta vez detenía el desarrollo. Pasaron dos años y todo parecía perdido. Mientas los que habían decidido quedarse años atrás se preparaban para abandonar definitivamente el pueblo, las esperanzas volvieron a alimentar los sueños de los mineros errantes. Para beneficio de muchos, en 1923 se corrió la voz anunciando el resurgimiento de las labores en la mina.

Fue un año de grandes inversiones y de ganancias considerables que no fueron necesariamente producto de la minera. Tan solo en su producción pecuaria, por ejemplo, la empresa cerró el año con un impresionante inventario de 11,074 cabezas de ganado bovino distribuido entre becerros, vaquillas, vacas, bueyes y toros finos.

La necesidad de rehabilitar el pueblo obligó a la compañía a invertir en grande para echar a andar de nuevo la vida en el agonizante poblado que se resistía a morir. En la reparación de las deterioradas viviendas que habían quedado abandonadas tras el inesperado éxodo de 1921, la inversión aumentó en un 22 por ciento respecto al año anterior. En el almacén la inversión creció en 46 por ciento, mientras que en el mantenimiento del departamento mecánico se destinaron recursos sorprendentes, pues a diferencia de un año atrás, la Moctezuma Copper Company aumentó las inversiones en 168 por ciento. Aunque se registraron otros importantes gastos en reparaciones y adquisición de maquinaria nueva, la empresa se esforzó también en mejorar las condiciones de las instalaciones deportivas como en el caso de la cancha de tenis que mostraba considerables daños.

Fue tanta la necesidad de mano de obra al iniciar nuevamente las operaciones, que la compañía mandó a sus agentes a veintinueve pueblos de Sonora en busca de hombres para trabajar en las minas. Tanto los viejos habitantes como los recién contratados, estaban alegres; la riqueza y el bienestar sonreían de nuevo. Entre los pilareños se hablaba del progreso. El avance era bueno y las esperanzas mucho mejores; existían razones de sobre para celebrar.

Fotografía: Freeport-McMoRan, Inc. - Phelps Dodge Collection.

Empleados del taller mecánico de la empresa. Pilares de Nacozari.
(1) Manuel Salazar, (2) W. McLean, (3) Ignacio Ruiz, (4) Pedro Gonzáles,
(5) Walter C. Bleistein, (6) Gabriel Burrola, (7) Antonio Bravo, (8) Fernando Morfín,
(9) Martín Coronado, (10) Antonio A. Bartolini, (11) Lauro Valenzuela, (12) Rafael Sepúlveda, (13) Tomás Chaparro, (14) Eduardo Morales, (15) Fernando Fimbres,
(16) Benito Félix, (17) Jesús Ríos, (18) Alberto Manríquez, y (19) Loreto Burboa.

La alegría ante la reactivación de la minería se percibía por todas partes, reflejándose incluso en el reporte anual de la empresa, donde se hicieron importantes señalamientos sobre el comportamiento social de la fuerza laboral. Por un lado, las visitas a la biblioteca aumentaron una tercera parte en comparación al año anterior. Según el informe anual de la Moctezuma Copper Company, al cerrar el año de 1923 se registraron ganancias superiores que se reflejaron en un aumento del 34 por ciento en los ingresos por la prestación de este servicio que también incluía billar. Por otra parte, el consumo de bebidas embriagantes a consecuencia de la venta clandestina de mezcal causaba no sólo la inasistencia de los trabajadores a sus labores cotidianas, sino considerables accidentes en el lugar de trabajo.

Ese mismo año —y aprovechando la reanudación de las actividades mineras—, la Phelps Dodge comisionó en Estados Unidos al pintor William Davidson White para que viajara al pueblo de Pilares de Nacozari con una tarea muy peculiar. Su misión era recorrer el poblado y plasmar en pinturas al óleo las actividades mineras y la vida diaria de los habitantes. El resultado fue la elaboración de dos magníficas obras de arte que adornaron por más de tres décadas las oficinas centrales de la Phelps Dodge en Bisbee, Arizona, hasta que fueron donadas en 1958 al Museo de Minería de la Universidad de Arizona, donde actualmente se encuentran en exhibición como testigos silenciosos del estilo de vida que predominaba en Pilares de Nacozari.

Al igual que las minas que despertaban de un prolongado letargo, la población renacía también como el ave Fénix hacia una nueva realidad que permitió a los pilareños disfrutar con alegría de los «felices años veinte»; sin embargo, la estabilidad económica causada por la prosperidad de las minas a mitad de esa década —que generó incluso un aumento de sueldo a los trabajadores a mediados de 1923—, no garantizó del todo la buena vida en el pueblo.

A pesar de la boyante actividad económica, la tragedia se habría de cernir nuevamente antes de concluir la década. Al igual que en el resto del país y del mundo, el pueblo sería víctima también de la terrible crisis económica causada por la Gran Depresión de Estados

Unidos a finales de los años veinte, vulnerando con ello la estabilidad de los centros mineros. La debacle financiera que estalló en 1929 vino a cancelar muchos de los grandes avances que se habían logrado durante tres décadas de desarrollo, eclipsando con ello los sueños de la clase obrera que había visto nuevamente en Pilares y Nacozari de García la oportunidad de prosperar y crecer económicamente.

Por si la baja producción no hubiera sido suficiente para lastimar a las economías locales, a la crisis se sumaron los elevados aranceles que impuso el gobierno estadounidense a las importaciones de mineral. Fue así como en 1929 —en este panorama de incertidumbre e inestabilidad económica—, la Moctezuma Copper Company se vio una vez más obligada a suspender sus labores en medio de una crisis peor a la que se había vivido una década atrás. La gran empresa minera se declaró finalmente en la bancarrota en septiembre de 1931, dejando en el desempleo a más de dos mil trabajadores. La compañía había rechazado incluso un incentivo fiscal del gobierno federal mediante el cual se le extendía el pago de impuestos buscando con ello evitar el cierre de las operaciones. Aunque la propuesta se fundaba en buenas intenciones, no resolvía de fondo el problema económico.

El desastroso desenlace económico se caracterizó, entre otras cosas, por las evidentes secuelas sociales y morales que vivió la población. La parálisis de las minas tuvo también un impacto a nivel nacional, pues con el paro de labores se redujo considerablemente la producción nacional de cobre durante los años de 1931 y 1932. Ni el cese de actividades en las minas de grafito en otros lugares tuvo tanto impacto como la parálisis en la explotación del metal rojo. Para 1932, por ejemplo, las pequeñas cantidades que aún se podían extraer de las minas de Pilares, sumada a la de otras minas en Sonora, eran apenas una sexta parte del total que se había producido tres años atrás.

Siendo Pilares un pueblo donde la minería era la principal actividad industrial, su población estaba sujeta a los vaivenes de la economía, condenada a ser rehén ineludible de las condiciones financieras a nivel mundial. Ante la falta de trabajo y la parálisis generalizada,

HERMAN H. HORTON:
«EL BENEFACTOR DE NACOZARI»

DURANTE LA DIFÍCIL SITUACIÓN ECONÓMICA que se vivió a principios de los años treinta, surgió en Nacozari de García un apasionado personaje estadounidense que se dedicó a ayudar a los más humildes empleados que se quedaron si un sustento tras el parálisis de las actividades mineras. Se trataba del señor Herman H. Horton, quien se desempeñó como gerente general de la Moctezuma Copper Company durante quince años. Gracias a su noble labor fue declarado «Benefactor de Nacozari» por el H. Congreso del Estado de Sonora en razón de su espíritu filantrópico al acudir personalmente hasta las chozas de los obreros más humildes para brindarles el sustento diario durante los años más difíciles de la crisis mundial de aquella época. Se identificó tanto con las costumbres del pueblo mexicano que logró nacionalizarse mexicano.

FUENTE: TERÁN, CUAUHTÉMOC L., *Jesús García, El héroe de Nacozari*, Hermosillo, Sonora, 1991.

los empleados empezaron de nuevo a salir del pueblo uno a uno en compañía de sus familiares y amigos. Al igual que la empresa minera, cientos de trabajadores abandonaron sus hogares en busca de una mejor oportunidad en otros pueblos. Muchos cruzaron la frontera intentando establecerse en algún pueblo minero de Arizona aprovechando la experiencia en las actividades mineras que habían adquirido tras los años de servicio para la Moctezuma Copper Company. Poco a poco empezaban a salir de Pilares los carromatos cargados con pertenencias, dejando al pueblo lentamente en el olvido.

El mismo mes en que la Moctezuma Copper Company se declaró en la ruina, salieron de Pilares más de 1,600 trabajadores. Ya para el otoño de 1931, miles de familias en los pueblos de Pilares y Nacozari habían abandonado sus hogares, llevando únicamente consigo sus más preciadas pertenencias. Entre ellas, y tal vez entre sus objetos más preciados, llevaban también la esperanza de regresar algún día al querido terruño que tantas alegrías les había brindado. Antes de concluir el año —y después de una generación de que la familia Douglas se adentrara a explorar las minas en la región de Nacozari—, la Phelps Dodge dio por terminadas sus operaciones en la región, emprendiendo la lenta retirada a territorio estadounidense. La situación se pensaba irreversible.

Aunque el éxodo fue masivo, unos cuantos decidieron quedarse. Mientras unos buscaban nuevos horizontes, otros se quedaron con la esperanza, tal vez, de que al igual que años antes, Pilares volviera poco a poco a renacer y despertar con una reforzada bonanza. Fue así como permanecieron en Pilares de Nacozari poco más de treinta empleados directos que se quedaron para seguir operando los servicios básicos a las pocas familias que optaron por aferrarse al terruño.

El pintoresco pueblo sonorense —que alguna vez se consideró como uno de los más importantes centros mineros de México a principios de siglo XX—, había quedado una vez más en el abandono. La desolación y la considerable reducción demográfica fueron la causa de otra tragedia no menor al duro golpe económico. La nueva desgracia sería esta vez de carácter legal.

Dada la escasa población de Pilares causada por salida gradual de casi todos sus habitantes en 1931, el pueblo perdió ese mismo año otra gran batalla contra el destino. Antes de cerrar el año, el pueblo de Pilares de Nacozari perdió en forma irreversible la categoría de municipio libre que el Congreso del Estado le había otorgado trece años antes, en el verano de 1917. El pueblo, que años antes había rebasado los siete mil habitantes, había quedado prácticamente en el abandono, de no ser por algunas familias que optaron por quedarse y dedicarse a otras actividades.

A raíz pues de la partida de la mayoría de los pobladores —y en virtud de haber dejado de cumplir con requisitos constitucionales básicos para su existencia—, la XXXI Legislatura del Congreso del Estado decretó el 4 de noviembre de 1931 la ley número 15. A diferencia de la normatividad que en 1918 le otorgó al pueblo la autonomía municipal, la nueva ley le retiraba al pueblo de Pilares de Nacozari la categoría de municipio libre que unos años atrás se le había otorgado. El poblado de Pilares nuevamente fue agregado con todos sus ranchos y congregaciones al municipio de Nacozari de García en calidad de comisaría.

El nuevo ordenamiento legal —que de un plumazo le retiró a los pilareños la oportunidad de gobernarse a sí mismos—, fue promulgado un día después por el gobernador Rodolfo Elías Calles, sufriendo efectos a partir de esa trágica fecha que quedó grabada en la memoria de los pilareños como una marca indeleble de la desdicha que acompaña a todo los pueblos mineros. Mientras en Nacozari los habitantes celebraban con júbilo las tradicionales fiestas del pueblo, los pilareños padecían la angustia no sólo de haber perdido su autonomía constitucional, sino de ver cómo se alejaba de ellos la prosperidad, dejándolos en medio de un presente inestable con miras hacia un futuro ignorado.

El destino parecía burlarse de la tragedia económica de Pilares así como de su desaparición del mapa político de la entidad. Tan solo un año antes, el 1º de enero de 1931, el vecino pueblo de Óputo había perdido también la categoría de municipio, quedando subordinado a la jurisdicción Pilares de Nacozari en calidad de comisaría. Con la aprobación de la ley número 68, decretada el 26 de diciembre de 1930, no sólo desapareció el municipio de Óputo, sino que por espacio de doce meses extendió considerablemente el territorio municipal de Pilares. De no haber sido por los efectos inevitables de la crisis mundial generada en los Estados Unidos en esos años, el pueblo de Pilares de Nacozari hubiera crecido considerablemente hacia el oriente, logrando abarcar cuantiosos terrenos de agostadero y abundantes tierras de cultivo. Hubiera tenido quizás la oportunidad de acceder a los enormes mantos cupríferos que décadas más tarde habrían de descubrirse muy cerca de aquél lugar.

Pero para fortuna de muchos, la historia parecía repetirse. El pesado péndulo del destino oscilaba nuevamente hacia la prosperidad económica y social. Y a pesar de que el pueblo no volvería a recobrar la autonomía municipal que le fue otorgada en 1918, sus actividades mineras volvieron nuevamente a ver la luz hacia finales de los años treinta. Conforme los descalabros económicos empezaban a sanar, se empezó a reconstruir nuevamente el tejido social y económico de la región. Sin embargo, a diferencia de otros centros mineros como Cananea, la gerencia extranjera en Pilares tuvo más dificultades para reconstruir el pueblo tras los estragos causados por la depresión económica que en muchos aspectos seguía vigente.

Tuvo que pasar casi una década para que se volvieran a echar andar los trabajos al interior de las minas. Antes de cerrar la década de 1930, empezaron a llegar de nuevo los mineros con las mismas ganas y el mismo ánimo que a principios de los veintes. La gloria de aquél lugar empezaba de nuevo a recobrar lo perdido, aunque no por mucho tiempo...

Churunibabi: otro importante centro minero en Nacozari

Mientras en Pilares se extraían formidables cantidades de cobre, al norte de Nacozari se trabajaba desde siglos antes en la búsqueda del oro y la plata. La antigua región minera conocida como «Churunibabi», ubicada a diez kilómetros al norte de Nacozari de García, fue al igual que Pilares y las minas aledañas, uno de los centros mineros más

RECONOCIMIENTO INTERNACIONAL DE LAS MINAS DE CHURUNIBABI

Entre las minas más antiguas de la región de Nacozari se encontraban las de Churunibabi y El Huacal. Los principales periódicos de la época a principios del siglo XX las describen como minas con alto potencial de ofrecer grandes cantidades de metales preciosos. En 1903, el periódico estadounidense *The Oasis* señaló que estas minas «...ayudaron a aumentar la riqueza y el esplendor que obtuvo la monarquía española después del descubrimiento de América». Fueron precisamente estas minas las que dieron grandes riquezas a la corona española durante el siglo XVIII.

FUENTE: Bird, Allen, T., *Huacal & Churunibabi*. Periódico: *The Oasis*, Nogales, Arizona, 21 de noviembre, 1903. Vol. II, No. 2.

importantes y destacados en el noreste de Sonora. Aunque su crecimiento económico, político e industrial no se equiparó a los niveles de desarrollo en Nacozari o Pilares, su historia es mucho más antigua y se remonta incluso siglos antes de la fundación de los pueblos en la región.

Aunque poco se ha escrito sobre este lugar, existen antecedentes aislados que juntos forman un interesante mosaico histórico que brinda un asombroso panorama sobre las actividades mineras de este antiguo lugar. Existen aún retazos de su historia que se encuentran en su mayoría dispersos, pero que brindan fabulosas historias forjadas con el oro y la plata que se extraía de las famosas minas de este antiguo sitio minero.

Al igual que la etimología de *Nacozari*, la palabra *Churunibabi* se deriva también de la lengua ópata —y según las variantes del dialecto—, la palabra significa «aguaje de cardenales». La primera referencia a este histórico lugar, aparece en un texto publicado a mediados del siglo XVIII por el sacerdote y explorador alemán Juan Bautista Nentvig. En su obra titulada *El rudo ensayo. Descripción geográfica, natural y curiosa de la provincia de Sonora, 1764*, Nentvig hace breves pero sustanciosos señalamientos sobre este mineral, entre ellos, señala que se ubica a «cinco leguas» al norte del Real de Minas de Nuestra Señora del Rosario de Nacozari.

Las actividades en este sitio son tan antiguas como las minas mismas, pues en ese alejado punto de la sierra sonorense, habitaban ya algunos indígenas ópatas previo a la llegada los primeros exploradores europeos. Después de la fundación del real de minas de Nacozari en 1660, los colonos de la Nueva España siguieron recorriendo palmo a palmo la zona, hasta arribar a lo que hoy se conoce como «Churunibabi». Aunque a diferencia del real de minas Nacozari, no serían ya los misioneros, sino los buscadores de minas, quienes, movidos por la ambición del oro y la plata, lograron establecer con facilidad la infraestructura básica para iniciar la explotación minera. Fue así como se fundó rápidamente un pequeño poblado que logró sobrevivir gracias a la riqueza de sus abundantes minerales. Al poco tiempo, las primitivas minas de plata convirtieron a aquella zona en una de los principales núcleos mineros en la Nueva Vizcaya durante la época de la colonia.

Las antiguas leyendas que aún se relataban siglos después, describían el increíble hallazgo de una rica vena de plata pura que los primeros exploradores encontraron a menos de un metro de profundidad. Los primeros años de explotación fueron épocas de prosperidad y, aunque la bonanza elevó las expectativas, las esperanzas de desarrollo a gran escala se ensombrecieron con los terribles ataques de los indígenas apaches. Pero a pesar de la amenaza, la estabilidad industrial era lo suficientemente atractiva como para dejarla ir a causa del temor a las constantes y violentas incursiones de esta agresiva tribu. La violencia fue, a la par de la riqueza, parte del estilo de vida de los pobladores de Churunibabi durante gran parte de sus primeras décadas de existencia.

Uno de los más sonados y violentos ataques que se registró en este lugar fue en marzo de 1742, y aunque hubo cuantiosos y considerables daños, los aferrados habitantes se rehusaron a abandonar la explotación y optaron en cambio por establecer sus propios mecanismos de defensa. Tal como sucedió en asentamientos aledaños, los residentes de Churunibabi se vieron en la urgente necesidad de organizar milicias para combatir a los apaches y defenderse de los ataques que cada vez eran más constantes. Pero a diferencia de otros pueblos de igual tamaño que sucumbieron ante el golpe de los nativos, la comunidad de Churunibabi se destacaba por resistir ante los conatos de saqueo. Las defensas prevalecieron y lograron garantizar en buena medida la actividad minera; pero a pesar de sus múltiples esfuerzos, la estrategia resultó inútil; prueba de ello fue un segundo asalto que se registró dos años después, en 1744.

Para los habitantes de Churunibabi, la preocupación por los ataques, incendios y robos se convirtió en una constante que amenazaba con detener la vida del poblado. A diferencia de otros lugares, donde el agotamiento de los yacimientos obligaba a los residentes a abandonar las minas, en Churunibabi las incursiones fueron los principales obstáculos durante los años de mayor prosperidad. Por su seguridad, y en vista de la poca efectividad de las milicias inexpertas, los resignados habitantes fueron por fin abandonando uno a uno aquel lugar al norte de Nacozari hasta quedar casi en el abandono por el año de 1780. Nadie sabía con exactitud cuándo llegarían de nuevo los apaches.

Después de que el pueblo de Churunibabi quedara prácticamente en el abandono como sucedió en Nacozari, los pocos residentes que se resistieron a sumarse al éxodo de mineros, se dedicaron a seguir explorando las zonas aledañas con la esperanza, tal vez, se encontrar nuevas vetas o revivir las que se habían perdido. A pesar del riesgo y la adversidad, el esfuerzo de los aferrados pobladores se tradujo en excelentes resultados. En una ocasión, mientras un grupo de mineros entusiastas recorrían las faldas de los cerros, encontraron una cueva escondida, la cual, dadas las características del boquete, supusieron que era una de las minas «perdidas» o abandonadas años atrás.

A pesar de los riesgos y el peligro, llegaban hasta Churunibabi exploradores y curiosos que venían de distintas partes del país y del extranjero. El prominente diplomático y explorador inglés Henry George Ward que recorrió la región de Nacozari a principios del siglo XIX, llegó también a Churunibabi, motivado por la historia de la minería en ese atractivo lugar serrano. A su llegada se encontró con el mismo panorama que había visto en el real de minas de Nuestra Señora del Rosario de Nacozari. El antiguo mineral estaba en el abandono. Al igual que los pueblos de la región, había sucumbido ante los apaches. Entre sus observaciones, publicadas en Inglaterra en 1828, Ward se limitó a plasmar que los únicos habitantes del mineral en aquellos años eran tres personas a quienes identificó por sus apellidos: Escalante, Vásquez y Corella.

Años después, con el empeño y la dedicación que distinguió a los mineros del siglo XIX, las nuevas generaciones encontraron yacimientos que lograron traducirse nuevamente en una notada riqueza. En la alborada de aquel siglo, las nuevas extracciones se convirtieron en ganancias que oscilaron en 70 mil dólares de la época, equivalentes a «setenta marcos» de plata por cada carga de 300 libras de mineral. Pero a pesar de las crecientes ganancias, los habitantes de apellido

No. 15

Ley que suprime el municipio de Pilares de Nacozari

ARTÍCULO ÚNICO – Por haber dejado de llenar los requisitos que exige la fracción XII del artículo 64 de la Constitución Política local, y con fundamento en la fracción XIII del mismo precepto, se suprime el municipio de Pilares de Nacozari, debiendo quedar en lo sucesivo agregado con sus congregaciones y ranchos en calidad de comisaría, al municipio de Nacozari de García.

TRANSITORIOS

PRIMERO – El Ejecutivo del Estado dispondrá en la esfera administrativa, lo necesario para que se cumpla lo prevenido en el artículo anterior, y el Ayuntamiento de Nacozari de García hará el nombramiento de comisarios de policía propietario y suplente interinos que durarán en funciones mientras el propio ayuntamiento practica elecciones extraordinarias.

SEGUNDO – Este ley entrará en vigor desde la fecha de su publicación en el Boletín Oficial del Estado.

Ley sancionada el 5 de noviembre de 1931

Escalante, Vásquez y Corella que señaló Henry George Ward en 1828, no lograron encontrar las extraordinarias vetas de la que hablaban las antiguas leyendas. A pesar de que habían logrado buenas ganancias, los propietarios dieron por vencidos sus esfuerzos; dividieron entre ellos las ganancias y abandonaron el lugar en busca de nuevas oportunidades.

Justo como sucedió con los yacimientos en los alrededores, las minas de Churunibabi pasaron también de mano en mano, siendo extranjeros la mayor parte de ellos, aunque ya en la segunda mitad del siglo XIX, los propietarios que llegaron a la región eran ya de nacionalidad mexicana. El 8 de noviembre de 1880, por ejemplo, se constituyó la Sociedad de Churunibabi, formada por Manuel Telles y Vicente Provencio, quienes explotaron las minas por muy poco tiempo. Cuando la empresa minera Moctezuma Copper Company se instaló en Nacozari en los últimos años de la década de 1890, el gobierno federal autorizó los derechos de explotación de varias minas, incluyendo las de Churunibabi. La empresa por su parte, las arrendó a varios particulares para facilitar su explotación. Hacia el otoño de 1908, cuando el principal túnel de la mina había alcanzado 152 metros de profundidad, los mineros perforaron inesperadamente una enorme vena de agua que impidió en gran medida las extracciones más profundas. Pero a pesar de que sólo se pudo explotar un de las tres principales vetas, la mina logró producir cantidades considerables de mineral.

Al finalizar el año de 1910, y no obstante algunos limitantes en la perforación, las minas habían arrojado de sus entrañas casi un millón 300 mil toneladas de mineral, siendo oro el principal componente. En esas fechas, mientras un grupo de trabajadores intentaban excavar una perforación en las faldas de un cerro se toparon con una macabra sorpresa. Durante las excavaciones encontraron un esqueleto que parecía ser de una mujer, pues tenía aún trozos de un vestido, aretes y anillos de oro. Eran probablemente los restos de alguna mujer española que habitaba en las inmediaciones de Churunibabi durante la época del dominio español.

RALPH S. CLINCH

Destacado deportista en Nacozari de García

RALPH STANLEY CLINCH fue un estadounidense que llegó a Nacozari de García a principios del siglo XX atraído por la creciente actividad económica de la región. Fue un reconocido filántropo y excelente deportista. A finales de la década de 1929 estuvo a cargo de las minas de Churunibabi, donde se destacó por ser uno de los patrones más activos en la región, logrando con gran éxito hacer frente a los efectos internacionales de la crisis de 1929. Estuvo también a cargo de las novenas de béisbol, contando con uno de los mejores equipos en Sonora a quienes llamó «Las Águilas de Churunibabi» con destacados jugadores como «El Diablo» Ángel Salas, Blady Gemingniani, Trinidad Córdoba, Blademir García, Armando Reyna, «El Barbitas» Acuña, Luís Valenzuela, «Lefty» Gómez, Jorge Loreto, «Chapo» Márquez, Alberto Ortiz, «Chito» Franco, entre otros. Clinch estuvo también a cargo de un equipo de baloncesto que llevaba el mismo nombre. Se destacaron por ser uno de los mejores equipos en el estado. Falleció en Los Ángeles, California el 9 de enero de 1977 a la edad de 89 años. Sus restos reposan en el cementerio de la ciudad de Douglas, Arizona.

Las riquezas generadas a consecuencia del renacimiento de Churunibabi, atrajeron a este lugar a más entusiastas dispuestos a buscar la riqueza. Uno de ellos fue el coronel Norton Hand, un militar retirado de Estados Unidos que llegó hasta Nacozari para trabajar las minas bajo arrendamiento con la Moctezuma Copper Company. En medio de la agitación social causada por la lucha revolucionaria en México, el intrépido forastero se abocó a los trabajos de explotación con una reducida fuerza laboral de cien hombres. Se dice que dentro de una de las cuevas encontraron una apertura de 4.5 metros que contenía grandes cantidades de oro y plata que se convirtieron en ganancias por el orden de los 100 mil dólares tan solo en la producción de plata. El coronel Hand siguió a cargo de la explotación hasta octubre de 1913, cuando rescindieron los contratos de arrendamiento y la Moctezuma Copper Company quedó nuevamente cargo de la explotación. Ya para septiembre de ese año, la empresa era dueña de siete propiedades mineras en la zona: Santa Margarita, La Tabla, El Gallo, La Estrella, El Pedazo, La Luna y La Pobrecita. Churunibabi se encontraba en la misma área volcánica que Pilares y tenían por lo tanto la misma relación geológica en común. En aquella época la situación laboral era muy distinta a la que prevalecía en Pilares. Los trabajadores en Churunibabi trabajaban por el diario y se les pagaba 2.75 pesos por cada turno de nueve horas y media.

Ya para 1929, ante la crisis causada por la depresión económica de aquella época, la empresa detuvo la explotación directa de Churunibabi, haciéndose cargo de ella un estadounidense de nombre Ralph Stanley Clinch. A pesar de la adversa situación económica, el nuevo encargado de la negociación minera logró generar empleos, fomentando al mismo tiempo, las actividades deportivas entre los habitantes. Clinch se destacó por ser uno de los empleadores más activos en la región, logrando con éxito hacer frente a los efectos internacionales de la crisis de 1929. Mientras estuvo a cargo de las actividades mineras, gestionó la contratación de personal capacitado, logrando con ello obtener los mejores resultados en el proceso de extracción.

En los tiros de las minas, la infraestructura básica incluía malacates activados mediante motores impulsados con energía eléctrica. Había incluso servicio de agua potable, entre otro tipo de tecnología moderna. En contraste con la infraestructura de Pilares, donde las viviendas de los empleados contaban con comodidades básicas, los pobladores de Churunibabi vivían en pequeñas chozas, en su mayoría provisionales. Gran parte de los mineros eran trabajadores migratorios que no llegaban para quedarse. Los demás vivían en Nacozari y se trasladaban diariamente a pie, en mulas o a caballo.

El mineral de «La Plomosa»

En cuestión de expansión y desarrollo, la primera década del siglo XX fue la época más importante para la empresa minera Moctezuma Copper Company. La mayor parte de las adquisiciones de minas y derechos de explotación se llevaron a cabo durante esta década, periodo durante el cual se adquirieron nuevos terrenos y nuevas áreas de explotación.

El 4 de enero de 1907, se publicó en el Diario Oficial de la Federación un decreto mediante el cual se aprobaba un contrato con fecha del 17 de octubre de 1906 para una iniciar una nueva explotación minera en el estado de Sonora dentro del distrito de Moctezuma. El acuerdo se celebró entre el Subsecretario de Estado encargado del despacho de la Secretaría de Fomento, en representación del presidente de la República y Manuel Calero, representante de la Moctezuma Copper Company. En él se contemplaba la explotación del mineral conocido como «La Plomosa» por un lapso de dos años. En el decreto se hace la siguiente descripción:

> «Tomando como punto de partida la unión del llamado Cañón de la Plomosa con el Cañón de Nacozari, se medirán seis kilómetros rumbo al Norte y seis kilómetros rumbo al Sur, y de los extremos de esta línea de doce kilómetros que resulta se medirán, a su vez, seis kilómetros al Oriente y seis kilómetros al Poniente, cerrándose en seguida la

figura que tendrá la forma de un cuadro de doce kilómetros por lado».

Como parte del contrato, la Moctezuma Copper Company se obligaba a aumentar la capacidad de su concentradora a fin de poder procesar hasta mil toneladas de material diariamente. La explotación de nuevas minas implicaba para la empresa el reto de la expansión industrial, ya que la producción minera iba incrementando progresivamente conforme se encontraban nuevos yacimientos de cobre en la serranía.

«El Tigre», mineral escondido en lo más alto de la sierra. Breve historia.

En los albores del siglo XX, el alejado pueblo serrano conocido como «El Tigre», logró sumarse con gran éxito a la lista de pueblos mineros con mayor relevancia en México. Enclavado entre el paisaje montañoso de la Sierra Madre en el noroeste de Sonora, El Tigre nació a finales de la década de 1890 cuando un estadounidense de nombre James H. Taylor llegó a Sonora atraído por el oro. Fue este forajido *gringo* proveniente de Texas, quien fundó y dio vida a lo que años más tarde habría de convertirse en uno de los pueblos más reconocidos por su destacada y boyante actividad minera en la entidad.

Cuenta la leyenda que mientras Taylor recorría el río Bavispe acompañado de su perro de nombre *Tiger*, se encontró con un puma que intentó atacarlo. A como pudo logró ahuyentarlo lanzándole piedras, pero fue precisamente en su intento por defenderse cuando entre las rocas que levantó del suelo se le despedazó entre las manos, mostrando en su interior abundantes cantidades de oro.

Fue así como se dio el descubrimiento de lo que sería uno de los más boyantes centros mineros en el noreste del estado a la par de Pilares y Cananea. Pero a diferencia de estos pueblos, donde la producción de cobre impulsó el desarrollo y el crecimiento, el metal rojo en el mineral del Tigre llegó representar menos del 2 por ciento del mineral extraído, según cifras oficiales del año 1909.

MINA «EL GLOBO»

Entre las pequeñas minas de mayor relevancia a principios del siglo XX se encuentra «El Globo», ubicada cerca de las montañas del arroyo del Huacal. Se encontraba a unos 13 kilómetros al oriente de Nacozari y tenía una profundidad aproximada de 600 metros. De ella se extraía plata y pequeñas cantidades de oro. La mina fue adquirida por un estadounidense de apellido Romadka en 1902 por 45,000 dólares y fundó la empresa *El Globo Mining Company* en Milwaukee, Wisconsin, EE.UU. Tiempo después rechazó una oferta de vender la mina por 120,000 dólares, argumentado que la mina valía cinco veces más del precio original.

FUENTE: Hawley, E.W., *Trunks, Leather Goods and Umbrellas*. Nueva York, 1902.

Con ayuda de algunos amigos de Arizona, Taylor fundó en marzo de 1903 la empresa Lucky Tiger Combination Gold Mining Company, que en México adoptó el nombre de Tigre Mining Company, S.A. Las oficinas centrales estaban en Kansas City, Missouri en los Estados Unidos, con una pequeña sucursal en el pueblo de Esqueda, Sonora.

Para 1904, unos empresarios estadounidenses de Missouri le compraron la empresa al fundador por 600 mil dólares y le cambiaron el nombre simplemente a El Tigre Mining Company. Ya para los primeros años de la década de 1910, la mina contaba con más de un kilómetro y medio de profundidad de donde se extrajeron 2,126 toneladas de plata entre 1903 y 1938. La pequeña concentradora tenía la capacidad para procesar diariamente hasta 115 toneladas de mineral. Desde la ciudad de Douglas, Arizona se instaló un tendido de cables para conducir desde Estados Unidos la energía eléctrica que logró alimentar por muchos años las instalaciones de la mina y a las viviendas del poblado. Según cifras oficiales, en el año de 1909, la mina del Tigre logró producir dos mil toneladas de mineral. Para ese entonces, la compañía contaba con 250 trabajadores de nacionalidad mexicana que percibían un salario de entre 3.00 a 3.25 pesos diarios con tres turnos de ocho horas. Ya para 1913 la empresa extranjera era dueña de aproximadamente 252 hectáreas en la Sierra Madre y en su nómina tenía entre 500 y 600 trabajadores, de los cuales 75 a 95 eran estadounidenses.

Llegar hasta el mineral del Tigre era un reto complicado, pues se podía llegar únicamente en coche o a caballo. El pequeño pueblo se ubicaba cerca de los ranchos Capia y Agua Caliente, a una distancia aproximada de 56 kilómetros al oriente de la estación Yzabal, que se situaba a unos 75 kilómetros al sur de Agua Prieta en un costado de la vía del Ferrocarril de Nacozari.

Durante los años de la Revolución Mexicana, el poblado serrano fue víctima constante de ataques por parte de los distintos bandos. Era un lugar muy atractivo para los saqueadores que buscaban abastecerse de oro y demás bienes, pues tanto entre 1912 y 1914, la mina produjo un promedio 87,000 toneladas de mineral anualmente.

El pueblo llegó a crecer lo suficiente y se incorporó al municipio de Óputo en calidad de comisaría. Después se independizó por un tiempo como municipio libre, adoptando el nombre de Villa del Tigre hasta que a partir del 1º de enero de 1931 el incipiente municipio perdió la categoría de municipio y fue agregado al igual que Pilares, al municipio de Nacozari de García por haber dejado de cumplir los requisitos constitucionales básicos para su existencia. Por casi cuatro décadas, la comisaría del Tigre perteneció a la jurisdicción municipal de Nacozari de García hasta que el 7 de junio de 1967, el Congreso del Estado de Sonora decretó la ley número 98 que declaró oficialmente desaparecida la comisaría El Tigre, llegando a su fin como pueblo minero después de más de setenta años de existencia.

Durante sus años de mayor bonanza, el oro y la plata vieron la luz entre las montañas que rodean la Sierra del Tigre. Por espacio de casi cuatro décadas, en el periodo comprendido entre 1903 y 1938, El Tigre produjo la formidable cantidad de 75 millones de onzas de plata y cerca de 325 mil y 350 mil onzas de oro que lograron colocar al pequeño poblado en el mapa industrial del norte de México hasta que el destinó decidió detener la bonanza de este mítico lugar en la sierra. Como en todos los pueblos de mina, El Tigre llegó a su fin en 1948 cuando la compañía suspendió sus actividades. Aunque algunos trabajadores permanecieron en los servicios de mantenimiento, con el tiempo fueron saliendo, dejando al pueblo en el abandono hasta que tiempo después se hizo cargo de la mina don José María Amaya Chomina.

Después de muchos años de permanecer casi en el olvido, el mineral del Tigre volvió a ver el renacimiento de sus actividades a principios de la década de los 80. Entre 1981 y 1984 una empresa concesionaria llamada Anaconda Mineral Company y la Minera Talamán concluyeron la primera etapa de exploración moderna. En la actualidad, se sigue explotando a menor escala mediante concesiones extranjeras que operan con éxito en la zona. Para mediados de la década del 2010, la compañía canadiense El Tigre Silver Corp. ya era propietaria de un total de nueve concesiones mineras con una totalidad de territorios de 21,500 hectáreas en el corazón de la Sierra Madre, dentro del municipio de Nacozari de García, Sonora. Después de muchos años, las nuevas perforaciones iniciaron nuevamente en enero de 2011. Hoy como ayer, las minas siguen produciendo considerables cantidades de oro y plata.

Otras pequeñas minas en la región

Poco se ha escrito sobre las pequeñas minas en la región serrana de Nacozari; y a pesar que muchas se perdieron en la historia, otras quedaron plasmadas no sólo en las páginas de la historia, sino en la memoria colectiva de los viejos mineros. Toda el área fue, y sigue siendo, una zona minera por excelencia desde sus descubrimientos. Los intrépidos mineros aficionados se internaban en la sierra en búsqueda de oro y plata, pero al poco tiempo abandonaban sus trabajos debido a la poca rentabilidad o en razón de las remotas distancias. Fue así como muchas minas se perdieron en la historia mientras otras destacaron por su abundante producción que, en algunos casos, se extendió hasta años recientes.

No sólo exploraron la zona los mineros errantes, sino pequeñas empresas extranjeras que intentaron durante algunos años recobrar la riqueza que habían visto las generaciones anteriores. Entre las minas menores que destacaron por su producción durante los siglos XIX y XX se encuentran:

Adelaida	Conforme	El Campo
Aguinaldo	Copper Plate	El Centro del Cobre
Alaska	Corral	El Cobre Rico
Annie	Don Juan	El Cuarto
Antonita	Don Jorge	El Gallo
Antonia	Don Luís	El Globo
Benito Juárez	Doña María	El Huacal
Castillo	Edmundo	El Pedazo
Chicago Prince	Eureka	El Porvenir
Chicago Queen	El Barrigón	El Rosario

El Sarape	La Gran Luz	Oso Negro
El Sarape 2	La Gran República	Piloncillo de Cobre
El Sostén	La Isabela	Prefecto
El Temblor	La Paulina	Promontorio
El Tres	La Perdida	Roy
El Triángulo	La Pobrecita	San Francisco
El Vaquero	La Tabla	San José
El Vaso	Las Cunas	San Josecito
Flying Dutchman	Las Francas	San Pedro
Good Enough	Lingote de cobre	San Pedro de Nacozari
Gran Pacífico	Los Ángeles	
Gran Pacífico 2	Los Arcos	Santa Margarita
Hugo	Los Pilares	Santa Rosa
Julia Blanca	Lluvia de oro	Sonora
Keystone	María de la Luz	Sure Thing
La Bella Unión	Margarita	Tabotacachi
La Caridad	Moctezuma	Tajo
La Concentración	Monterrey	Tesoro Oculto
La Esperanza	Moody	Three Georges
La Estrella	New York	Uri
La Fortuna	Olvido	Vermont
La Fundición	Orizaba	Ynes

Tan solo en 1901 ya se habían descubierto más de 200 minas en un área de 32 kilómetros a la redonda.

LAS PRIMERAS MINAS

LA MINA MÁS ANTIGUA de la que se tiene registro en la región serrana de Nacozari de García es «La Fortuna», a la que se le conoció también como «La Cobriza». Los primeros propietarios de dicha mina eran unos comerciantes que se establecieron en Guaymas, Sonora. A su llegada a la región nacozarense instalaron una pequeña concentradora en la región que hoy se conoce como «Granaditas», al sur de la población. Los minerales se trasladaban lentamente en mula hacia Guaymas, donde se embarcaban después en veleros hasta la ciudad de Swansea en el puerto de Gales en el Reino Unido.

FUENTE: Williams, J. S., Jr. *The Moctezuma Copper Company. History*, 1922.

El ferrocarril de Nacozari: historia, identidad y desarrollo

Al iniciar el siglo XX, llegaron con él nuevas metas y mayores retos para las operaciones mineras. Los primeros años de la década de 1900 trajeron consigo nuevas realidades para el pequeño pueblo de Nacozari, que empezaba a surgir en esos años como importante centro minero en el noreste de Sonora.

Una vez que se lograron estabilizar las actividades mineras, fue necesario idear nuevas medidas y mejores estrategias para facilitar y agilizar el transporte del mineral extraído de las minas de Pilares. En un principio, los concentrados de mineral se acarreaban en grandes carromatos de 2.5 metros de altura, jalados por más de treinta caballos o mulas. Los convoyes, integrados por hasta dieciséis unidades, transportaban cantidades que alcanzaban hasta las cinco toneladas de concentrado que se trasladaba desde las minas de Pilares hasta la fundidora en Nacozari, a unos 13 kilómetros de distancia. Era un proceso largo y tedioso; la altitud del terreno y la geografía accidentada dificultaban considerablemente el traslado. Una vez que el material quedaba refinado, se llevaba hasta los Estados Unidos usando el mismo método que representaba grandes gastos para la Moctezuma Copper Company, la cual buscaba sostener el proceso de comercialización por medio de esos limitados medios transporte.

El traslado era largo y costoso; un viaje redondo duraba de diez días a dos semanas. Por otra parte, la capacidad máxima de burros y mulas para cargar los materiales y suministros como madera y herramientas, era de 200 libras, o lo equivalente a unos 90 kilogramos. Por este medio se lograba el traslado de materiales a una distancia de sola-

Fotografía: *Arizona Historical Society: Walter Douglas Photo Collection.*

Antes de la llegada del ferrocarril a Nacozari, los concentrados de mineral se transportaban en mula hacia el extranjero. Era un proceso no solamente lento y costoso, sino deficiente y altamente complicado.

mente 16 kilómetros por día. Aunado a lo anterior, las temporadas de lluvia impedían o dificultaban considerablemente el trabajo debido a las malas condiciones de los caminos. A causa de estos problemas que presentaba el obsoleto método usando bestias de carga, fue necesario implementar y dar inicio a un nuevo proyecto que cambiara radicalmente dicho sistema, y que incluyera nuevos, mejores y más rápidos métodos para facilitar el traslado del mineral.

El plan era claro, y aunque representaba una inversión altamente costosa, resultó ser un proyecto viable. Se buscaba construir un ferrocarril que, primero, conectara a las minas de Pilares con la concentradora en Nacozari y, en consecuencia, agilizara las operaciones industriales. Los trabajos para arrancar el proyecto no se hicieron esperar. La Moctezuma Copper Company inició rápidamente la construcción de una línea férrea de vía angosta que lograría la conexión entre la mina y la concentradora. La innovadora obra de infraestructura se concluyó rápida y exitosamente, y para el año de 1901, el tramo ferroviario entre El Porvenir y Nacozari era ya una realidad, logrando con ello sustituir con modernas locomotoras y amplios vagones de acero a los viejos carromatos tirados por mulas de carga. El tramo de vía angosta se extendía desde Nacozari hasta un reducido campo denominado «El Porvenir», que era, por su ubicación geográfica, la antesala de las minas de Pilares. Sobra decir que el nuevo medio de transporte resultó más efectivo en términos económicos. El traslado de concentrado por medio de ferrocarril llegó a ser seis veces menos costoso que el antiguo y rudimentario método por medio de carromatos. Fue, en términos reales, un avance considerable que permitió agilizar la producción.

La visión emprendedora de los directivos de la empresa, combinada con el espíritu de modernización de la Phelps Dodge, fueron factores que dieron lugar a un proyecto aún más ambicioso que ya se venía planeando con mayor anticipación. Si bien el nuevo ferrocarril entre Nacozari y Pilares representaba un enorme avance a nivel local en materia de desarrollo industrial, la exportación del mineral hasta

Fotografía: *Freeport-McMoRan, Inc. - Phelps Dodge Collection.*

Vagones cargados de mineral en los patios de El Porvenir, 1921
En 1901 se concluyó el tramo ferroviario para conectar a Nacozari con los patios de El Porvenir: la antesala de las minas de Pilares.

EE.UU. se seguía realizando mediante carros jalados por mulas, un proceso no solamente lento y costoso, sino deficiente y altamente complicado. Por tanto, desde los inicios de la explotación minera, se contemplaba ya la posibilidad de conectar por medio de un ferrocarril al pueblo de Nacozari con la frontera de la Unión Americana, a fin de facilitar y agilizar el transporte, y por ende, acelerar la producción y comercialización del mineral hacia el extranjero. El proyecto de construcción de un tendido de vías desde Nacozari hasta la frontera México-EE.UU. comenzó a planearse originalmente a finales del siglo XIX. Sería el inicio de lo que se convertiría en una magna obra que había de conectar al pequeño pueblo de Nacozari con los mercados extranjeros.

El arranque de aquel proyecto inició a casi cuatro mil kilómetros de distancia del pueblo minero, justo antes de fin de siglo. Fue en Nueva York donde empezaron los trámites para fundar una nueva empresa ferrocarrilera que cambiaría para siempre la historia del pueblo. Así, el viernes 10 de marzo de 1899, en la agitada «Gran Manzana», se fundaba la nueva compañía a la que nombraron Nacozari Railroad Company. Esta fue constituida legalmente como subsidiaria de la empresa El Paso & Southwestern Railroad Company, propiedad, a su vez, de la Phelps Dodge. La supervisión estuvo a cargo de un inspector técnico, quien fungía también como comisario inspector. El consejo directivo, integrado por un presidente, vicepresidente, secretario y tesorero, tenía su sede en Nueva York; la junta local —integrada por tres directores—, tenía residencia en Nacozari y el vecino estado de Arizona. Su gerente general sería James S. Douglas.

La empresa se fundó a partir de un capital de un millón de dólares y un mobiliario férreo consistente en cinco locomotoras, tres carros para pasajeros y 44 góndolas de carga. El siguiente obligado era obtener del gobierno mexicano la concesión y la legalización correspondiente a fin de iniciar la instalación de vías sobre el territorio nacional. Al igual que la Moctezuma Copper Company, la nueva compañía debía cumplir con las leyes mexicanas y constituirse también en México.

La compañía del ferrocarril de Nacozari en el contexto mexicano

El desarrollo económico en México generado durante la presidencia del general Díaz fue posible gracias a las facilidades permitidas a empresas extranjeras que buscaban invertir en México.

Para el año de 1880, el gobierno mexicano había otorgado ya 28 concesiones ferroviarias en veinte estados de la República. En este contexto, con las facilidades otorgadas por el gobierno federal, se pudo construir sin dificultares una vía del ferrocarril desde Douglas hasta Nacozari. Sin embargo, a pesar de la disponibilidad del gobierno de Díaz, la nueva empresa ferroviaria se vio en la necesidad de establecerse como una compañía mexicana a fin de poder operar en territorio nacional. Así pues, para dar cumplimiento a las obligaciones legales que marcaba la Ley de Ferrocarriles de 1899, la Moctezuma Copper Company le dio al ferrocarril una doble nacionalidad, adoptando para el efecto el nombre de «Compañía del Ferrocarril de Nacozari»[1]. La nueva empresa logró instalarse con un capital de un millón de pesos, según su inscripción el Registro Público de la Propiedad Federal.

Tras concluir las gestiones y trámites legales, se firmó un contrato entre la Compañía del Ferrocarril de Nacozari y el poder ejecutivo de la federación, representado por el general Francisco Z. Mena, en su calidad de secretario de Comunicaciones y Obras Públicas. El contrato fue muy específico en su contenido. Por una parte, el gobierno de la república autorizaba a la Compañía del Ferrocarril de Nacozari para que —por su cuenta o por medio de terceras organizaciones constituidas por la misma empresa—, llevara a cabo la construcción y explotación hasta por 99 años de una línea de ferrocarril que iniciaría en la frontera con EE.UU. y llegaría hasta el poblado de Nacozari. Se le permitía también que pudiera prolongar dicha vía en dirección sur hacía el río Yaqui, pasando por el valle del mismo nombre y terminando en algún punto del mismo río o en algún otro lugar que desembocara en la costa del Golfo de California. La anchura de la vía debía ser,

---

1 F.C.N.

según las cláusulas del contrato, de 1.44 metros entre los bordes interiores de los rieles; el peso de los rieles, las pendientes y los radios de las curvas serían fijados por la Secretaría de Comunicaciones y Obras Públicas. La empresa quedaba obligada a mantener su domicilio principal en la población de Nacozari; ello explica el por qué la Compañía del Ferrocarril de Nacozari o *Nacozari Railroad Company* contaba con dos domicilios legales: uno en Nacozari y el otro en el número 99 de la calle John en Nueva York. Para concluir el procedimiento legal, la empresa ferrocarrilera pagó al gobierno federal los costos por la concesión y realizó un depósito de 16,500 pesos a la Tesorería General de la Federación, lo cual garantizaba el cumplimiento de las obligaciones contraídas. Cuando ambas partes estuvieron de acuerdo en el contenido del contrato, el documento fue debidamente autorizado por el presidente Díaz, quien ordenó su publicación en el Diario Oficial de la Federación, entrando en vigor a partir del 16 de agosto de 1899, surtiendo así los efectos legales correspondientes.

Dos años más tarde, en otro punto del estado, la famosa minera Cananea Consolidated Copper Company había recibido en 1901 una concesión similar para construir una vía férrea desde Cananea hasta Topolobampo, Sinaloa, con la opción de extender la línea al norte del río Yaqui con un ramal hacia Nacozari. El pueblo empezaría a contar con nuevas y ágiles vías de acceso que lo comunicarían con el extranjero y con el resto del país. El avance y desarrollo estaban en puerta.

Los trabajos de construcción estaban listos para dar inicio. La instalación de vías, durmientes, así como la construcción de puentes comenzó bajo la dirección de James S. Douglas, gerente general de la Moctezuma Copper Company, quien desde su inicio supervisó personalmente el importante proyecto. Con una fuerza laboral de 700 trabajadores que llegaron incluso desde Chihuahua y Durango, empezó desde la ciudad de Douglas, Arizona, la nivelación del camino por donde se tenderían las vías. Pero a pesar del ejército de trabajadores que la empresa contrató para el proyecto, el proceso de construcción resultó ser más tardado que el lento paso de las mulas que aún cargaban el metal. Cuando habían pasado ya tres años desde que Díaz autorizó la concesión, la vía alcanzó por fin 89 kilómetros de distancia, llegando en 1902 hasta la estación Cos, hoy llamada «Cerro del Vigía».[2] Para finales de 1903 la obra procedió aún con mayor lentitud. En noviembre de ese año, Douglas informó a los medios de comunicación que la falta de trabajadores estaba retrasando la obra. Aunque ya los terrenos estaban nivelados, aún no se iniciaba la instalación de los durmientes. El año de 1903 estaba a punto de terminar y la obra avanzaba con notoria lentitud, pero a pesar de las limitaciones, el esfuerzo y el liderazgo de *mister* Douglas rindieron frutos. Aunque la mano de obra era insuficiente, el proyecto concluyó satisfactoriamente meses después. La magna obra ferroviaria que conectaría a Nacozari con EE.UU. representó una inversión de 63,000 pesos por cada milla instalada, es decir, que al concluir el proyecto, la empresa había invertido lo equivalente a casi cinco millones de pesos de aquella época.

La empresa minera conocía la importancia de invertir en el progreso, y aunque pudo haber construido fácilmente un ferrocarril de vía angosta —lo cual hubiera reducido considerablemente los costos de la obra—, optó por construir uno de vía ancha. La introducción del tren de vía angosta le hubiera costado a la empresa tres veces menos; sin embargo, cuando la Moctezuma Copper Company juzgaba que cuando una obra era de gran utilidad y progreso, invertía el capital necesario para hacer realidad sus metas. Así lo manifestó el historiador sonorense Federico García y Alva a mediados de 1900 al describir el crecimiento industrial de Nacozari en aquellas fechas.

La llegada del tren a Nacozari

El desarrollo empezaba a tomar nuevas dimensiones. En enero de 1904, la revista estadounidense *The Official Guide of the Railways* anunció en Nueva York que el ferrocarril de Nacozari quedaría concluido y listo para entrar en operaciones a partir del 1º de abril de 1904, pero no sería sino hasta casi dos meses más tarde cuando se registrara en la historia la llegada de la primera locomotora desde la

---

2   La pendiente de la vía era descendiente en sentido del kilometraje, entre uno por ciento y tres por ciento con dos contrapendientes a la altura de los kilómetros 33 y 39.

frontera hasta el corazón de Nacozari. Los periódicos nacionales de la época anunciaron la histórica noticia: el jueves 26 de mayo de 1904, los asombrados habitantes de Nacozari vieron cómo llegó hasta el corazón del pueblo la primera locomotora de vapor a la nueva estación. Con el inicio de las operaciones ferroviarias iniciaba en Nacozari un nuevo capítulo en su historia.

Con el arribo de la primera máquina y sus furgones, se dio por inaugurado el trayecto de 123.2 kilómetros que cruzaba majestuosamente los valles y montañas desde Douglas hasta la serranía de Nacozari. El trayecto, rodeado de imponentes montañas, ríos y paisajes, ofrecía una vista incomparable para los pasajeros que abordaban el tren para llegar Nacozari. Las operaciones formales en el servicio de transporte para pasajeros iniciaron el 14 de agosto de 1904. Era un fin de semana. Según la publicidad que giró la propia empresa en los periódicos de mayor circulación de aquellos años, las salidas de Nacozari a Agua Prieta eran los lunes, miércoles y jueves; mientras que de la frontera a Nacozari el tren salía los martes, miércoles y sábados.

Tan pronto como se había inaugurado el nuevo ferrocarril, la compañía empezó a organizar también la llamadas «excursiones» desde EE.UU. hasta Nacozari. Los diarios estadounidenses invitaban al público en general a visitar el «más pintoresco lugar en Sonora» a un módico precio de tres dólares. Se organizaban incluso excursiones especiales para funcionarios estadounidenses que llegaban a Douglas. Era una forma de entretenimiento que la empresa ofrecía a los turistas.

El historiador Francisco García y Alva, en su obra *México y sus progresos, álbum directorio del estado de Sonora*, publicada en la década de 1900, describe así el paisaje que daba la bienvenida a quienes llevaban en tren a Nacozari:

> «Y se pasan puentes y precipicios y arroyos y ríos, y cuando se he internado el convoy hasta sentirse el agradable viento de la montaña, se lanza la imaginación a las cumbres de las opuestas sierras coronadas de elevados pinos y a las profundidades del espacio veladas por altas y aljofaradas nubes».

El segundo ferrocarril de Nacozari: un proyecto descarrilado

La creciente actividad ferroviaria, generada en buena medida por la efervescencia de la explotación minera y el descubrimiento de nuevos yacimientos en la sierra, le merecieron a Nacozari el reconocimiento nacional e internacional.

Al poco tiempo de su fundación, el nuevo Nacozari era considerado ya un importante bastión económico en el noreste de Sonora. La realización del magno proyecto ferroviario y la autorización del contrato para su construcción fueron posibles, en gran parte, gracias al incremento considerable en la producción de los metales en las minas ubicadas en la zona de influencia de Nacozari en la sierra alta sonorense.

Mientras en tierras nacozarenses se diseñaban proyectos de expansión ferroviaria para empezar con pie derecho el nuevo siglo, en el resto del país se continuaban expandiendo las líneas férreas y con ellas el desarrollo económico de las distintas regiones de la república. Tan solo en Sonora, hacia la década de 1880, se habían expandido ya las vías de comunicación ferroviaria hacia distintos lugares del estado. En 1881, por ejemplo, se terminó el tramo entre Guaymas y Hermosillo, y un año después llegó a la capital del estado el tendido desde Nogales. La sierra sonorense no podía permanecer ajena a aquellos cambios que permitieron la modernidad durante el régimen del general Díaz. El pueblo de Nacozari —siendo un pueblo con una creciente actividad minera y económica—, no podía ser la excepción en el desarrollo y la expansión ferroviaria.

En territorio sonorense, la comunicación del centro hacia el mar y el extranjero era sólo el principio. Al iniciar el siglo XX, las vías del ferrocarril se siguieron expandiendo con mayor impulso. Ya para 1905 se había logrado comunicar al puerto de Guaymas con la ciudad de Guadalajara, Jalisco, y en 1907 se logró terminar el ferrocarril Empalme-Navojoa-Álamos. Para aquél mismo año, había ya en Sonora una extensión considerable de ferrocarriles distribuidos de sur a norte en la geografía estatal a pesar de los problemas económicos de esos años.

Uno de los autores de este moderno y ambicioso proyecto de modernidad era un prominente y destacado magnate estadounidense de nombre Edward Henry Harriman, quien contemplaba desde tiempo atrás la idea de conectar directamente los ferrocarriles estadounidenses desde Missouri, EE.UU. hasta el puerto de Guaymas y de ahí al resto de México. Harriman buscaba contar con un punto de acceso directo a una zona marítima cerca del océano Pacífico, lo que permitiría expandir en buena medida el comercio internacional de su país.

El auge de las actividades mineras en Nacozari y el descubrimiento de nuevos yacimientos permitían el impulso del desarrollo y abrían nuevas oportunidades para la expansión y el crecimiento económico. No había en el gobierno impedimento para seguir otorgando nuevas concesiones ferroviarias. Para 1901, por ejemplo, gracias a las negociaciones pertinentes con el gobierno federal se consiguió traspasar la concesión originalmente otorgada a la compañía minera de Cananea un par de años atrás. Pero a pesar de la autorización, la empresa permaneció por unos años en un letargo que impidió la construcción de la obra. No fue sino hasta el 27 de abril de 1905 cuando se renovó el contrato y el gobierno de la México autorizó a la Compañía del Ferrocarril Cananea, Río Yaqui y Pacífico la construcción de un ramal desde el sur hacia el poblado de Nacozari, partiendo desde el puerto de Guaymas o Batamotal, siguiendo el curso del río Yaqui hacia Tónichi, en el municipio de Soyopa, y de ahí hacia la frontera norte. Un año más tarde, en junio de 1906, la empresa concesionaria, conocida también por su nombre en inglés como Cananea-Rio Yaqui & Pacific Railroad —subsidiaria de la Southern Pacific Railroad Company—, decidió arrancar por fin con la construcción de la obra rumbo a Nacozari. El ramal para conectar a Guaymas con Nacozari partiría desde la confluencia de los ríos Yaqui y Moctezuma, siguiendo por Suaqui, la Junta, Moctezuma y el valle de Cumpas hacia el norte hasta llegar a Nacozari. El proyecto debía quedar debidamente concluido a más tardar el 11 de mayo de 1914, según los lineamientos previstos por el gobierno federal.

Mientras en Cananea estallaba una huelga laboral que paralizaría a miles de trabajadores, en Nacozari, por el contrario, se brindaban más oportunidades para los habitantes del mineral y de las regiones aledañas. Estaba por iniciar el importante proyecto que comunicaría a Nacozari con el Golfo de California. Los trabajos dieron inicio exitosamente, y para enero de 1907, la vía del ferrocarril había llegado hasta Buena Vista en el municipio de Cajeme, avanzando a un promedio de 1.6 kilómetros diariamente. Las obras de construcción iniciaron también en el norte e incluyeron la creación de nuevos accesos y nivelación entre los cerros y cañadas rumbo al sur, a fin de poder conectar posteriormente el nuevo tendido de vías con una extensión aproximada de 250 kilómetros. Fue así como se abrieron brechas y tajos pasando por Nacozari Viejo, el Salto, el campo El Nogal hasta el norte del valle de Cumpas, pasando por Bella Esperanza hasta llegar al rancho San Rafael de La Noria. El proyecto arrancó exitosamente y sin contratiempos —y aunque la obra causó grandes expectativas para los nacozarenses—, la gerencia de la Moctezuma Copper Company no estaba del todo conforme con el proyecto ferroviario alterno. Las diferencias y rivalidades entre las distintas compañías ferroviarias no se hicieron esperar.

Rápidamente surgieron las inconformidades entre la Compañía del Ferrocarril Cananea, Río Yaqui y Pacífico y la Moctezuma Copper Company, ya que esta última contaba, desde el año de 1899, con un contrato de concesión otorgado por el gobierno federal para prolongar también la vía del ferrocarril en el mismo sentido rumbo al sur hacia el río Yaqui.

En abril de 1906, la Compañía del Ferrocarril de Nacozari presentó al gobierno una nueva solicitud, esta vez para modificar la concesión otorgada años atrás. En su propuesta buscaba que se autorizara la extensión de las vías hacia el sur con una distancia de unos 160 kilómetros, pero tan pronto como se tuvo conocimiento de la solicitud, la compañía rival presentó también una solicitud similar para construir un ramal exactamente por la misma ruta que pretendía utilizar la compañía nacozarense. Para sorpresa de la gerencia en Nacozari, el gobierno federal —en vez de dar prioridad al ferrocarril de Nacozari—, autorizó la concesión a la compañía de Cananea a pesar de haberse presentado tiempo después de la solicitud que envió la gerencia del ferrocarril de Nacozari.

La Compañía del Ferrocarril de Nacozari no se dio por vencida. Ante la negativa para extender hacia el sur el tendido de vías, la empresa presentó nuevamente una solicitud buscando obtener una concesión para tres vías distintas. La primera partiría desde Nacozari hacia Cumpas y Hermosillo; la segunda desde un punto de la vía anterior hacia el puerto de Guaymas y la tercera y última para conectar el ferrocarril de Nacozari con el pueblo minero de Cananea, Sonora. A pesar de que el gobierno no dio respuesta inmediata, prometió que de autorizarse la concesión, la empresa debería empezar con la construcción en forma simultánea desde Hermosillo y Nacozari, debiendo continuar con el mismo kilometraje en dirección a Cumpas, Sonora. Aunque desde Nueva York la alta gerencia de la negociación minera consideró el proyecto un tanto arriesgado, decidieron dar su visto bueno a la propuesta del gobierno. A pesar de la promesa y de las buenas intenciones, había, después de todo, una pequeña salvedad: La Compañía del Ferrocarril Cananea, Río Yaqui y Pacífico debía primero renunciar a su concesión a fin de evitar conflictos legales por el derecho de vía, específicamente en el tramo de Cumpas a Nacozari. La Cananea Consolidated Copper Company contaba además con una concesión que estaba a punto de expirar en noviembre, y cuya finalidad era fijar una línea ferroviaria que quedaría en conflicto con la línea que pretendía construir la empresa de Nacozari hacia Cananea. La solicitud que presentaba la gerencia del ferrocarril de Nacozari no podría ser otorgada en tanto no se renovara o se reformara la concesión a la empresa de Cananea en los términos propuestos por el gobierno.

Ante la posible negativa de la empresa de Cananea, desde Nacozari se intentaba presionar y persuadir al gobierno de la repúblicaca de que autorizara la concesión. La Moctezuma Copper Company por su parte, argumentaba que la competencia buscaba deliberadamente suspender la extensión del ferrocarril de Nacozari hacia el sur. Al ver amenazados sus intereses, el gerente James S. Douglas se comunicó directamente con el presidente Díaz para exponerle aquella polémica situación intentando hacer válida la concesión que se le había otorgado años atrás. En una carta dirigida al presidente de la república, fechada el 2 de julio de 1906, expuso:

> «...la prolongación del Ferrocarril de Nacozari es indispensable para la protección y desenvolvimiento de [las] inversiones, y una resolución adversa a la expresa prolongación depreciaría su valor. Las compañías que represento, muy respetuosamente impetran la sabia e imparcial consideración de usted, en cuyo sano criterio y rectitud tienen la más ilimitada confianza».

Días más tarde, al conocer el contenido de la carta y las intenciones de la propuesta, el presidente Díaz se limitó a negarle a Douglas la solicitud que presentaba.

«Tengo la pena de manifestarle», señaló Díaz, «...que no es legalmente posible obsequiar el deseo que me expresa, a pesar de la buena voluntad del gobierno, pues se lesionarían derechos preexistentes». Con este mensaje, frío y breve, el gobierno federal le negaba a la Compañía del Nacozari la extensión de las vías hacia el sur. El proyecto estaba muerto. Por su parte, la compañía de Cananea se había negado a renunciar a la concesión y en sus planos presentó incluso el diseño de la vía en forma de «zigzag» por los cañones al sur de Nacozari, impidiendo con ello que se pudiera instalar una vía paralela que afectara sus intereses. Pero a pesar de las amenazas, lejos de verlo como una nueva derrota, algunos lo contemplaron como una nueva posibilidad.

La gerencia en Nacozari aceptó la negativa, pero presentó una nueva propuesta. Esta vez estaba dispuesta a renunciar ella misma al proyecto para conectar el ferrocarril de Nacozari con el pueblo de

Cananea. Esta fue la negociación que la empresa puso sobre la mesa con tal de conseguir la autorización del ramal hacia Hermosillo y de ahí al puerto de Guaymas. Era la oportunidad para negociar el gran proyecto que detonaría el desarrollo económico no sólo de la empresa y de Nacozari, sino de toda la región serrana del estado.

A diferencia de las anteriores solicitudes serias y llanas, esta vez, en octubre de 1909, el jurídico de la empresa ferroviaria de Nacozari hizo mayor énfasis en la importancia de aquella concesión que el gobierno se negaba a autorizar. En un nutrido memorándum, la empresa expuso que la Phelps Dodge, por conducto de la Moctezuma Copper Company y el Ferrocarril de Nacozari habían generado una derrama económica de más de veinte millones de pesos en Nacozari y demás puntos de Sonora. La llegada del ferrocarril a Nacozari había permitido prácticamente todo el desarrollo en la región del noreste de la entidad. Tan solo en la aduana de Agua Prieta el gobierno federal había logrado recaudar más impuestos que en los puertos de Campeche, de Coatzacoalcos, Veracruz, Acapulco, Salina Cruz en Oaxaca, Manzanillo o incluso en el puerto de Guaymas. Gracias a la actividad minera y ferroviaria en Nacozari, el gobierno lograba recaudar un promedio de veinte mil pesos mensuales en la aduana aguapretense durante los primeros años del siglo XX.

En su intento por persuadir al gobierno, la gerencia del Ferrocarril de Nacozari señaló que las importaciones y exportaciones que cruzaban por Agua Prieta eran el doble que las que se registraban en Guaymas. El desarrollo estaba en auge y la autorización para prolongar las vías permitiría una detonación aún más amplia en toda la región.

Y mientras la Compañía del Ferrocarril de Nacozari intentaba convencer al gobierno federal, la compañía de Cananea continuaba con la nivelación de los caminos para el tendido de vías. La competencia entre las dos empresas por el derecho de construcción y explotación de vías se prolongó hasta convertirse en una controvertida pugna legal que fue llevada hasta los tribunales federales. La controversia surgió por motivos del derecho de paso por donde se instalaría la vía del ferrocarril. Además, la Moctezuma presentó una querella ante un juzgado con sede en Nogales, Sonora, argumentado que la Compañía del Ferrocarril de Cananea, Río Yaqui y Pacífico actuaba en forma arbitraria, ya que durante el proceso de construcción, había derruido varias propiedades cerca de Nacozari, principalmente chozas habitadas por los trabajadores. El tribunal falló a favor de la Moctezuma Copper Company y giró una orden judicial ordenando a la Compañía del Ferrocarril de Cananea que se abstuviera de destruir dichos inmuebles en el trayecto de construcción. La empresa, por su parte, respondió que en ningún momento se había violado la ley, pero que estaba en su mejor disposición de resarcir cualquier daño causado.

Durante las primeras semanas de enero de 1907, los ingenieros constructores de la Compañía del Ferrocarril de Cananea iniciaron la demolición de algunas chozas. A pesar de la orden judicial que protegía los inmuebles de la Moctezuma, continuaron con algunas demoliciones, pero esta vez se hicieron previo acuerdo con sus respectivos dueños. Después procedieron a intentar negociar una indemnización para derrumbar un edificio de hospedaje de dos pisos que obstruía el paso de las vías, la Moctezuma se negó rotundamente. Tras la fallida negociación, los obreros procedieron a su demolición sin tomar en cuenta futuras consecuencias; pero conforme procedían a derrumbar el edificio llegó hasta el lugar de la obra una nueva orden judicial ordenando el cese de los trabajos. La policía local de Nacozari fue la encargada de hacer llegar el comunicado a los hombres que trabajaban en la demolición. Los trabajadores hicieron una vez más caso omiso al comunicado, por lo que necesaria la intervención directa de funcionarios estadounidenses para controlar la situación. Desde Tucson, Arizona llegó un telegrama urgente enviado directamente por el representante de la empresa demandada. En el comunicado instruía a sus obreros a obedecer las órdenes del juez federal a fin de poner un alto a las pugnas y evitar que la situación siguiera escalando.

Tras esta ola de confrontaciones e impedimentos judiciales, el representante jurídico de la Compañía del Ferrocarril de Cananea viajó desde Tucson hasta la ciudad de Hermosillo para entrevistarse con el recientemente gobernador electo Luís Emeterio Torres, a fin de buscar una solución a los conflictos. Y mientras que el encargo del área jurídica de la compañía de Cananea buscaba negociar con el funcionario electo una solución al conflicto, en Nacozari, el gerente general de la Moctezuma Copper Company, recibía a cuerpo de rey en su lujosa residencia al vicegobernador de Sonora. Por fin, después de un complicado proceso legal, la Compañía del Ferrocarril de Cananea, Río Yaqui y Pacífico logró finalmente que los tribunales hicieran valer su contrato para poder construir una vía del ferrocarril. La única condición era que el tendido de vías debía instalarse sobre el margen derecho del río Moctezuma. La empresa de Nacozari, por su parte, conservó también la validez del contrato de 1899, reservándose el derecho exclusivo de construir su propia vía por el margen izquierdo; los ferrocarriles cruzarían la sierra y el valle con dos vías que correrían en forma paralela hasta llegar a Nacozari. La ambición de la Southern Pacific fue tanta que los gerentes se propusieron incluso comprar el ferrocarril de Nacozari si era necesario para tener control absoluto de la vía, pero no lograron ni siquiera comprar acciones, pues la Compañía del Ferrocarril de Nacozari, como parte de la Phelps Dodge, era una corporación cerrada sin acciones en el mercado.

Para marzo de 1908, ambas empresas ya habían llegado a un acuerdo. La Compañía del Ferrocarril de Cananea destinó una fuerza laboral de mil hombres para concluir el tendido de vías al sur de Nacozari. Se acordó también que esta empresa construiría su propia estación del ferrocarril a un costado de la estación ya existente en Nacozari.

A pesar de que los tribunales federales fallaron positivamente para ambas partes, el proyecto se descarriló y quedó inconcluso, principalmente debido a los problemas económicos causados por una crisis generada durante la segunda mitad de la década de 1900. Tras la muerte de Harriman en septiembre de 1909, el proyecto no alcanzó la meta que muchos anhelaban; el nuevo ferrocarril no llegó a su conclusión y quedó únicamente en una ambiciosa meta perdida en el olvido y en el recuerdo de aquellos que buscaron conectar a Nacozari con el mar de Cortés. Los trabajadores dejaron inconclusos los trabajos iniciados años atrás; sin embargo, las brechas, las sólidas alcantarillas y las nivelaciones sirvieron años más tarde para la construcción de la carretera federal número 17 que comunica a Nacozari con los demás municipios hacia el sur.

La Compañía del Ferrocarril de Nacozari y sus operaciones en la región

La primera década del siglo XX se convirtió en una época de oro para el pequeño mineral de Nacozari. El auge causado por el aumento en la producción minera —aunado al impacto y modernización industrial que trajo consigo el nuevo sistema ferroviario—, colocaron a Nacozari en los más altos niveles de importancia en la entidad, convirtiéndose así en uno de los centros mineros más importantes en el norte de México.

Después de casi dos siglos de abandono y decadencia, la región de Nacozari volvía a recuperar la gloria perdida y lograba transformarse nuevamente en un atractivo mineral con grandes oportunidades de crecimiento económico para el estado. El impacto industrial causado por el moderno método de transporte convirtió al ferrocarril de Nacozari en uno de los sistemas ferroviarios de mayor importancia en la entidad. Con las facilidades que ofrecía este medio de transporte, Nacozari se transformó en un punto obligado para los empresarios de la región que buscaban comercializar con el extranjero.

Al inaugurarse y entrar en operaciones el nuevo ferrocarril, los trenes facilitaron en buena medida el traslado de mercancías para la empresa, y permitieron a su vez el ágil transporte del mineral extraído de otras minas regionales. Los pequeños empresarios dueños de propiedades mineras en las proximidades de Nacozari hacían uso del ferrocarril para comercializar sus productos en la zona y en el extranjero. Los dueños de las pequeñas minas en los distritos de Moctezuma y Sahuaripa enviaban hasta Nacozari recuas de mulas cargadas con mineral para ser embarcado hacia Estados Unidos, donde era procesado en las fundiciones de Douglas, Arizona y El Paso, Texas.

Por espacio de veinte años, la Compañía del Ferrocarril de

Nacozari estuvo a cargo del principal servicio de comunicaciones, realizando actividades de transporte de carga y ofreciendo cómodos servicios de transporte para pasajeros. Las leyes regulatorias en materia ferroviaria exigían que las compañías ferrocarrileras presentaran informes anuales describiendo estadísticas actualizadas sobre sus operaciones. En 1910, por ejemplo —en estricto cumplimento de sus obligaciones legales—, la Compañía del Ferrocarril de Nacozari informó al gobierno federal que durante ese año había percibido ingresos por el orden de los 78,779 pesos por concepto de la prestación de servicios de transporte de pasajeros de primera y segunda clase.

Las actividades ferroviarias siguieron creciendo considerablemente conforme pasaban los años. Concebido en sus inicios como un proyecto para transportar el mineral al extranjero, el ferrocarril logró convertirse con el tiempo en un práctico y conveniente medio de transporte urbano que creció rápidamente en su dimensión.

La década de 1910 marcó una nueva etapa en la historia ferroviaria de Nacozari. La Revolución Mexicana brindó al pueblo un nuevo panorama, y aunque Nacozari no se sumó de inmediato al conflicto que inició 1910, la facilidad que brindaba el ferrocarril a los distintos bandos revolucionarios, puso al pueblo en la mira nacional. Como consecuencia, Nacozari de García vino a convertirse en un importante y reconocido bastión militar en el noroeste del país. El ágil medio de transporte permitía no sólo el movimiento de tropas hacia la frontera, sino el rápido abastecimiento de víveres, parque y armamento. Desde las tropas de Pancho Villa, hasta los federales al mando de Plutarco Elías Calles, todos aprovecharon la facilidad que brindaba el ferrocarril para el movimiento de soldados o la rápida comunicación con la frontera norte. La historia de la Revolución Mexicana en el noreste de Sonora no se hubiera desenvuelto tal como sucedió, sin la ayuda oportuna ayuda que brindaron las vías del tren.

Concluida la lucha armada, las actividades ferroviarias se estabilizaron y volvieron nuevamente a normalidad. Se siguió modernizando el mobiliario, y ya para los años veinte[3], la empresa ferrocarrilera

---

3 Específicamente en 1922.

Fotografía: *Colección del autor.*

Puente de acero que comunicaba a Pilares con Nacozari de García
Construido en 1913 por la empresa Wisconsin Bridge & Iron Company de Milwaukee, Wisconsin, EE.UU. para sustituir el antiguo puente de madera construido en 1901.

contaba con un carro de pasajeros de primera clase y dos de segunda, ambos con capacidad para 64 personas cada uno. En la década de los «felices años veinte», el ferrocarril de Nacozari seguía siendo, más que nunca, un orgullo para el pueblo nacozarense.

El telégrafo: Un nuevo método de comunicación en Nacozari a principios del siglo XX

El ferrocarril era sólo un componente en el moderno sistema de comunicaciones y transportes que trajo la modernidad a Nacozari. La disponibilidad del servicio ferroviario trajo consigo otro importante medio de comunicación: el telégrafo. Desde la autorización de la concesión en 1899, el gobierno federal otorgó a la Compañía del Ferrocarril de Nacozari la facultad de operar un servicio telegráfico sujetándose también a estrictas regulaciones. Un ejemplo claro de la regulación al sistema de telégrafos era el cobro específico de 15 centavos por cada cien kilómetros de distancia en cada mensaje que contuviera hasta diez palabras.

El servicio telegráfico se utilizaba principalmente para la comunicación interna entre empleados del ferrocarril. El despachador de los trenes en la estación usaba este medio para girar instrucciones a los empleados de las demás estaciones, quienes, a su vez, comunicaban dichas órdenes a los maquinistas. Por este medio se informaban las esperas, los encuentros de trenes, las restricciones de velocidad y las advertencias, entre otros mensajes de igual relevancia para los maquinistas. Durante la Revolución Mexicana, el servicio de telégrafos fue factor de suma importancia, ya que se consideraba como un indispensable y veloz método de comunicación. Sin embargo, al igual que la actividad ferroviaria, el servicio del telégrafo se vio también afectado por intereses políticos.

En enero de 1913, cuando la Moctezuma Copper Company iniciaba la construcción de una segunda estación radiotelegráfica que se conectaría directamente con los Estados Unidos, el gobernador José María Maytorena se comunicó con John S. Williams, superintendente de la Moctezuma Copper Company, para sugerir que se suspendiera la obra. Por medio precisamente de un telegrama, el general Maytorena aconsejaba a la empresa que detuviera los trabajos de instalación del nuevo telégrafo si no se contaba con los permisos correspondientes, mismos que ya habían sido negados por el gobierno de la república. Esto se debía a que por ley, el servicio de comunicación telegráfica a nivel internacional era responsabilidad única y exclusiva del gobierno federal.

Décadas más tarde, el 2 de mayo de 1942, siendo presidente de la república el general Manuel Ávila Camacho se creó la Dirección General de Telecomunicaciones dentro de la Secretaría de Comunicaciones y Obras Públicas. Dicha dependencia se encargó, en lo sucesivo, de implementar la nacionalización del sistema telegráfico nacional a partir de 1949. Al concluir satisfactoriamente la nacionalización de los telégrafos, el gobierno federal utilizó los postes ya existentes entre Nacozari de García y Agua Prieta para facilitar el servicio telegráfico. Fue así como la empresa ferrocarrilera dejó de proporcionar al público el servicio de telégrafo.

«Pueblo trenero...»

Muchas décadas después de haberse instalado el ferrocarril, uno de los acontecimientos diarios de mayor atracción para los pobladores era la llegada del tren. El arribo del tren de pasajeros a la estación llegó a ser todo un evento social que lograba romper la rutina de las actividades monótonas del poblado. El *depot* era un punto de reunión para los nacozarenses que emocionados observaban el arribo de los trenes. En cuanto se escuchaba a lo lejos el silbado de la locomotora, la gente acudía con alboroto a la estación para presenciar la llegada del tren y recibir a los visitantes.

Era tanta la atracción y devoción que el pueblo mostraba a las actividades ferroviarias que, en un aniversario de la Independencia de México, en pleno 16 de septiembre aconteció uno de los momentos más *chuscos* de los que se tiene memoria. En la parte más emotiva del discurso de uno de los principales oradores ese día, se escuchó a lo lejos el silbato del tren que estaba por arribar a la estación; súbitamente, los asistentes al evento perdieron el interés y fervor patrio y salieron en desbandada hacia la estación, dejando solo al orador.

En su libro, *Jesús García, El héroe de Nacozari*, Cuauhtémoc L. Terán relata así aquel alboroto:

> «El orador, un respetable señor que siempre se había distinguido por su entusiasmo y espíritu cívico, no tuvo más desquite que interrumpir su arenga y aprovechando el clímax de elocuencia en que se encontraba, lanzar [sic] un sonoro 'pueblo trenero hijo...' dando por terminado el acto oficial».

El ferrocarril definió no solamente la modernidad industrial y la esencia de los típicos «pueblos americanos» con influencia estadounidense, sino que transformó el modo de vida de la población. Fuera de la actividad minera, la vida diaria giraba en torno a la estación del ferrocarril y la llegada de los trenes al pueblo, convirtiéndose así en un centro de atención obligado para los nacozarenses. Al pueblo de

Fotografía: *Freeport-McMoRan, Inc. - Phelps Dodge Collection.*

Tripulación de la locomotora número 6 de la Moctezuma Copper Company

Nacozari de García se le adjudicó, con justa razón el calificativo de «pueblo trenero».

La decadencia progresiva del ferrocarril en Nacozari

Al terminar la Primera Guerra Mundial (1914-1918), se disminuyeron considerablemente los precios internacionales del cobre, causando una reducción en las operaciones de los ferrocarriles en ambos lados de la frontera. La caída en los precios de los metales causó fracturas económicas en las empresas mineras. Tras el cese de las actividades mineras y considerando los daños financieros causados por la crítica situación económica, la Phelps Dodge decidió vender su empresa ferrocarrilera El Paso & Southwestern Railroad a la Southern Pacific Railroad Company por 64,000 dólares con el fin de recuperarse del descalabro económico que había sufrido. Mediante el proceso mercantil correspondiente, el 31 de octubre de 1924, la Phelps Dodge otorgó el Ferrocarril de Nacozari a la empresa Southern Pacific, la cual obtuvo los derechos legales para la explotación y manejo de dicho ferrocarril.

Durante cuatro décadas se mantuvieron activas las operaciones mineras y ferroviarias de la Moctezuma Copper Company. La Southern Pacific, por su parte, se mantuvo a cargo del sistema ferroviario en Nacozari de García; aunque, con el paso de los años y con los estragos que causó la reducción gradual de los mantos cupríferos en la región, la importancia del transporte fue disminuyendo considerablemente. La explotación del ferrocarril de Nacozari resultó poco costeable; la escasez de la carga y la poca rentabilidad orillaron a la empresa a perder poco a poco el interés en la administración del ferrocarril.

El medio de transporte fue quedando poco a poco en el abandono, y el equipo ferroviario, así como la vía se deterioraron considerablemente con el paso de los años. Resultaba poco lucrativo y altamente costoso seguir administrando el ferrocarril de Nacozari, por lo que la empresa consideró que era inútil y poco redituable invertir en su mantenimiento. Ante este panorama, la empresa optó simplemente por abandonar en definitiva los derechos de explotación del ferrocarril. Fue así como el día 23 de julio de 1965 la Southern Pacific notificó formalmente al mexicano su decisión de abandonar la explotación del tren a partir del 15 de agosto de ese mismo año. Al salir del pueblo las últimas locomotoras, se iban con ellas los años de modernidad, progreso y desarrollo. No era ya el mineral lo que cargaban en sus góndolas, sino la añoranza del pueblo nacozarense que albergaba la esperanza de volver a escuchar algún día el sonoro silbato de aquellos ruidosos trenes que habían colocado a Nacozari en el panorama histórico internacional.

Al principio, la compañía intentó rescatar las pérdidas y buscó recuperar la parte proporcional que resultara al dividir el valor del ferrocarril entre el tiempo que aún no había transcurrido según la concesión. Sin embargo, la Dirección General de Ferrocarriles en Operación de la Secretaría de Comunicaciones y Transportes realizó las gestiones necesarias a efectos de facilitar el traspaso de los bienes sin litigio ni costo alguno. Al haberse abandonado la vía, y al renunciar voluntariamente a la concesión, operó legalmente la reversión de todos los muebles e inmuebles de la Southern Pacific en el territorio nacional, pasando desde luego al dominio de la nacional a partir del día 15 de agosto de 1965. Al obtener el gobierno federal el dominio del ferrocarril, inmediatamente se procedió a inscribir los bienes en el Registro Público de la Propiedad para los efectos legales correspondientes. Así, el ferrocarril de Nacozari —después de más de seis décadas de haberse autorizado su concesión a una empresa extranjera—, pasaba a manos del Estado mexicano.

No obstante el deterioro físico de los bienes ferroviarios, el ferrocarril de había alcanzado ya la fama, la importancia y el reconocimiento como importante medio de comunicación y transporte en la región serrana de Sonora. La Secretaría de Comunicaciones y Transportes (SCT) consideró el transporte ferroviario como factor importante para el desarrollo económico y la vida social y cultural de las comunidades. Por tal motivo, el ferrocarril de Nacozari se consideraba un elemento básico y de vital importancia para el progreso de la región. Para el gobierno mexicano, el rescate del ferrocarril en la sierra sonorense era una tarea de vital importancia, no sólo para evitar el retroceso industrial, sino para seguir brindando un medio eficaz de transporte a los habitantes de la región. Pero a pesar de las buenas intenciones, la situación se tornó difícil para el gobierno encabezado por el presidente Gustavo Díaz Ordaz. En su deseo por reactivar las abandonadas vías, el gobierno federal se enfrentó a una triste realidad. Al tomar control la SCT de la infraestructura ferroviaria, se encontró una vía en muy mal estado. Su estado físico era extremadamente defectuoso; tenía numerosos golpes en todo el trayecto, carecía del balastro reglamentario para soportar las vías y urgía dar mantenimiento y rehabilitar varios puentes en el trayecto Nacozari-Agua Prieta.

El servicio a la vía fue la primera etapa en aquel enrome reto, pero el siguiente paso obligado era la contratación del personal necesario para la operación del ferrocarril, ya que la Southern Pacific había indemnizado a su fuerza laboral en Nacozari tras el cese de las operaciones. La contratación de mano de obra fue quizás el aspecto más fácil en el proyecto de rehabilitación del ferrocarril si se considera que la antigua empresa concesionaria se había llevado consigo las locomotoras y demás equipo de transporte, dejando las vías sin ningún mobiliario rodante. Para resolver la crisis, el gobierno federal logró conseguir dos locomotoras de la marca Baldwin con 1,600 caballos de fuerza, mientras que el Ferrocarril Sonora-Baja California, por su parte, facilitó una locomotora de la marca General Motors de 1,350 caballos de fuerza, que se incorporó de inmediato al servicio ferroviario.

No sólo los nacozarenses, sino el pueblo sonorense y el gobierno mexicano, aún concebían al ferrocarril de Nacozari como una importante vía de comunicación en el noreste de la entidad. Su presencia en la serranía sonorense era vital para mantener las actividades económicas en la región. Hubiera sido imposible echar a andar nuevamente los trenes en Nacozari sin el decidido ímpetu del pueblo nacozarenses que se negó a ver morir aquél histórico ícono de su historia.

En 1967, la Secretaría de Comunicaciones y Transportes hizo

público el siguiente señalamiento:

> «...no era posible concebir la supresión de este medio de transporte sin la posibilidad de que viniera la ruina de la zona de operación, por ser esencial para la distribución y para el consumo y porque elimina barreras existentes entre las localidad al anular las distancias».

Cuando terminó todo el complicado proceso de reactivación, el ferrocarril de Nacozari quedó a cargo del Estado mexicano, haciéndose cargo la SCT de la administración y explotación del sistema ferroviario, logrando así rescatar y preservar este importante medio de comunicación. El ferrocarril había logrado sobrevivir y seguía siendo un orgullo para el pueblo nacozarense. Pero a pesar de todos los esfuerzos realizados por el gobierno para mantener activo el ferrocarril, la vía se extendía únicamente de Nacozari a Agua Prieta sin estar conectado con el resto de la red ferroviaria del país. Incluso la misma SCT describió al mencionado ferrocarril como «una isla rodeada de tierra». Los 123 kilómetros de vías se extendían únicamente desde Douglas, Arizona hasta la serranía nacozarense sin existir en el trayecto una conexión directa con alguna otra ruta dentro del país.

Para que el ferrocarril de Nacozari fuera considerado una verdadera vía nacional de comunicación nacional, era necesario conectarlo con el resto de la red ferroviaria del país. Parecía que por fin, después de sesenta años, el ferrocarril quedaría por fin conectado con el resto del país tal como alguna vez se había contemplado décadas atrás. Pero a diferencia del proyecto que el magnate Harrison inició en 1905, las vías para conectar a Nacozari con el resto del país no partirían hacia el sur. La conexión se realizaría en el norte mediante un tramo ferroviario entre el municipio de Naco y Agua Prieta: el punto más cercano con el resto de los ferrocarriles del país. Para tales efectos, el gobierno federal logró incorporar el ferrocarril de Nacozari al sistema ferroviario nacional siendo conectado al Ferrocarril del Pacífico, S.A. de C.V. mediante de 38 kilómetros de vías entre los dos municipios fronterizos.

El ferrocarril de Nacozari 143

Fotografía: *Freeport-McMoRan, Inc. - Phelps Dodge Collection.*

En mayo de 1904 quedó inaugurado el trayecto ferroviario de 123.2 kilómetros que cruzaba majestuosamente los valles y montañas desde Douglas hasta la serranía de Nacozari.

La inauguración de la importante obra se reservó para el 7 de noviembre de 1967: la fecha más importante y significativa para el pueblo nacozarense, pues, además de poner en marcha la obra, se celebraba el 60º aniversario de la muerte del héroe ferrocarrilero Jesús García Corona. Al llegar la anhelada fecha, arribaron a Nacozari de García importantes funcionarios federales. En representación de Díaz Ordaz acudió el ingeniero José Antonio Padilla Segura en su calidad de secretario de Comunicaciones y Transportes. Acompañado al gobernador de Sonora, Faustino Félix Serna, acudieron el ingeniero Eufrasio Sandoval Rodríguez, gerente general del Ferrocarril del Pacífico, el ingeniero Miguel Ángel Barberena, director general de Ferrocarriles en Operación de la Secretaría de Comunicaciones y Transportes y el ingeniero Raúl Sánchez Díaz Martell, gobernador del estado de Baja California, así como distinguidas personalidades del Sindicato de Trabajadores Ferrocarrileros de la República Mexicana.

Durante la ceremonia luctuosa de aquél 7 de noviembre, el gobernador Félix Serna reconoció la importancia en el esfuerzo realizado por el gobierno federal, y al enaltecer y recordar la memoria de Jesús García Corona, el titular del ejecutivo estatal agradeció al gobierno federal su entusiasmo y reconoció ante los importantes funcionarios la iniciativa de mantener con vida el ferrocarril.

De esta forma, con todos los actos protocolarios respectivos que exigía el evento, el ferrocarril de Nacozari —después de más de seis décadas desde su construcción—, quedó finalmente conectado al resto de los ferrocarriles en el país siendo considerado en lo sucesivo, por ley, como vía general de comunicación. Pero el entusiasmo duró poco, ya que cuatro años más tarde, en 1971, el gobierno de la república entregó oficialmente la vía del ferrocarril con todas sus instalaciones al Ferrocarril del Pacífico. Con esta medida, el gobierno se desprendía de la responsabilidad de administrarlo directamente. Durante las décadas subsecuentes, las actividades en el transporte ferroviario siguió prestando sus servicios aunque no con tanta actividad como en años anteriores. Pero a pesar de la inactividad, aún seguían llegando hasta Nacozari excursiones de turistas que venían desde distintas partes del país y del extranjero. En enero de 1987, por ejemplo, —tras regresar de un largo recorrido en tren hasta Nacozari—, el escritor estadounidense Dick Stephenson publicó sus experiencias y señaló: «La subida por la montaña y el descenso a Nacozari es impresionante; se complementa con el sinuoso cañón de un río, muchas curvas, árboles y excelentes paisajes».

Privatización y licitación del antiguo ferrocarril de Nacozari

Décadas más tarde, a partir de las nuevas reformas neoliberales en México, el gobierno federal optó por privatizar el sistema ferroviario. Con el objeto de apoyar el proceso privatizador, el organismo público descentralizado llamado Ferrocarriles Nacionales de México[4] (Ferronales) intensificó las acciones necesarias a fin de realizar las licitaciones y adjudicaciones correspondientes. Fue así como se llevaron a cabo distintas actividades encaminadas a eliminar la problemática relacionada al control y reparación del equipo rodante, el equipo de arrastre, el uso de patios y la redistribución de la cartera de clientes y el uso de los combustibles.

Por ley, le correspondía a Ferronales el servicio público de transporte ferroviario, los servicios auxiliares, así como la administración y operación de los ferrocarriles mexicanos en tanto que la SCT los otorgara en concesiones y permisos a terceras personas. Con este antecedente, el 7 de octubre de 1997, Ferronales determinó poner a disposición del gobierno federal la vía general de comunicación ferroviaria de Nacozari que contaba con 245 puentes, 375 alcantarillas y seis estaciones con edificio y dos patios. Mediante el protocolo legal respectivo, Ferronales puso a disposición del gobierno dicha vía, dejando de ser parte de su patrimonio. Se entregó a la Comisión de Avalúos de Bienes Nacionales toda la documentación revisada y firmada donde se acreditaba la legítima propiedad de Ferronales con respecto a la vía.

---

4   En 1908, el gobierno federal creo Ferrocarriles Nacionales de México (FNM) para administrar las concesiones de todos los ferrocarriles del país. Posteriormente surgieron empresas «hermanas», tales como el Ferrocarril del Pacífico (PCP).

«...EL GOBIERNO MEXICANO ha decidido rendir en este sesenta aniversario un especial homenaje a Jesús García [...] El primero de estos hechos fue la mexicanización del Ferrocarril de Nacozari, en el cual García Corona prestó sus servicios como fogonero, maquinista supernumerario y maquinista de planta; y el segundo, tan digno y positivo como el anterior, es la inauguración del ramal Agua Prieta-Naco que unirá para siempre las puras tradiciones de Nacozari con el resto del país».

—Ing. José Antonio Padilla Segura, 1967
Secretario de Comunicaciones y Transportes

«EL RAMAL NACO-AGUA PRIETA que se ha puesto en servicio que comunica a esta poblado con el Ferrocarril del Pacífico y con el resto de la República, es el homenaje más positivo que se puede rendir a un preclaro mexicano, sacrificado por supremos impulsos de nobleza, en una etapa constructiva de nuestro desarrollo en la que todos buscamos nuevos horizontes de progreso...»

—Faustino Félix Serna, 1967
Gobernador del Estado de Sonora

La licitación de la vía corta de Nacozari se llevó a cabo el 31 de julio de 1997; sin embargo, el 15 de octubre de ese mismo año, la vía fue declarada desierta, debido a que la propuesta económica que ofreció el único participante en el proceso de licitación resultó interior al valor técnico de referencia que había fijado el gobierno federal. Un año más tarde, el 19 de agosto de 1998, se presentó una nueva propuesta para licitar la vía corta de Nacozari. Ante la imposibilidad de que Ferrocarriles Nacionales de México pudiera operar dicha vía, se permitió que la empresa Grupo México, S.A. de C.V. se hiciera cargo de las operaciones utilizando su propio personal y equipo, debiendo realizar para tales efectos el correspondiente pago de derechos de paso.

El 23 de agosto de 1999, la Secretaría de Contraloría y Desarrollo Administrativo del gobierno federal destinó nuevamente al servicio de la SCT la totalidad de los inmuebles que formaban parte de la vía general de comunicación ferroviaria de Nacozari, así como los inmuebles donde se encontraban las instalaciones para la prestación de los servicios auxiliares. La SCT quedó facultada para otorgar dichos bienes a manera de concesiones y permisos a particulares. También se encargó de publicar las bases de las licitaciones y como resultado de ello, el 9 de julio de 1999, mediante el debido proceso de licitación, la empresa Grupo México, S.A. de C.V. resultó ganadora de una concesión para explotar y hacer uso del ferrocarril de Nacozari por medio de la empresa Ferrocarril Mexicano S.A. de C.V. (Ferromex)[5]. La concesión otorgada a Grupo México entró en vigor con validez por treinta años según el contrato respectivo, mismo que fue publicado en el Diario Oficial de la Federación el 17 de noviembre de 1999.

Meses atrás, el 28 de abril de ese mismo año, Ferrocarriles Nacionales de México, mediante la Unidad de Desincorporación de Activos, firmó con el Ayuntamiento de Nacozari de García un contrato de comodato mediante el cual se otorgaba al municipio para su uso y

---

5   Ferrocarril Mexicano S.A. de C.V., o *Ferromex* es una empresa privada constituida en un setenta y cuatro por ciento por capital mexicano y veintiséis por ciento por capital estadounidense.

goce gratuito la antigua estación del ferrocarril para fines artísticos y culturales. Según el contrato respectivo, la estación y su bodega se habilitarían como una casa de la cultura con áreas verdes, mientras que el derecho de vía se destinaría para vialidad y pista de atletismo en beneficio de la población.

Por ley, el comodatario, en este caso, el municipio de Nacozari de García, quedaba obligado a poner toda diligencia y recursos para la conservación de los bienes ferroviarios, haciéndose responsable del deterioro que estos sufrieran.

Un año después, en noviembre del 2000, en vísperas del 93º aniversario de la muerte del joven ferrocarrilero Jesús García Corona, la dirección general de Ferrocarriles Nacionales de México autorizó la donación definitiva de las vías del ferrocarril al municipio de Nacozari de García. De esta forma, la dependencia federal se deslindaba totalmente de toda obligación en materia de explotación y administración del ferrocarril. Fue así como después de 96 años desde su construcción, el ferrocarril de Nacozari pasaba históricamente a formar parte de los bienes y patrimonio del municipio. Con esta medida, el ferrocarril que había llegado al pueblo en 1904, pasaba, después de casi cien años, a formar parte del patrimonio de los nacozarenses. Unos días más tarde, el 13 de diciembre del año 2000, el Ayuntamiento —en sesión ordinaria de cabildo—, autorizó por mayoría calificada la enajenación y venta de las vías del ferrocarril. Con este procedimiento administrativo se autorizó legalmente la desincorporación de las vías del ferrocarril de los bienes del municipio y se permitió la venta a particulares del mobiliario consistente en durmientes y rieles, equivalentes a una superficie de más de 60,000 metros cuadrados. Con esta insólita medida, el histórico ferrocarril de casi cien años de historia llegaba a su fin. Los gruesos muros de piedra de la antigua estación del ferrocarril construida a principios del siglo XX, permanecieron como testigos silenciosos de las transiciones de administración y los cambios al sistema ferroviario; desde su fundación y administración extranjera, pasado por manos del gobierno mexicano hasta su entrega definitiva al pueblo de Nacozari.

Impacto histórico del ferrocarril en Nacozari

El impacto histórico, social, político y económico causado por la actividad ferroviaria en Nacozari, aunado al acto heroico de García Corona, fueron motivo para que a nivel nacional se estableciera en forma perenne un homenaje al gremio ferrocarrilero. En 1944, siendo presidente de la república el general Manuel Ávila Camacho, se estableció por decreto el día 7 de noviembre de cada año como «Día del Ferrocarrilero».

El ferrocarril de Nacozari marcó un antes y un después en la historia del pueblo nacozarense. Su llegada a la serranía del noroeste de Sonora logró colocar a la región en el mapa industrial, político y económico de la época, principalmente por la vecindad geográfica de Nacozari con una de las potencias económicas más grandes del mundo. A principios del siglo XX, el ferrocarril era sinónimo de modernidad, progreso y desarrollo económico; y su existencia influyó en la identidad del pueblo. Durante los conflictos armados de la Revolución Mexicana, el ferrocarril de Nacozari jugó un papel importante en la región y se convirtió con los años, en un ícono para los ferrocarrileros del país al ser este el que dio a García Corona su paso a la historia.

No obstante su desaparición, el ferrocarril de Nacozari sigue formando parte innegable de la historia regional. Aún representa un ícono en la historia sonorense, pues gracias a él, Sonora le dio a México uno de los héroes civiles más reconocidos a nivel mundial. La llegada del tren es indudablemente uno de los ejes principales de la historia de Nacozari. Y aunque el futuro modernizador buscó nuevas alternativas de transporte industrial y urbano, el pasado histórico obliga a voltear hacia atrás para apreciar aquél presente en la primavera de 1904, cuando el silbato de la primera locomotora retumbó los cerros que rodean al montañoso pueblo de Nacozari.

La tragedia que forjó a un héroe

«¡Oh gran benefactor! Tu nombre es inmortal».

—Marcha Jesús García

Eran casi las dos y media de la tarde en el pequeño y ruidoso pueblo de Nacozari. Aquella nublada tarde del jueves 7 de noviembre del año 1907 era el escenario de una espeluznante tragedia que había cobrado la vida de más de una decena de personas. La historia del pequeño pueblo de Nacozari habría de cambiar para siempre a partir de aquella fría tarde de otoño.

A lo lejos, en una pequeña loma a la altura del kilómetro seis de la vía angosta que comunicaba a Nacozari con las minas de Pilares, se elevaba por los aires una enorme nube acompañada por un horrido estruendo que aún resonaba en los cerros que rodean al pueblo. Era el epicentro de una catástrofe que reverberaría en Nacozari a través del tiempo.

Minutos antes, a eso de las 2:20 de la tarde, una fuerte detonación había sacudido la tierra. La enorme nube negra se seguía disipando por los aires lanzando consigo fierros retorcidos, tallas, vías y otros objetos metálicos que se dispersaban por los aires. En las polvorientas calles del pueblo, la gente espantada buscaba refugio sin saber exactamente qué estaba pasando. Nadie sabía con certeza lo que sucedía en aquél lugar. En medio del caos sobrevino sobre el pueblo una lluvia de fierros que golpeaban las casas, destruyendo tejados y perforando incluso algunos techos. Un retorcido trozo de metal humeante voló por los aires y fue a caer directamente en el patio frontal de la mansión de la familia Douglas, en la zona centro del pueblo. Una psicosis colectiva se apoderaba de la población tras el estallido que se escuchó a 16 kilómetros a la redonda. Dentro de la recientemente inaugurada biblioteca, el pánico se apoderó de quienes estaban dentro, pues los cristales de las ventanas se hicieron trizas a raíz de la fuerte onda expansiva.

Todos especulaban sobre lo sucedido. Unos aseguraban que había estallado el polvorín; otros, que habían volado los tanques de gas en la concentradora. Quienes conocían el método de explotación en las minas —acostumbrados al fuerte ruido causado por las detonaciones de dinamita al interior de los túneles—, jamás habían escuchado un estruendo de tal magnitud. En medio de toda aquella incertidumbre, el jefe de la policía preparaba ya a sus hombres para dirigirse personalmente al lugar de los hechos a inspeccionar lo que se visualizaba como una tragedia de proporciones inmensurables.

Pasaban los minutos y la incertidumbre se disipaba al igual que la inmensa nube sobre la colina detrás de la concentradora. Conforme los policías llegaban a caballo encabezados por el comisario, veían de cerca de aquél lugar a varias personas dominadas por el terror que aún corrían alarmadas, intentando buscar refugio. En medio de aquél caos, parecían no entender lo que había sucedido.

Cuando llegaron al lugar donde se originó la explosión, sobrevino en ellos el terror. Estaban frente a un cuadro devastador: una locomotora despedazada con varios furgones desguarnecidos yacía en un enorme cráter sobre un tramo de vía hecho pedazos. La locomotora, con media cabina completamente destrozada, parecía haber llevado en sus carros una cantidad enorme de explosivos causantes de aquella detonación que ensordeció a los pobladores. A su alrededor, el fuego aún consumía algunos arbustos que se incendiaron en forma inevitable.

Mientras se disipaba la espesa nube de humo, se empezaron a acercar algunos curiosos intentando ver por sí mismos los detalles de la hecatombe. Al acercarse a la cabina despedazada que aún humeaba en medio de aquel cráter, vieron con sorpresa el manómetro del vapor, que a pesar de estar visiblemente dañado y derribado de su soporte, se encontraba aún dentro de la cabina. Averiado y sin cristal, su manecilla había quedado incrustada en la carátula, marcando 140 libras de presión del vapor, lo que significaba que al momento de la explosión, la locomotora se desplazaba a todo vapor sobre la vía. En medio de la peste de la pólvora quemada, las impresionantes y alarmantes escenas de destrucción mostraban incluso trozos de una góndola a unos tres kilómetros de aquél lugar. Sobre algunos árboles había también algunos trozos quemados de varios durmientes que salieron disparados por los aires al momento de la detonación, mientras que a unos metros del corazón del siniestro, la cuadra de viviendas de trabajadores a un costado de la vía quedó reducida a astillas.

Mientras se calmaban los ánimos y se recobraba la serenidad, los trabajadores y policías empezaron a inspeccionar toda la zona con más detalle. Había algunos muertos y varios heridos, pero lo más espeluznante fue el hallazgo del maquinista que conducía aquella locomotora. A unos metros de aquél cráter encontraron los restos de un hombre con el rostro ennegrecido. El cuerpo desmembrado se hallaba entre los trozos despedazados de un carro del tren a una distancia de seis metros de la cabina en la vía de cambio. Era casi imposible identificarlo. De no ser por las botas y los trozos un arma de fuego que portaba aquél día, hubiera sido casi imposible conocer su identidad: era un joven maquinista de 25 años de nombre José Jesús García Corona, empleado reconocido por su buen desempeño dentro de la empresa minera. Se dijo después que entre los restos que levantaron alrededor de la máquina encontraron su mano, empuñando aún la palanca que controlaba la presión del vapor.

No lejos de ahí encontraron también el cuerpo sin vida de un adolescente que pereció al ser traspasado por un metal que lo impactó directamente, causándole la muerte al instante. A corta distancia, María y Trinidad Gutiérrez, dos mujeres que vivían en una pequeña vivienda cerca del kilómetro seis, perdieron la vista al incrustarse directamente sobre sus ojos los vidrios de las ventanas que estallaron ante aquella fuerte detonación.

Mientras se inspeccionaba la zona en busca de más heridos, apareció un joven de 18 años evidentemente trastornado que gritaba incoherentemente. Respondía al nombre de José Romero. Lo reconocieron con rapidez; era el último hombre de la tripulación que más cerca había estado del epicentro de la tragedia.

Las personas ajenas a los trabajos del ferrocarril y del transporte desconocían exactamente las circunstancias que habían causado aquella perturbadora tragedia. Todo indicaba que fueron las omisiones de algunos trabajadores. Otros señalaban que la falta de atención de la empresa en el mantenimiento de las locomotoras provocó la horrible tragedia. Pero una posible falla mecánica no pudo haber sido la causante de aquella terrible explosión. A reserva del carbón en la caldera, el método de propulsión de las máquinas, no era en sí motivo que pudiera causar el estallamiento de todo un tren. Aquél inusual accidente laboral motivaba entre los habitantes del pequeño poblado una pregunta inevitable: ¿Qué pasó esa tarde?

Empezaron pronto los cuestionamientos y las explicaciones de quienes estuvieron de cerca y vivieron de primera mano el génesis de la tragedia. Mientras la autoridad y los dirigentes de la empresa investigaban, se empezaron a esclarecer poco a poco los hechos. Pero en medio de las interrogantes había algo que estaba muy claro: la persona en el centro de la explosión era Jesús García. Lo sucedido era, sin embargo, algo difícil de entender. No podían entender cómo aquél talentoso hombre que se había ganado incluso la amistad y simpatía del gerente general, hubiera perecido en un accidente de esa naturaleza, considerando que casi un año atrás ese mismo maquinista había protagonizado ya un ejemplar acto de heroísmo muy cerca de ese mismo lugar.

Primeras muestras de heroísmo

Fue en octubre de 1906. García tenía apenas 24 años de edad. En aquella ocasión, el intrépido ferrocarrilero se encontraba a bordo de su locomotora jalando un tren de 17 góndolas durante un rutinario trayecto de Pilares a Nacozari. De regreso al pueblo, y ya cerca de la concentradora, la locomotora que conducía perdió inesperadamente el control de los frenos, convirtiendo a aquel tren en un peligro latente. La repentina falla en los frenos —aunada a la inclinación de la vía—, aumentó considerablemente la velocidad de la máquina que, de no detenerse a tiempo, la pendiente haría que el tren se descarri-

Fotografía: *Arizona Historical Society. Douglas Collection.*

Tripulación de la máquina número 2. Década de 1900.
Tripulación de la máquina número dos en los patios superiores a la altura del kilómetro 6 de la vía de Nacozari a El Porvenir.

---

lara y cayera directamente sobre la concentradora, causando no sólo cuantiosos pérdidas y daños, sino poniendo además en riesgo la vida de cientos de trabajadores que ahí laboraban.

Ante la situación de riesgo, García ordenó a la tripulación que abandonara sus puestos. Como pudieron, uno a uno fueron saltando de aquél tren en movimiento, dejando sólo al intrépido maquinista a cargo de la locomotora. A pesar de su corta edad, la experiencia que había adquirido desde años atrás en la conducción de las máquinas, le permitió implementar una estrategia en el calor de aquel inesperado momento. Se dice que García activó los motores en reversa y logró controlar la presión del vapor, mientras que accionaba constantemente el silbato anunciando la posibilidad de una catástrofe. Poco a poco la máquina fue perdiendo velocidad, logrando reducir considerablemente la marcha del aquél pesado tren de carga.

Desde un inicio, García sabía que ponía en riesgo su vida al permanecer a bordo de la locomotora, pero gracias a su valentía, inteligencia y firme decisión, había logrado detener aquél tren que se había convertido en un peligroso proyectil que se dirigía directamente al corazón de Nacozari. La estrategia funcionó y logró con éxito llegar a su destino sin mayores contratiempos. La locomotora se detuvo justo a un costado del precipicio en el elevado puente de acero ubicado la parte superior de la concentradora, desde donde se descargaban los concentrados de mineral.

En su libro *Goodbye García, Adiós*, el destacado autor estadounidense Don Dedera describiría décadas más tarde aquella escena:

«Las ruedas, como volantes, despidiendo cascajo y chispas de los rieles, mientras que el silbato chillaba. La horrenda lucha entre García y la fuerza de gravedad terminó exactamente a cuatro metros del fin de la vía».

El impresionante acto de heroísmo sorprendió no sólo a sus compañeros de trabajo, sino a los dirigentes mismos de la empresa para la que trabajaba, logrando con ello el reconocimiento y el respeto de sus semejantes. Pero a pesar de su sorprendente acción, no era eso lo que años atrás le había merecido ya un reconocimiento similar.

Su desempeño dentro de la compañía minera había sido tan destacado que la gerencia lo premió con un viaje con gastos pagados por dos semanas a la Feria Mundial en San Luís, Missouri en los Estados Unidos en abril de 1904. Junto con él fueron premiados otros compañeros: del taller mecánico acudieron Rafael Rocco y Cipriano Montaño; del equipo de electricistas asistieron Ignacio D. Montaño y José Vejar de la concentradora; del departamento de materiales lo acompañaron Zacarías Ruiz y Heraclio Ramos, mientras que de la Tienda de Raya fueron S. H. Casey, Francisco Ancira y Manuel Vázquez.

Durante su estancia en aquél lugar —y animado por aquella pasión que le causaban los trenes—, el joven de apenas 23 años de edad, se atrevió a participar en las competencias de frenos de locomotoras sin temor de competir al lado de experimentados maquinistas expertos en aquellas faenas. La competencia consistía en arrancar una locomotora a toda velocidad y detenerla después en el menor tiempo posible. García no decepcionó a sus compatriotas. Como era de suponerse, el maquinista mexicano resultó victorioso de aquella intrépida carrera, logrando vencer a maquinistas veteranos y expertos en el manejo de las locomotoras.

«Me inspiré en la hermosa bandera de México», decía García, «y por ella, sólo por ella, puse mi alma en lo que hice». Así lo describiría después el profesor Manuel Sandomingo en su biografía del héroe, publicada en 1950.

Todos estos antecedentes ponían en alto el nombre de aquél hombre que lograron identificar como el conductor de la máquina que estalló aquella tarde de aquél 7 de noviembre. Era por lo tanto imposible concebir que fuera él la persona responsable de aquella terrible catástrofe. Para 1907, su empeño y disciplina habían hecho de García un empleado ejemplar. A pesar de su edad, era ya un experto en la conducción de las máquinas. ¿Cómo pues era posible concebir aquél triste desenlace?

Cronología de la tragedia

Conforme reunían toda la información para armar aquél difícil y oscuro rompecabezas, salieron a la luz los motivos que originaron la explosión que puso por algunos instantes en riesgo la vida de los habitantes del mineral.

Los nacozarenses de aquella época comprendían bien el impacto de la situación. Transcurría el año de 1907. Era un año muy significativo para Nacozari, pues en aquellas fechas estaba en proceso de construcción de una nueva y más moderna concentradora que representaba una inversión multimillonaria para la empresa. Estaba también en marcha la extensión del ferrocarril que conectaría a Nacozari con el sur del estado y el resto del país. A pesar de la crisis económica internacional que se vivía en aquellas fechas, era una época de bonanza para los nacozarenses. Las minas habían arrojado de sus entrañas más de 4,300 toneladas de cobre aquél año. Una tragedia de proporciones inmensurables era algo difícil de comprender.

Esa tarde, ya cuando el reloj marcaba aproximadamente la 1:00 PM, se habían realizado dos viajes redondos a la mina. En ausencia de don Albert Biel, un maquinista alemán encargado de los trenes, le tocó a Jesús García hacerse cargo ese día de la tripulación integrada por el joven fogonero José Romero y los garroteros Hipólito Soto, Agustín Barceló y Francisco Rendón.

Desde antes de las 8:00 AM, el tren había hecho ya varios viajes redondos de Pilares a Nacozari, pero como era de costumbre, se recibieron inesperadamente noticias de que se necesitaba más material para las perforaciones al interior de las minas. Los excavadores solicitaban más cajas de dinamita con sus respectivos detonadores. Era una tarea de rutina; nada en especial. En la mañana, los trabajadores del almacén habían empezado a trasladar varias cajas de dinamita desde el polvorín hacia el patio. Sin embargo, a diferencia de otras ocasiones, esta vez el tren tuvo que hacer el viaje completo hacia el patio de abajo, pues también había que trasladar otro tipo de material directamente desde el almacén, o el *supply*, como comúnmente le llamaban. Mientras la tripulación preparaba la carga, García aprovechó para ir rápidamente a su casa.

Ya cerca a las 2:00 de la tarde, el maquinista se volvió a incorporar a sus labores rutinarias. Pero desde su llegada se encontró con varios errores de logística en la distribución de las góndolas. No sólo eso, sino que los trabajadores habían dejado dispar el fuego en la caldera, lo que causó una disminución considerablemente en las reservas de vapor; pero ese era quizás un error pequeño e insignificante comparado con una garrafal omisión en el acomodo de la dinamita.

La carga estaba ya acomodada. Aquel convoy —compuesto por un total de cinco góndolas con capacidad de cinco toneladas cada una—, cargaba setenta cajas de dinamita equivalentes a aproximadamente cuatro toneladas de pólvora comprimida, según se informó después en el parte oficial que rindió la gerencia al gobernador de Sonora. Eran fuertes explosivos traídos directamente desde Oakland, California. Fuentes alternas señalan que eran en realidad doce toneladas y no cuatro, como se manejó en un principio. Entre la carga había también otro tipo de material, incluyendo varias pacas de zacate.

La tripulación encargada de acomodar la carga colocó inconscientemente la dinamita en las primeras dos góndolas justo detrás de la máquina y cerca de la caldera, ignorando la lógica y las medidas de seguridad que lo prohibían. Un maquinista con experiencia no lo hubiera permitido, pero cuando García volvió a su trabajo, las máquinas ya estaban acomodadas y listas para el viaje. Ya era tarde; reacomodar los furgones llevaría demasiado tiempo.

El error en la logística no hubiera sido problema, a no ser por una considerable falla en el escape de la máquina. La amplia chimenea de la locomotora estaba averiada; tenía roto el cedazo de alambre que cubría la parte superior para evitar la expulsión de brazas que salían de la caldera. Los trabajadores del departamento de mecánica habían ignorado la situación, a pesar de que ya se les había pasado el reporte.

La locomotora número 2, modelo 1901 de la marca Porter, estaba ya lista para arrancar con el viaje de suministros hacia la mina. En el patio de arriba lo esperaban más trabajadores con otras góndolas, pero el amplio escape averiado de la chimenea de la locomotora desató el inicio de la tragedia en aquel tren que se encontraba en marcha. Al no tener la malla de seguridad, las brasas la caldera que lograron salir fueron impulsadas por el escape averiado y lanzadas por el viento, hasta alcanzar las cajas de madera con dinamita que se habían acomodado en los furgones enganchados justo detrás de la máquina.

El incendio era inminente y no se hizo esperar. El primero en detectar el humo que emanaba de las góndolas fue un mayordomo a quien apodaban «El Panocha». Como pudo hizo señas desde lejos intentando llamar la atención hacia aquellas góndolas que desprendían humo desde el interior. El tren ya iba en movimiento, aunque relativamente lento como para detenerlo e intentar sofocar el fuego. Los tripulantes obedecieron las órdenes del maquinista e intentaron apagar la lumbre que parecía haberse generado desde la parte inferior de los furgones. A como pudieron se lanzaron sobre aquellas cajas intentando sin éxito evitar la propagación del fuego. Cuando

Fotografía: *McClintock Collection. Arizona Room Phoenix Public Library.*

Vista panorámica de Nacozari, ca. 1906
Patios centrales donde se originó el fuego en los vagones de la locomotora número 2.

uno de ellos intentó levantar una de las cajas que ardía, los fuertes vientos soplaron entre la carga, intensificando con ello las incipientes llamas que consumían los cajones con los explosivos. Unos usaban sus chamarras y otros puños de tierra. Nada daba resultado. El río llevaba algo de agua, pero estaba muy alejado. Era inútil. El momento no daba tregua. El fuego se seguía propagando con rapidez entre las cajas con dinamita que seguían ardiendo, pero sin hacer explosión. Debajo de la carga había cañuelas y detonantes; al momento de que el fuego los alcanzara, se detonarían los cartuchos y haría explosión la dinamita con un resultado catastrófico.

El sitio donde se encontraba la locomotora en ese momento era prácticamente una bomba de tiempo que desataría una reacción en cadena con resultados fatales. A escasos metros, se encontraba el almacén de explosivos con 2,000 cajas de dinamita, equivalente a aproximadamente 45,000 kilos de pólvora compactada. Cerca de ahí había también enormes tanques que almacenaban gas y que por sí solos hubieran causado mayores estragos que la misma dinamita. Hacia el norte, a poca distancia del fuego, se ubicaban grandes almacenes de productos químicos, pinturas y combustibles. En la concentradora y en la oficina había muchos trabajadores que desconocían la situación que enfrentaban los garroteros. La preocupación se convirtió en alarma. Fue en ese momento de desesperación cuando miraron que todo estaba perdido. Estaban conscientes del peligro. Mientras unos corrían por su suerte, otros esperaban las órdenes del maquinista. Relataron después que, ante aquél momento de angustia, García ordenó a todos que abandonaran el lugar. El único que se atrevió a desobedecer la orden fue el fogonero, quien decidió acompañar a su superior, ayudándole a alimentar el fuego en la caldera para poder impulsar con rapidez aquella bomba sobre rieles.

Las pérdidas y daños materiales hubieran sido lo de menos en aquellos instantes de desesperación, pero en esos momentos, la joven prometida del propio García se encontraba en su casa, no muy lejos de ahí. Su sobrino —de apenas diez días de nacido—, dormía en casa de su hermana. Había mucha gente en las calles y otros tantos se hallaban en sus casas en la hora de la comida. Las muertes y accidentes podían llegar a cientos o quizás miles. La población de Nacozari estaba indiscutiblemente en peligro. No había alternativa. Había que sacar de inmediato aquél tren y alejar la carga lo más lejos posible del pueblo. Era evidente que la dinamita haría explosión de un momento a otro.

Al igual que aquel día de otoño de 1906, García ideó una estrategia rápida en el calor del momento. Su plan era sencillo: sacar a toda velocidad las góndolas en llamas y dejar que el tren siguiera su curso. Tomó en ese momento la decisión que habría de perpetuarlo en la historia. Todo estaba decidido. Fue en ese instante cuando ocupó de nuevo su lugar en la cabina y empuñó la palanca de control del vapor de aquella máquina. Iba con él José Romero, el joven fogonero que nervioso y apresurado lanzaba rápidamente paladas de carbón a la caldera. Su participación era fundamental en aquellos momentos de desesperación, pues sin su ayuda, se hubiera disminuido la presión del vapor, evitando el avance de la locomotora. Ya cuando la máquina logró un ritmo sostenido —y sabiendo que el fuego de las cajas haría detonar en cualquier momento la dinamita—, García ordenó a su compañero que saltara de aquél tren en movimiento. Aunque se opuso en un principio, terminó por obedecer a su superior. Se despidió del maquinista, se descolgó de la cabina, rodó entre la maleza y logró meterse en una alcantarilla cercana, donde encontró refugio.

A pesar de que los trenes podían guiarse por sí mismos sobre las vías, era necesario dirigirlo en un principio, principalmente por el hecho de que había que cruzar por una pendiente de 4 por ciento que no permitía que el conductor abandonara su puesto, ya que de hacerlo, el tren retrocedería de nuevo a la estación, no sólo descarrilándose, sino estrellándose y haciendo explosión en el corazón de los patios centrales, a un costado de la oficina y del almacén. El destino de Nacozari estaba literalmente en sus manos.

Conforme subía la pendiente, el silbato de la locomotora sonaba con insistencia. Muchos observaban de lejos el tren en movimiento. A la distancia, se asomaban desde su casa algunas mujeres quienes miraban al conductor hacerles una «caravana» con su típico sombrero de corte tejano. No se imaginaban que aquella escena sería el último cuadro que volverían a ver. Ante la imposibilidad de observar directamente el fuego que se escondía dentro de los furgones metálicos, algunos pensaron que el maquinista les hacía con su sombrero el saludo cotidiano. Lejos estaban de pensar que se acercaba una horrible tragedia.

Cuando el reloj marcó aproximadamente 2:20 PM, una inminente y terrible explosión sacudió la tierra. La locomotora número dos se había esforzado al máximo, pero gracias a su conductor, la pesada máquina de vapor había logrado alejarse lo suficiente —y aunque en aquel desesperado intento causó la muerte de una docena de personas— se habían salvado cientos o miles de habitantes. En medio de la tragedia, una realidad era evidente: Jesús García había muerto instantáneamente en su esforzado intento por alejar al máximo aquél tren en llamas. El sacrificio de aquél ferrocarrilero escribió esa tarde de noviembre otra realidad ineludible: el valiente maquinista había pasado heroicamente al martirologio mexicano como uno de los más destacados héroes civiles en la historia de la República Mexicana.

A pesar de que el pueblo y la concentradora estaban intactos, el saldo en el kilómetro seis era desolador. Había varios muertos y algunos heridos de gravedad, entre ellos mujeres y niños, sin contar los que resultaron con heridas leves. Aquél cielo nublado fue incapaz de seguir sosteniendo la lluvia y descargó sobre el pueblo una fuerte tormenta que se extendió toda la noche. El intenso aguacero empapó la tierra y limpió con su torrente la sangre de un nuevo héroe en la historia de México.

Entre los heridos que fueron atendidos de inmediato en el hospital de la compañía, se hallaba José Romero. Internado en el nosocomio y severamente trastornado por la magnitud de la explosión, exclamaba constantemente: «¡Esta noche, hasta el cielo llora!»

Reconocimiento inmediato al nuevo héroe ferrocarrilero

Rara vez en la historia se crean héroes en el momento justo después de mostrar su valentía. En los campos de batalla, los reportajes sobre los héroes caídos en combate han tardado en recibir el reco-

JOSÉ ROMERO, EL FOGONERO

José Romero Moreno era originario del pueblo de Granados, Sonora. Durante su residencia en Nacozari, trabajó en actividades ferroviarias de la «casa redonda», y como fogonero en las locomotoras que trasladaban el mineral de El Porvenir a Nacozari. Tenía apenas 18 años cuando acompañó al héroe de Nacozari en sus últimos momentos a bordo de la locomotora.

De toda la tripulación de la máquina número 2, Romero fue el único que se atrevió a acompañar a Jesús García, ayudándolo a sacar del pueblo aquél tren en llamas para evitar una catástrofe. De no ser por su oportuna ayuda en la alimentación de la caldera, García no hubiera podido conducir su locomotora lo suficientemente lejos como para salvar a tiempo a los habitantes de Nacozari.

Falleció el 10 de abril de 1937 a la edad de 48 años en Ciudad Obregón, Sonora en un accidente ferroviario. Sus restos reposan en la ciudad de Empalme, Sonora.

Sin lugar a dudas, la heroica hazaña de García no se hubiese concebido tal como fue sin la intervención adecuada del joven José Romero, pues fue él quien le ayudó a perpetuarse en la historia.

> «García ya tiene su altar como el héroe civil más grande del siglo XX. Romero espera el reconocimiento nacional a su inmensa contribución en la salvación de Nacozari...»
>
> —Esteban Martínez Díaz

nocimiento de los pueblos. La historia, en ocasiones tarda y detiene por generaciones la gloria y el reconocimiento que merecen los héroes más valerosos.

En México, los personajes más destacados de la Revolución Mexicana tardaron casi cuarenta años en recibir de la historia oficial su reconocimiento como «héroes». No fue el caso del ferrocarrilero Jesús García Corona. No existe otro héroe civil en la historia de México que haya recibido tan grandes reconocimientos, muestras de aprecio y agradecimiento con tanta premura como las recibió el hombre a quien después reconocieron como «El héroe de Nacozari».

Sólo unas horas habían transcurrido desde su fallecimiento y ya se entonaban en su velorio las notas marciales de una admirable marcha compuesta expresamente a su memoria la misma tarde de los hechos. No transcurrió un sólo día sin que García fuese proclamado como benefactor de la humanidad. La misma tarde de los acontecimientos, el gobernador de Sonora, al recibir el parte oficial de los hechos, hacía reconocimiento del gran gesto heroico del ferrocarrilero. Al día siguiente, los diarios nacionales e internacionales proclamaban el heroísmo del humilde obrero sonorense.

El gerente general de la empresa, que ese día se encontraba en Cananea, Sonora, al enterarse de lo sucedido, solicitó un tren especial para trasladarse hasta Nacozari, logrando llegar al mineral la madrugada del 8 de noviembre. Inmediatamente tras su llegada al pueblo, se comunicó directamente con el gobernador del estado para informarle los detalles del acontecimiento. Además del acta circunstanciada levantada por el comisario de Nacozari, *mister* James S. Douglas redactó por su parte un documento detallado que remitió al día siguiente al gobernador Luís Emeterio Torres. «Murió heroicamente», señaló Douglas en su comunicado al refiriese a García. Describió a detalle los hechos, pero omitió —tal vez en forma intencional—, las fallas de la compañía respecto a la reparación de la máquina, lo que seguramente hubiera evitado aquella catástrofe. Cerró el documento enalteciendo al maquinista y añadió: «El joven Jesús García, en particular, puede considerase como un verdadero héroe...»

Tres días más tarde, el gobernador hizo el mismo señalamiento al momento de remitir su respuesta al señor Douglas. En su contestación, el general Torres señaló: «La acción heroica del maquinista Jesús García es digna de perpetuarse para que otros hombres en lo futuro admiren su valeroso ejemplo». Propuso además brindar su apoyo como gobernador para realizar algún homenaje adecuado encaminado a enaltecer aquél acto heroico.

La noticia traspasó fronteras. Al día siguiente, el hecho fue noticia en las primeras planas de periódicos estadounidenses, pero lo más trascendental fue la noticia publicada en el prestigiado periódico *The New York Times* al día siguiente. Los reportajes que se publicaron desde Nueva York también lo proclamaron héroe al considerar el impresionante acto de desprendimiento humano de aquél intrépido mexicano.

Homenajes nacionales y extranjeros

El primer gran homenaje que recibió el héroe se registró el 15 de octubre de 1908 en Estados Unidos. Antes de que se conmemorara el primer aniversario de la gesta heroica, se le otorgó en la Unión Americana la medalla *The American Cross of Honor* como homenaje póstumo.

La reconocida presea se otorgaba en aquél país únicamente a aquellas personas que sacrificaban su vida por el bien de otros. Fue tanto el realce que se le dio al homenaje luctuoso, que la noticia de aquél reconocimiento apareció en los encabezados de algunos periódicos en el extranjero.

El homenaje *post mortem* se presentó en Washington, D.C., a iniciativa del señor Thomas H. Herndon, presidente y socio fundador de la organización que otorgaba la medalla. Debido a que en esa ocasión el reconocimiento no podía entregarse en persona, la presea y el reconocimiento se presentaron en la embajada de México en los EE.UU. El embajador, a su vez, notificó el acto a la Secretaría de Relaciones Exteriores en la Ciudad de México. Al tener conocimiento de ello, el presidente Porfirio Díaz ordenó que de inmediato se

MARCHA JESÚS GARCÍA

Silvestre Rodríguez © 1953

A Jesús García hoy venimos a conmemorar
porque en este día a Nacozari él supo salvar.
A Jesús García hoy venimos a conmemorar
porque en este día a Nacozari él supo salvar.

¡Oh gran benefactor! Tu nombre es inmortal
y en nuestro corazón por siempre vivirá.
¡Oh gran benefactor! Tu nombre es inmortal
y en nuestro corazón por siempre vivirá.

Jesús García la muerte desafió
y a su poblado con valor salvó.
Jesús García a la gloria voló;
su grande hazaña el cielo la premió.

Jesús García la muerte desafió
y a su poblado con valor salvó.
Jesús García a la gloria voló;
su grande hazaña el cielo la premió.

(Música)

Jesús García la muerte desafió
y a su poblado con valor salvó.
Jesús García a la gloria voló;
su grande hazaña el cielo la premió.

A Jesús García hoy venimos a conmemorar
porque en este día a Nacozari él supo salvar.
A Jesús García hoy venimos a conmemorar
porque en este día a Nacozari él supo salvar.

¡Oh gran benefactor! Tu nombre es inmortal
y en nuestro corazón por siempre vivirá.
¡Oh gran benefactor! Tu nombre es inmortal
y en nuestro corazón por siempre vivirá.

publicada íntegramente en el Diario Oficial de la Federación el texto íntegro del reconocimiento para que se conociera la noticia en toda la república. Jesús García se convirtió así en el primer mexicano en recibir tan distinguido reconocimiento.

Un monumento a la altura del héroe

Desde un principio, la alta gerencia de la Moctezuma Copper Company contempló la posibilidad de erigir un monumento a la memoria de Jesús García para inmortalizar su nombre en el epicentro mismo de aquella epopeya. La propuesta fue aceptada y se constituyó de inmediato una junta integrada por distinguidos personajes del pueblo con la finalidad de organizar las actividades con motivo de la erección del monumento. Tras la realización de distintas actividades, la junta logró reunir al poco tiempo la cantidad de 1,325 pesos, y aunque la empresa minera destinó parte de los recursos para la construcción de un monumento en la plaza central del poblado, la cantidad resultó insuficiente, pues se había proyectado un gasto que rebasaba los seis mil pesos.

El 5 de enero de 1909, el gobernador Torres gestionó con el gobierno federal los apoyos necesarios para la obra y envió a la Ciudad de México un comunicado solicitando al gobierno el apoyo económico para reunir los fondos necesarios. En menos de una semana, el presidente Díaz autorizó la entrega inmediata de más de cinco mil pesos del presupuesto para iniciar con la construcción del monumento. La inversión total osciló entre los 6,500 pesos de aquella época.

Siguiendo el patrón tradicional estadounidense —y considerando la trascendencia de aquellos hechos—, consideraron pertinente depositar en la base del monumento una cápsula del tiempo para preservar celosamente bajo tierra todos los datos y la información que respaldaba la importancia de aquel acto. Para el efecto se depositó una fotografía del héroe, sus datos biográficos y ejemplares de recortes de periódicos donde se relata el acto histórico, así como un acta que firmaron todos los integrantes de la junta de ciudadanos encabezados por la primera autoridad de la población.

El 21 de octubre de 1909, durante la ceremonia de colocación de la primera piedra del monumento, el profesor James Douglas, padre; elogió a García con las siguientes palabras:

> «El salvador de Nacozari hubiera desaprobado los honores que hoy le tributamos. Él sólo cumplió con su deber y ¿qué más podía hacer? Tales eran los pensamientos de Jesús García al erguirse con la mano firme en la palanca y la vista mirando fijamente en la eternidad».

La inauguración del monumento se reservó para la conmemoración del segundo aniversario luctuoso. Llegado el anhelado momento, el pueblo se vistió de gala. Un periódico estadounidense de la época describió vívidamente aquella importante fecha: fue una ocasión especial que cimentó las bases de las relaciones binacionales entre México y EE.UU. Hombres y mujeres rendían homenaje al héroe. No se trataba en esta ocasión de un héroe que hubiera derramado sangre en los campos de batalla en alguna guerra; no era un héroe que llegó a la gloria por ambiciones personales; no era tampoco un soldado que

Fotografía: *Freeport-McMoRan, Inc. - Phelps Dodge Collection.*

**Ceremonia de inauguración del monumento a Jesús García.
7 de noviembre, 1909.**

enfrentó al enemigo en defensa de la patria. Se trataba de un hombre humilde, sencillo y trabajador.

El esperado evento reunió en Nacozari a distinguidas personalidades nacionales y extranjeras que fueron llegando al pueblo desde un día antes. La tarde del 6 de noviembre, en un tren especial arribó al pueblo el vicegobernador Alberto Cubillas Loustaunau en representación del poder ejecutivo estatal. Llegó con él desde Douglas, Arizona la banda de música «Douglas-Calumet» que adornó el evento con una nutrida combinación musical para la solemne ocasión. Aquella tarde se congregó también en la plaza una pequeña orquesta local bajo la conducción del maestro Silvestre Rodríguez que intercaló piezas musicales con los músicos extranjeros en aquella noche de fiesta.

A la mañana del domingo 7 de noviembre de 1909 siguieron llegando personalidades de distintas partes del país y del extranjero. Las bandas musicales abrieron el evento, entre ellas una banda bajo la dirección del maestro Rodolfo Campodónico, quien llegó también en compañía del vicegobernador Cubillas. La empresa minera, por su parte, en un acto insólito, suspendió sus labores para ofrecer un verdadero homenaje solemne. Entre los asistentes estuvo el prefecto de Moctezuma, Francisco Chiapa, con un contingente de rurales. El corredor principal y el balcón del hotel Nacozari estaban repletos de espectadores. La bandera nacional ondeaba a toda hasta en la biblioteca y en la plaza principal y los niños de primaria, todos uniformados, portaban rifles de madera, representando simbólicamente a los soldados de la patria. Las niñas, elegantemente vestidas, portaban banderas de varios países y cantaron acompañadas por la orquesta local. El tierno y conmovedor cuadro mereció el aplauso prolongado de todos los invitados. Entre los pequeños apareció una niña vestida del tradicional «Tío Sam», empuñando la bandera de EE.UU. y representando simbólicamente al pueblo estadounidense, mientras otra niña rezaba un nutrido discurso. En un elegante estrado, a un costado del monumento, ocuparon los principales lugares los hermanos del héroe.

El escritor estadounidense Frank Aley escribió en alguna ocasión que los ecos de aquel conmovedor evento siguieron resonando por muchos años en oídos de aquellos que presenciaron el acontecimiento «...y seguirán resonando», dijo, «en tanto no aparezca un acto similar de sacrificio; algo que —después de analizarlo a fondo—, resultaría imposible». Aley hizo también un importante señalamiento: «Es un hecho» —dijo, «que la develación del monumento a Jesús García fue un éxito desde cada punto de vista que se pueda concebir y coloca mejor que nunca al pueblo de Sonora y Arizona en una mejor posición de hermandad».

Entre los muchos oradores que alabaron el acto heroico de Jesús García esa mañana, se encontraba también el profesor Manuel Armendáriz, un maestro de primaria que años atrás tuvo como alumno a García cuando cursaba su educación elemental. Armendáriz pronunció aquel día un emotivo discurso a nombre de la Sociedad de Artesanos Hidalgo, donde recordó vívidamente la infancia del héroe. En esa ocasión —y justo antes de concluir su participación—, aprovechó la seriedad del evento y pidió a todos los presentes que se unieran y solicitaran respetuosamente a las autoridades estatales que modificaran oficialmente el nombre de aquél lugar para que en lo sucesivo se le llamara «Nacozari de García».

Todo estaba listo para la develación el monumento. El vicegobernador Cubillas apareció en escena a las 09:30 de la mañana. Lo acompañaban Víctor Aguilar y Brígido Caro, Secretario de Gobierno y el Tesorero del Estado respectivamente. Se encontraban también Caledonio Ortiz y el licenciado López del Castillo, destacado político hermosillense; estaban también Ricardo Cubillas y el licenciado Abelino Espinoza. Desde Bisbee, Arizona llegó Walter Douglas, gerente general de la mina Copper Queen, quien, en compañía de un nutrido público de distintas partes de la Unión Americana, llegaron hasta Nacozari para acompañar al pueblo mexicano en el primer homenaje luctuoso.

Se distribuyeron entre el público dos mil copias del discurso fúnebre escrito por el profesor Douglas que fue traducido al español para su conocimiento entre los habitantes. Después de todos los discursos, y una vez concluidos todos los actos protocolarios, se acercó al monumento el señor Cubillas, y frente a un numeroso público, procedió a inaugurar solemnemente el monumento en punto de las 10:00 de la mañana. El monumento quedó al descubierto mostrando al público una hermosa e imponente columna de granito de unos treinta pies de altura que obligaba a elevar la mirada hacia el cielo.

Al momento de optar por un diseño, algunos consideraron importante que la obra fuera consistente con la arquitectura europea de los edificios en el centro del poblado. Consistió en réplica a menor escala de un majestuoso monumento al almirante Horacio Nelson, situado en Londres, Inglaterra. Ambos consisten en una columna de estilo corinto labrada en granito puro, con relieves de bronce en la base. En uno de los lados de la base se colocó una placa de bronce donde aparece en relieve la imagen de García bajo el águila del escudo nacional mexicano labrada también en bronce. Por el lado opuesto se fijó una placa que describe al espectador la hazaña heroica.

De esta forma se consagró en la historia el más importante monumento al héroe. Es una hermosa obra de corte europeo digno del héroe, quien —como señaló James Douglas—, hubiera reprobado aquellos honores, pues su espíritu humilde no le hubiera permitido aceptarlos. El monumento quedó inaugurado con el debido protocolo de la solemnidad que exigía la ocasión.

Meses más tarde, en diciembre de 1909, la empresa Moctezuma Copper Company entregó al gobierno del estado de Sonora las escrituras de un terreno de nueve metros cuadrados ubicado en la plaza principal de Nacozari, destinado para la construcción de la obra. El gobierno, por su parte, se comprometió a hacerse cargo de la conservación del monumento.

Homenajes posteriores

Entre las numerosas obras que se fueron dando con el paso de los años a manera de homenaje, destacan incontables muestras de respeto y admiración que años más tarde se perpetraron en la historia. Tan solo en EE.UU., se empezaron a publicar obras literarias cuyo contenido se dedicó a honrar la memoria de García.

TRASLADO DE LOS RESTOS DEL HÉROE

En 1919, el gobernador interino de Sonora, Plutarco Elías Calles, ordenó la exhumación de los restos de Jesús García Corona para que se trasladaran del antiguo cementerio municipal al pie del monumento a su memoria.

Fue así, como una década después de su muerte, fue exhumado el cadáver del héroe. En el momento de abrir el féretro, estaban presentes su hermano, Manuel García, el presidente municipal Arturo N. Cota y un numeroso público.

Sobre los restos se hallaba intacto un pañuelo blanco manchado y debajo de él los escasos restos del ferrocarrilero, mismos que fueron depositados cuidadosamente en una caja metálica que el propio gobernador cargó en hombros y depositó personalmente en una fosa en la base del monumento.

Con motivo de aquella solemne ocasión, se colocó sobre la tumba la siguiente leyenda:

> «La humanidad te saluda con respeto, te admira y te venera. Paz a sus restos».

Discurso pronunciado por el vicegobernador de Sonora
ALBERTO CUBILLAS LOUSTAUNAU
en la inauguración del monumento a
Jesús García Corona

7 DE NOVIEMBRE DE 1909
Nacozari, Sonora, México

«...ANTES DE DESCUBRIR este histórico monumento, séame permitido hacer aquí una mención especialísima en honor de todos aquellos que colectiva o individualmente han cooperado de alguna manera en la solemnidad de esta apoteosis consagrada al recuerdo del heroico maquinista Jesús García, ahora y con orgullo de la abnegada clase obrera.

Cumplido con este deber sagrado, paso a declarar solemnemente, con mi carácter de Vicegobernador Constitucional del Estado, en ejercicio del Poder Ejecutivo, que hoy 7 de noviembre de 1909, a las diez de la mañana ha quedado oficialmente inaugurado en la plaza principal de Nacozari el monumento erigido a la memoria de Jesús García, héroe inmortal y benemérito de la humanidad. ¡He dicho!»

Fotografía: *Freeport-McMoRan, Inc. - Phelps Dodge Collection.*

Monumento al héroe de Nacozari. Nacozari de García, Sonora.
El monumento a Jesús García es una réplica a menor escala del monumento al almirante Nelson en Londres, Inglaterra. Consiste en una columna de estilo corinto labrada de granito puro, con relieves de bronce en la base.

EN DICIEMBRE DE 1909, la empresa Moctezuma Copper Company entregó al gobierno del estado de Sonora las escrituras de un terreno de nueve metros cuadrados ubicado en la plaza principal de Nacozari, destinado para la construcción de la obra. El gobierno, por su parte, se comprometió a hacerse cargo de la conservación del monumento.

La primera obra de literatura donde se hace alusión a Jesús García fue publicada el año de 1914 en Nueva York. En el libro titulado *A Man's Reach; or, Some Character Ideals*, su autor Charles Edward Locke dedica parte de su obra a describir y reconocer el acto heroico del joven ferrocarrilero. Este fue el primer ejemplo del alcance de lo sucedido en el pequeño pueblo sonorense y había llegado, con gran aceptación hasta la gran metrópolis neoyorquina.

Siguieron después las publicaciones que se distribuyeron en México. En 1926, el reconocido escritor y político Juan de Dios Bojórquez León —que entre otras cosas ocupó en México los cargos de diputado en el Congreso Constituyente de 1917, senador y secretario de Gobernación—, lanzó una importante publicación dedicada a resaltar la vida y obra de García. En su libro titulado *El héroe de Nacozari* se destaca la figura del héroe y se incluyen varios relatos biográficos. Fue uno de los primeros esfuerzos por dar a conocer con mayores detalles sobre la tragedia de 1907. Hubo incluso homenajes en Centro América. En 1921 se fundó en Honduras una biblioteca con el nombre de Jesús García.

Otra obra que destacó fue el libro publicado en 1936 por Blanca Lydia Trejo, al que tituló también *El héroe de Nacozari*. Décadas más tarde, en 1950 el reconocido profesor Manuel Sandomingo publicó en Agua Prieta, Sonora una detallada obra que describe importantes fragmentos que logró recopilar a partir de información que reunió directamente de los amigos, incluso de la madre de García. Tituló a su obra: *Biografía del héroe de Nacozari—Jesús García*. Siete años más tarde, en 1957 el escritor David López Molina, publicó en Hermosillo su obra *Jesús García, el héroe del mundo*.

Una de las obras más reconocidas, es sin duda el libro de la autoría de Cuauhtémoc L. Terán, publicado en los años sesentas y que tituló *Jesús García, el héroe de Nacozari*. En EE.UU. tuvieron gran éxito los libros *Goodbye García, Adiós* de 1976, y una segunda edición en 1989 titulada: *In Search of Jesús García*, ambos del reconocido escritor y periodista estadounidense Don Dedera.

A lo anterior se sumaron corridos y poemas, sin contar numerosos artículos en revistas y columnas en los periódicos nacionales y extranjeros que desde noviembre de 1907 se fueron publicando constantemente sin perder vigencia.

En la década de 1960 se registró en EE.UU. uno de los más grandes homenajes de considerable importancia. El gremio de los ferrocarrileros estadounidenses presentó uno de los primeros homenajes más trascendentales en la Unión Americana. En la ciudad de Portland, Oregón se introdujo a Jesús García al Salón Nacional de la Fama de los Ferrocarrileros de EE.UU. Un 7 de noviembre, pero de 1963, en el marco del 56º aniversario luctuoso, se le presentó personalmente al presidente de la república, Adolfo López Mateos, la documentación y el certificado que acreditaban la selección y colocación de García en aquel prestigiado salón de la fama.

Cuatro décadas más tarde, en septiembre de 2001, Jesús García recibiría un homenaje similar y de igual dimensión en aquél país. El hecho de haber laborado en una empresa minera estadounidense y por haber salvado a los habitantes de toda una población, le mereció al héroe el nombramiento para formar parte del Salón de la Fama de la Minería en EE.UU., nominación que fue desde luego aprobada. El consejo directivo de esa prestigiada institución con sede en Colorado, EE.UU., señaló en aquella ocasión que el introducir a García a su salón de la fama representaría un tributo internacional a un hombre que decididamente ofreció su vida para salvar a su pueblo.

A pesar de los homenajes y las obras literarias que se dieron en territorio estadounidense, no se había realizado en aquel país alguna ceremonia oficial hasta el año de 1982. En esa ocasión, al cumplirse 75 años su fallecimiento, se llevó a cabo por primera vez un festejo en EE.UU. La histórica ceremonia se celebró en el Museo Histórico de Pimería Alta, en la fronteriza ciudad de Nogales, Arizona. Esa misma década, una escuela primaria en Tucson, Arizona los alumnos nombraron a Jesús García como su «héroe favorito». Con los años, la fama y el reconocimiento de García en EE.UU. se extendieron de costa a costa. En la ciudad de Norwalk, cerca de Los Ángeles, California, se erigió un monumento que aún permanece como homenaje permanente a su memoria.

Siendo México un país que se considera una nación con una participación modesta en acontecimientos de trascendencia internacional, son muy pocos los personajes mexicanos que han sido reconocidos y homenajeados en el extranjero. A pesar de que en febrero de 2014 una comisión legislativa a nivel federal rechazó la propuesta de inscribir con letras de oro en el Muro de Honor de la Cámara de Diputados el nombre de «Jesús García Corona, Héroe de Nacozari», en los Estados Unidos el héroe sonorense ha recibido al menos dos homenajes donde su nombre se inscribió sin reserva en instituciones de alto prestigio en materia ferroviaria y de minería.

Homenajes en Sonora

En 1909 los festejos por la inauguración del monumento fueron motivo para que el Congreso del Estado aprobara en noviembre de 1909 una ley que modificó a partir de ese mismo año el nombre del poblado, agregando el apellido de García al nombre de la comisaría. La cabecera habría de llamarse «Nacozari de García» a partir de aquél entonces.

En 1964, al celebrarse el 57° aniversario luctuoso, el Poder Legislativo en Sonora, decretó nuevamente una ley que buscaba honrar año con año en forma oficial la memoria del héroe. Dicho ordenamiento legal, decretado por la XLIV Legislatura del Congreso del Estado y promulgado en noviembre de aquél mismo año por el gobernador Luís Encinas Johnson, señala lo siguiente:

> Artículo 1° - Se declara solemne en el Estado de Sonora, el día 7 de noviembre de cada año, en conmemoración de la gesta heroica de Jesús García, Héroe Insigne nacido en Hermosillo y sacrificado por salvar a sus semejantes en el poblado de Nacozari de este propio Estado, el 7 de noviembre de 1907 y como auténtico homenaje de carácter permanente a su nombre.

Aunque desde 1909 a la fecha se sigue recordando año con año la memoria del ferrocarrilero, no fue sino hasta 1964 cuando se oficializaron las celebraciones y homenajes. A partir de entonces, por ley, las autoridades están obligadas a rendir homenaje cada año al héroe de Nacozari. La ley —que aún está vigente—, obliga a las escuelas de la entidad a celebrar dentro de sus labores, actos conmemorativos a tan señalada fecha.

Dos años más tarde se introdujo y se aprobó una nueva iniciativa de ley en el congreso sonorense; esta vez, con una visión más ambiciosa. El 26 de abril de 1966, el pleno de la legislatura aprobó un ordenamiento legal que declara a Jesús García Corona como «hijo preclaro» de la ciudad de Hermosillo, Sonora. La ley también dedica como monumento cívico permanente a su memoria el lugar conocido como «Cerro de la Campana» ubicado en el corazón de la capital de Sonora. El nuevo marco regulatorio que entró en vigor el 30 de abril de ese año, señalaba que debía erigirse una obra escultórica en honor al héroe y colocarse en una de las salientes más notables del cerro, de tal forma que dominara la mayor parte de la ciudad. El ordenamiento declaró de interés público la conservación del Cerro de la Campana y señaló que se habría de destinar exclusivamente a los fines señalados en la ley, quedando estrictamente prohibido colocar en el cerro otra clase de monumentos, estatuas, propaganda política, publicidad o anuncios comerciales.

Tres lustros más tarde, para celebrar los primeros cien años del nacimiento del héroe de Nacozari, el Congreso del Estado, mediante el decreto número 187 de fecha 24 de noviembre de 1981, aprobó la inscripción del nombre de Jesús García Corona con letras de oro en el recinto legislativo sonorense.

Décadas después, en noviembre de 2007, durante las celebraciones con motivo del primer centenario, el Congreso del Estado decretó una ley que declaró al municipio de Nacozari de García como capital del estado por un día, trasladando para tales efectos, los tres poderes del estado a dicha ciudad. La mañana del 7 de noviembre, previo a la ceremonia, los diputados integrantes de la LVIII Legislatura del Congreso del Estado sesionaron en el municipio y aprovecharon el simbolismo de la importante ocasión para aprobar ese día una histórica ley de fomento a la minería.

No sólo en México se han compuesto corridos en honor a Jesús García Corona. La cultura popular estadounidense cuenta también con un peculiar corrido en honor al héroe de Nacozari. El afamado cantautor estadounidense Dolan Ellis decidió contribuir con su música a enaltecer la memoria del ferrocarrilero y compuso en 2009 el corrido titulado *Jesús García*, mismo que se incluyó en un álbum *Sense of Place* que reúne las canciones más representativas del folklor del pueblo de Arizona. El corrido del «baladista» oficial del estado de Arizona es en Estados Unidos el equivalente al famoso corrido de la Máquina 501 que se popularizó en México en voz de Francisco «El Charro» Avitia.

> *«Su acto de valentía sigue vivo al día de hoy como símbolo de valor humano y sacrificio personal por sus semejantes. Es, en efecto, una calidad de héroe que debe transmitirse a las nuevas generaciones tanto de México como de Estados Unidos».*

—Dolan Ellis, 2015
Baladista oficial del estado de Arizona, EE.UU

Ese mismo año —buscando brindar un nuevo homenaje permanente—, el Ayuntamiento de Nacozari de García modificó en sesión de cabildo el nombre de la calle principal del poblado y nombró «Calle Jesús García Corona» a la vialidad anteriormente conocida como «Calle del Mercado».

Los homenajes que se rindieron a nivel nacional no fueron menores. En 1957 el Servicio Postal Mexicano emitió un timbre conmemorativo como homenaje al héroe por su 50º aniversario luctuoso. Medio siglo más tarde, la historia se repitió al celebrarse el primer centenario de la muerte de García. El 2007 el Servicio Postal Mexicano emitió nuevamente una estampilla postal alusiva al centésimo aniversario luctuoso del héroe de Nacozari y en agosto de 2009, en el estado de San Luís Potosí, el Museo del Ferrocarril abre sus puertas y adopta el nombre de «Jesús García Corona» como homenaje póstumo al ferrocarrilero que enalteció un siglo atrás al gremio de trabajadores del riel. Para el año 2015 existían en toda la República Mexicana 199 planteles de educación básica y media superior con el nombre del «Héroe de Nacozari» y al menos 101 que llevan el nombre «Jesús García».

La vigencia del incomparable acto de desprendimiento humano del García radica más allá del alcance que ha tenido su hazaña. Los monumentos y demás actos conmemorativos sólo son reconocimientos materiales y superficiales. El verdadero reconocimiento al héroe de Nacozari radica en el pensamiento colectivo y permanente de las nuevas generaciones que recuerdan, veneran mantienen con vida su nombre intentando imitar con sus actos el incomparable ejemplo de altruismo.

«De no morir en 1907, de seguro llega a general en 1915. Estaba hecho para el sacrificio y tenía una gran alma de revolucionario. Era del pueblo y quería al pueblo. ¡Murió por él! Se llamaba antes de morir: Jesús García. Se llama ahora: El Héroe de Nacozari»

—Juan de Dios Bojórquez León
Diputado Constituyente de 1917

Réplica de la locomotora: homenaje de los ferrocarrileros

En noviembre de 1964, con motivo del 57º aniversario luctuoso del sacrificio de García, se instaló en la plaza principal de Nacozari de García una locomotora como réplica simbólica de la máquina que conducía el héroe de Nacozari aquel noviembre de 1907. Fue un obsequio que ofreció al pueblo el Sindicato de Trabajadores Ferrocarrileros de la República Mexicana bajo la dirigencia de Luís Gómez Zepeda, quien acudió personalmente hasta el pueblo a rendir homenaje al héroe a nombre y representación del gremio ferrocarrilero.

La locomotora llegó desde Veracruz hasta Sonora. Ya en tierras sonorenses, fue necesario introducir la locomotora a territorio estadounidense, pues en 1964 aún no se construía el ramal que conecta a los municipios de Naco y Agua Prieta. El ferrocarril de Nacozari cruzaba directamente hacia Estados Unidos sin ningún punto intermedio que se comunicara con el resto de la red ferroviaria en el estado. Al internarse nuevamente a territorio nacional por Douglas, Arizona, la máquina fue conducida exitosamente hasta tierras nacozarenses. Su colocación en la plaza principal se dio gracias a la habilidad de los trabajadores ferrocarrileros, quienes colocaron rieles provisionales desde la vía del ferrocarril hasta la plaza central; cruzando a espaldas de la fuente de las sonrisas y a un costado del hotel Nacozari. La máquina —que conducían dos destacados ferrocarrileros nacozarenses: los señores Alfredo Kaldman y Rogelio Loreto Romero—, entró en reversa hasta el área donde hoy se ubica el gimnasio municipal y desde ahí se impulsó lentamente hasta llegar al sitio en el que hoy se encuentra inmóvil desde hace ya más de medio siglo.

Es una locomotora de vía angosta modelo 1905, clase 102 fabricada en Filadelfia, EE.UU. por la Burnham, Williams & Company. Su caldera cuenta con una capacidad de 15 metros cúbicos y una capacidad de tracción de 13 toneladas. Tiene un peso 102.5 toneladas incluyendo el ténder, mismo que puede almacenar hasta 17,000 litros de agua y 14 toneladas de carbón.

La mal llamada «Máquina 501» es sin duda uno de los principa-

MONUMENTO AL HÉROE EN LA CIUDAD DE MÉXICO

Días después de que en Nacozari se inaugurara el monumento a Jesús García, en el Distrito Federal, un grupo de la sociedad integrado por organizaciones obreras presentaron a la máxima autoridad de la entidad una solicitud para que se honrara al héroe de Nacozari en la capital del país. La solicitud fue aceptada y se procedió a adaptar el antiguo jardín llamado Santa Catalina para nombrarlo «Héroe de Nacozari». El proyecto fue más allá de un simple parque, pues se giraron también instrucciones para que se elaborara una estatua del ferrocarrilero para colocarla en el citado parque.

Tres meses más tarde, el general Porfirio Díaz inauguró el 02 de enero de 1910 en la Ciudad de México el nuevo parque llamado «Jardín Héroe de Nacozari». Años después la escultura de García fue sustituida por una estatua de Leona Vicario.

No. 4

Ley que declara día solemne en el Estado de Sonora el 7 de noviembre de cada año en conmemoración de la gesta heroica de Jesús García.

ARTÍCULO 1º - Se declara solemne en el Estado de Sonora, el día 7 de noviembre de cada año, en conmemoración de la gesta heroica de Jesús García, héroe insigne nacido en Hermosillo y sacrificado por salvar a sus semejantes en el poblado de Nacozari de este propio Estado, el 7 de noviembre de 1907 y como auténtico homenaje de carácter permanente a su nombre.

ARTÍCULO 2º - Las escuelas e instituciones educativas de la entidad deberán celebrar dentro de sus labores, actos conmemorativos a tan señalada fecha.

TRANSITORIO

ÚNICO - Esta ley entrará en vigor a partir del día 7 de noviembre del corriente año, previa su publicación en el Boletín Oficial del Estado.

Ley publicada en el Boletín Oficial del Gobierno Estado el 04 de noviembre de 1964.

les íconos que representa al pueblo de Nacozari de García. El sonido de la campana al unísono con su silbato durante la ceremonia luctuosa, hace vibrar los corazones de quienes se reúnen año con año en la plaza central a honrar la memoria del héroe.

Los orígenes de Jesús García

El carácter de Jesús García era el de un hombre que, según contaron después quienes lo conocieron, solía ser bastante intrépido y decidido. Esos calificativos no se le dieron únicamente por haber pasado a la historia tras haber salvado en dos ocasiones a sus semejantes. Son características que ya existían en él desde mucho tiempo antes de su decisión de anteponer su vida por los demás.

Se dice que era un hombre de carácter alegre y con buen gusto para vestir. Se le describe con un hombre humilde y carismático: virtudes que se le adjudicaron, tal vez, por haber nacido en cuna humilde, pero también debido a la ausencia de la figura paterna en su adolescencia, pues al quedar su madre viuda, fue necesario para él buscar oportunidades para ayudar a su familia. Era modesto y de carácter serio, le gustaba pasear a caballo, tener amigos y enamorar muchachas llevándoles serenata con la orquesta del pueblo. Su personalidad y estilo eran y siguen siendo parte de las características alegres del típico hombre sonorense.

García demostró desde su llegada a Nacozari, un espíritu de servicio y de superación. Es la historia de un hombre que desde niño, según relató en alguna ocasión uno de sus maestros de primaria, soñaba con ser un héroe. Fue un hombre que logró su paso a la historia —no por haber empuñado las armas en una batalla, ni por incurrir en asuntos políticos para encauzar luchas populares—, sino por entregar su vida sin pensarlo por salvar a sus semejantes.

José Jesús García Corona nació el 13 de noviembre 1881 en la ciudad de Hermosillo, Sonora, en la calle Rosales, donde hoy se encuentra el parque Madero en la zona centro de la ciudad. Fueron sus padres el señor Francisco García Pino, herrero de profesión, originario de San Miguel de Horcasitas, Sonora; y la señora Rosa Corona de García,

No. 86

Ley que declara al héroe ferrocarrilero Jesús García, «Hijo Preclaro de la ciudad de Hermosillo» y dedica como monumento permanente a su memoria el lugar conocido como «Cerro de la Campana».

ARTÍCULO 1º - Se declara «HIJO PRECLARO DE LA CIUDAD DE HERMOSILLO» al trabajador ferrocarrilero Jesús García, que en un acto de desprendimiento humano de perfiles altamente heroicos, sacrificó su vida el 7 de noviembre de 1907, para salvar de una catástrofe a la población de Nacozari.

ARTÍCULO 2º - Se declara Monumento Cívico del Estado de Sonora, dedicado permanentemente a honrar la memoria de Jesús García, al promontorio conocido con el nombre de «Cerro de la Campana», ubicado al sureste de la ciudad de Hermosillo, a cuyo efecto se erigirá una obra escultórica en honor del Héroe de Nacozari, que será colocada en una de las salientes más notables de dicho cerro, de tal manera que domine la mayor parte de la ciudad.

ARTÍCULO 3º - Para llevar a cabo la erección de la escultura simbólica que se propone, deberá formarse de inmediato un comité, cuyos integrantes serán nombrados por el gobierno estatal a propuesta de los ayuntamientos, los clubes de servicio, las organizaciones obreras y en forma especial el gremio ferrocarrilero, las organizaciones de profesionistas y estudiantes y los demás organismos que desearen participar [...]

ARTÍCULO 4º - Se declara de interés público la conservación del «Cerro de la Campana» con el destino exclusivo que se le señala en esta ley, por lo cual queda estrictamente prohibido colocar en él cualquier otra clase de estatuas o monumentos, así como fijar anuncios comerciales, propaganda política o publicidad de la índole que fuere, en los muros y farallones del mismo, debiendo vigilar las autoridades el cumplimiento de esta disposición.

TRANSITORIO

ÚNICO - Esta ley entrará en vigor el día de su publicación en el Boletín Oficial del Estado.

Ley publicada en el Boletín Oficial del Gobierno Estado el 30 de abril de 1966.

abnegada y humilde ama de casa. El 8 de febrero de 1882 fue bautizado, como era costumbre, bajo la fe católica que profesaban sus padres.

Después de recorrer distintos lugares en el en busca de mejores oportunidades económicas, la familia García Corona llegó por fin a Nacozari en 1901, pequeño poblado en la serranía sonorense se encontraba en plena efervescencia minera y que ofrecía amplias oportunidades de desarrollo. Al llegar al pueblo, la numerosa familia compuesta por ocho hermanos: Artemisa, Trinidad, Angelita, Rosa, Manuel, Miguel, Francisco y Jesús, logró establecerse en el llamado barrio del *Incline* a la altura del lugar conocido como El Porvenir, el último punto del ferrocarril de Nacozari a Pilares. Ahí doña Rosa, persuadida por algunos empleados, estableció un modesto comercio donde preparaba comida a los trabajadores «abonados» mexicanos y extranjeros.

Desde su llegada al pueblo serrano, García —que en aquél entonces tenía ya veinte años de edad—, logró con facilidad conseguir empleo en la empresa minera dueña de aquél poblado. Contaron años después sus amigos y familiares que, desde su llegada a Nacozari, había quedado muy impresionado por las pequeñas locomotoras de casi cuatrocientas toneladas que arrastraban diariamente de quince a veinte carros con mineral desde El Porvenir hasta Nacozari. Confiado en sus conocimientos en la herrería y la mecánica, se acercó a los directivos de la empresa minera en busca de empleo tal vez en las labores ferroviarias, pero cual fue su sorpresa cuando un mayordomo *gringo* —lejos de asignarlo a las tareas del ferrocarril o en los talleres—, le dio pico y pala para abrir brechas junto con otros trabajadores. A pesar de que no era esa su meta, aceptó la encomienda sabiendo que su vocación daba para más.

El buen desempeño en sus primeras actividades le mereció rápidamente el reconocimiento de la alta gerencia. Ya como limpiador de las máquinas en El Porvenir conoció y se hizo amigo de un estadounidense de nombre George Loy, a quien apodaban «El Chochi». Empezó a relacionarse y logró al poco tiempo ganarse la simpatía no sólo de sus compañeros de trabajo, sino de los jefes inmediatos.

La construcción del ferrocarril y la llegada del tren de EE.UU. a Nacozari en 1904 aceleraron el crecimiento económico trayendo nuevas y mejores oportunidades de trabajo. Por fin, tras unos años dedicándose a tareas rudas ajenas a la actividad minera o ferroviaria, logró alcanzar un puesto en los trabajos del ferrocarril. Aprendió rápido y a los pocos meses ascendió a encargado de frenos a bordo de los trenes que hacían viaje redondo de Nacozari a las minas de Pilares. Una vez más, su ejemplar desempeño logró que la empresa reconociera sus méritos y le ascendiera de puesto. Por fin había llegado a maquinista. En un acto insólito, logró sustituir en forma sorprendente a un ferrocarrilero estadounidense a quien apodaban «Toby».

Se dice que en alguna ocasión —ante la emoción por su nuevo nombramiento como maquinista a cargo de los trenes—, manifestó a su madre: «...los mexicanos también sabemos manejar locomotoras».

En su obra *Biografía del Héroe de Nacozari—Jesús García*, publicada en 1950, el profesor Manuel Sandomingo describe así el rápido ascenso de Jesús dentro de la empresa:

> «Poco a poco fue ganando la buena voluntad de sus jefes, se asimiló los métodos americanos de trabajo y no tardó en sustituir al fogonero. [...] Jesús tomó su puesto, puso en él toda su inteligencia y su buena voluntad y nunca había llegado a un tren a Nacozari en tan corto tiempo, ni tan cuidadosamente manejado. Jesús se sintió maquinista desde un principio...»

Su ascenso trajo mejores condiciones económicas, lo que le permitió a la familia mudarse del aislado barrio a las modernas viviendas de Nacozari, con acceso a servicios de agua por tubería y energía eléctrica en una casa de la compañía en la zona centro, tal y como su familia anhelaba antes de su llegada a El Porvenir años atrás. La meta del joven se había logrado.

Existe una fotografía de principios del siglo XX que sigue sorprendiendo a muchos. Es una imagen de Jesús García a caballo. En la fotografía aparece un hombre bien desarrollado, mirando seria-

DOÑA ROSA CORONA VIUDA DE GARCÍA

EN NOVIEMBRE DE 1909, en el marco de los festejos con motivo de la inauguración del monumento al héroe, el Congreso del Estado de Sonora aprobó una ley mediante la cual se le concedía a doña Rosa Corona, madre del héroe, una pensión vitalicia de 30 pesos mensuales. La empresa minera, por su parte, por instrucciones de James S. Douglas, le otorgó una pensión de 75 pesos mensuales y le proporcionó una vivienda con todos los servicios básicos gratuitos.

Pasó el resto de sus días en el pueblo de Nacozari de García hasta fallecer un 14 de mayo de 1924 a la edad de 77 años. Sus restos reposan en el cementerio municipal, y su honor, un callejón en la colonia Constitución lleva su nombre.

No. 82

Ley que traslada provisionalmente la residencia de los Poderes del Estado al municipio de Nacozari de García, Sonora, y la declara capital

ARTÍCULO ÚNICO - Se traslada provisionalmente la residencia de los poderes del estado a la ciudad de Nacozari de García, Sonora, y se le declara capital del estado por un lapso de 12 horas, comprendido de las 9:00 a las 21:00 horas del día 07 de noviembre de 2007; asimismo, se le declara como recinto oficial para el asentamiento de los poderes al Palacio Municipal de esa ciudad.

TRANSITORIO

ARTÍCULO PRIMERO - Por el solo trascurso del tiempo a que se refiere esta ley, los poderes del estado volverán a tener su residencia oficial, inmediata y sin necesidad de declaración previa alguna en la ciudad de Hermosillo, Sonora, en términos de lo dispuesto por artículo 28 de la Constitución Política del Estado de Sonora.

ARTÍCULO SEGUNDO - La presente ley entrará en vigor el día 07 de noviembre de 2007, previa publicación en el Boletín Oficial del Gobierno del Estado.

Ley publicada en el Boletín Oficial del Gobierno Estado el 05 de noviembre de 2007.

mente a la cámara; porta un sombrero tejano de lado, bigote abultado, camisa blanca y una sobria corbata. Se ignora por completo al autor de la fotografía, pero si aquél hombre fornido y bien parecido es en realidad Jesús García, la fotografía no refleja en nada el acontecimiento habría de elevar su nombre a la historia.

Reconocimiento desde Londres

Al poco tiempo de haber terminado la Segunda Guerra Mundial se reunieron en Londres, Inglaterra el primer ministro Sir Winston S. Churchill y el embajador de EE.UU. en el Reino Unido. Se encontraba también el mariscal de campo Bernard L. Montgomery: un destacado y reconocido militar británico. En una nutrida charla, los presentes abordaban temas de la guerra e intercambiaban opiniones sobre los personajes heroicos que habían destacado por su participación en conflictos bélicos.

El general Montgomery recordaba con orgullo a valientes camaradas militares que destacaron en África, Italia y Francia. Churchill, por su parte, siendo él mismo un destacado historiador, tenía bastante tela de donde cortar. Como político y militar, tuvo también la oportunidad de conocer personalmente a valientes hombres en muchos países.

Cuando le tocó el turno al diplomático norteamericano, manifestó sin reserva a los presentes que su héroe predilecto era Jesús García Corona. El titular de la embajada estadounidense en Londres había hecho sin titubeos un señalamiento insólito ante aquellos espectadores atónitos que escuchaban asombrados el relato de la gesta heroica de aquél ferrocarrilero.

El recientemente nombrado embajador americano —que durante su infancia vivió y fue a la escuela en Nacozari—, no pudo contener su emoción. A pesar de que él mismo había participado como teniente de infantería en el ejército de su país durante la Primera Guerra Mundial, y conocía personalmente a valientes héroes que dieron la vida por su patria, no era un paisano *gringo* quien gozaba del reconocimiento del embajador. Para el representante de EE.UU. en el Reino Unido, García era no solamente un hombre ejemplar, sino también el héroe de su predilección. Era algo difícil de creer, considerando sobre todo que las fuerzas armadas de su país habían sufrido más de 400,000 bajas en la reciente guerra mundial, conflicto del cual nacieron para EE.UU. cuantiosos héroes. Pero que a pesar de ello, el héroe más sobresaliente, a criterio del alto funcionario estadounidense, era un humilde ferrocarrilero mexicano que salvó de la destrucción a todo un pueblo en la sierra alta sonorense.

> «...el hombre más grande que he conocido, un alto y bien parecido maquinista. Era mi ídolo; hasta la fecha lo es. Era una persona con un alto y profundo sentido de responsabilidad que estaba preparado incluso para enfrentarse a la muerte».
>
> —Lewis Williams Douglas
> Embajador de EE.UU. en el Reino Unido, 1947-1950

«...su inmolación es recuerdo enternecido, tradición orgullosa de todos los nacozarenses. Y para todos los jóvenes mexicanos, el ejemplo de García es motivo de confianza y de estímulo: porque brotó del alma común de la raza y demuestra sus potencialidades».

—José Vasconcelos Calderón
Primer secretario de Educación Pública de México
1921-1924

No. 155

Decreto que crea la condecoración «Medalla Jesús García»

ARTÍCULO 1º – Se crea una condecoración que se denominará «Medalla Jesús García» para premiar:

    I. A las personas que dentro del Estado de Sonora se distingan por sus relevantes virtudes cívicas, por su labor en las ciencias y en las artes o por servicios eminentes prestados en la entidad, a la nación o a la humanidad.

    II. A los sonorenses que, residiendo fuera del Estado, reúnan los mismos méritos que se expresan en la fracción anterior, y

    III. A las personas que, aun cuando no sean sonorenses ni residan en el estado, haya prestado a este, servicios eminentes.

ARTÍCULO 2º – La condecoración «Medalla Jesús García» consistirá de diploma alusivo y de un tejo metálico de oro que llevará en el anverso: al centro, grabada la efigie del Héroe Jesús García; en la base de la efigie la inscripción «XI-7-1907» e inmediatamente debajo de esta leyenda: «Héroe de Nacozari». En la parte superior, siguiendo el contorno de la medalla, el nombre «Jesús García», y en la parte inferior, haciendo juego con dicho nombre, la leyenda «Gloria a tu Hazaña». En el reverso ostentará: en la parte superior a lo largo del contorno, la inscripción: «Estado de Sonora»; en la inferior, y haciendo juego con la anterior, la leyenda: «Noviembre 7 de...» (aquí el año en que se otorga); y en el centro tendrá grabado el nombre del titular e inmediatamente debajo de este, la inscripción «Reconocimiento al Mérito».

ARTÍCULO 3º – La «Medalla Jesús García» penderá mediante dos cadenillas de oro, de una placa del mismo metal que llevará grabado a colores el Escudo de Sonora, debiendo ser dicha placa de tamaño menor que el de la medalla. Las dimensiones de una y otra serán las que aprueba el Ejecutivo del Estado.

ARTÍCULO 4º – El otorgamiento de la condecoración de que tratan los artículos anteriores será decretado en cada caso particular por el H. Congreso Local, a iniciativa del Ejecutivo, en la inteligencia de que, el decreto correspondiente, sin perjuicio de que sea publicado en el Boletín Oficial, se dará a conocer personalmente por el propio Ejecutivo en la ceremonia solemne en que el citado funcionario o quien haga sus veces, imponga al titular la condecoración respectiva.

ARTÍCULO 5º – Para aquilatar los méritos de un candidato a la distinción de que se trata, el Ejecutivo, antes de enviar la iniciativa el H. Congreso Local, oirá la opinión que deberá rendirse por escrito, de los organismos sociales, tales como la Universidad de Sonora, asociaciones estudiantiles, Dirección de Educación Pública, agrupaciones obreras y campesinas, juntas de mejoramiento moral, cívico y material, cámaras de comercio e industria y los demás que estime idóneos.

TRANSITORIO

ÚNICO – Este decreto empezará a regir a partir del día de su publicación en el Boletín Oficial del Estado.

Decreto publicado en el Boletín Oficial del Gobierno del Estado de Sonora el 04 de noviembre de 1953

Nacozari y su participación en la Revolución Mexicana

No es casualidad que la letra de «La Pilareña» —una de las piezas musicales más representativas y de mayor relevancia en el folklor sonorense—, describa con su letra las valientes hazañas de una mujer en la región nacozarense en los años en los que se desarrolló la Revolución Mexicana. Fue precisamente en el pueblo minero de Nacozari de García donde nació la inspiración de este reconocido popular himno sonorense a raíz de los acontecimientos que marcaron el rumbo de la historia regional durante la Revolución.

Desde mediados de 1912 hasta finales de 1916 se registraron importantes batallas en este pequeño pueblo minero en la sierra sonorense, convirtiendo al municipio en el epicentro de varios enfrentamientos que establecieron importantes precedentes a nivel local y nacional.

Considerada como una de las luchas armadas más violentas y prolongadas del siglo XX en el continente americano, la Revolución Mexicana (1910-1920) se caracterizó por ser una sangrienta lucha social que cambiaba constantemente de rumbo, provocando con ello inestabilidad política, económica y social. El caos duró más de una década, dejando como saldo un devastador panorama en el que se cobró la vida de cerca de un millón de mexicanos y llevó al exilio de otros tantos. Hombres y mujeres de todas las edades y clases sociales —desde campesinos y obreros hasta políticos, extranjeros y ricos hacendados—, todos se vieron de alguna manera u otra involucrados o afectados por el clima de incertidumbre social y caos bélico, que —lejos de dispersarse con la llegada de Madero a la presidencia—, se siguió pronunciado mayor fuerza después de su derrocamiento en 1913.

Sonora fue, sin lugar a dudas, una de las entidades con mayor influencia política y militar en la historia de este conflicto armado, pues su participación política y militar fue clave para el desarrollo y desenlace del movimiento revolucionario. El liderazgo militar durante los primeros años del conflicto, así como la posterior reconstrucción nacional que pretendió la Constitución de 1917, fueron encabezados en buena medida por personajes sonorenses, de los cuales cuatro ocuparon la silla presidencial a consecuencia de los movimientos revolucionarios que se suscitaron desde el norte de la república.

El pueblo sonorense fue actor protagónico en la lucha, siendo testigo de importantes batallas que marcaron el curso de la historia y definieron el rumbo del país. Desde territorio sonorense se lanzaron a la nación importantes pronunciamientos políticos que se imprimieron posteriormente en las páginas de la historia como actos que forjaron el camino hacia el desenlace de la Revolución.

Entre otros factores cruciales para el desarrollo de las causas revolucionarias, la cercanía con los Estados Unidos convirtió a Sonora un bastión político-militar estratégico de gran importancia para los distintos bandos que surgieron durante la guerra. La facilidad para importar suministros, parque y armamento directamente desde la Unión Americana hacia las ciudades fronterizas, convirtieron a pueblos como Agua Prieta y Nacozari en puntos importantes para los distintos bandos.

Al igual que las principales ciudades en la frontera de Sonora con Arizona, el pueblo minero de Nacozari de García jugó un papel fundamental en el desarrollo de la Revolución. Los levantamientos y pronunciamientos que surgieron desde el pueblo forjaron los destinos de las luchas del norte.

Antecedentes sociales de la Revolución en Nacozari

Para poder entender la participación del pueblo nacozarense en la Revolución, es importante primero comprender el contexto social y político de la época, pues Nacozari —a diferencia de otros lugares de Sonora durante la Revolución Mexicana—, contaba con una realidad social y económica muy distinta. Aunque la llegada a Sonora de empresas extranjeras no fue bien vista por todos los sonorenses, el desarrollo económico generado por estas negociaciones permitió una derrama económica que se tradujo no sólo en bienestar social, sino en crecimiento y expansión de pueblos que, como en el caso de Nacozari, habían quedado prácticamente en el olvido décadas atrás. La llegada a Nacozari de la Phelps Dodge y la fundación de la Moctezuma Copper Company permitieron la fundación de un nuevo pueblo donde, a pesar de que la población no estaba completamente exenta de problemas menores, el estilo de vida del nuevo Nacozari era muy distinto. La nueva realidad ayudó a sus pobladores a vivir con relativa tranquilidad y estabilidad social.

El Nacozari moderno, que empezó a crecer alrededor de 1895, fue desde sus inicios —y al igual que muchos pueblos mineros de la entidad—, un producto indiscutible del Porfiriato (1876-1911), pues desde su fundación a partir del capital estadounidense, el desarrollo del pueblo mostró señales del proyecto de modernización encabezado por el presidente Porfirio Díaz. Las negociaciones mineras y la introducción del ferrocarril a los pueblos sonorenses fueron posibles durante el régimen de Díaz, y dieron fruto gracias a las facilidades que el gobierno otorgaba a los inversionistas extranjeros. No había en el nuevo Nacozari obstáculos para el progreso y el desarrollo; sin embargo, a diferencia de otros pueblos en Sonora que contaron también con una fuerte influencia extranjera, no se registraron en el pueblo brotes de violencia ni fuertes conflictos laborales como los que marcaron la historia del país a partir de la huelga en Cananea en 1906 o la de Río Blanco, Veracruz en 1907.

A pesar de que existen indicios y registros donde señalan que Nacozari existía ya como punto minero en la serranía de Sonora desde mediados del siglo XVII, no fue sino hasta la década de 1890 cuando el verdadero desarrollo industrial y económico a gran escala empezó a tomar una nueva dimensión. Nacozari recibió al siglo XX como el típico *company town*, o «pueblo de empresa», y al igual que en las grandes haciendas en el resto del país, la compañía minera dueña de Nacozari manejaba también el concepto de la «tienda de raya». Aunque a diferencia de las tiendas de los ricos hacendados, el sistema de la tienda de raya en Nacozari no esclavizaba por generaciones a los obreros. En la tienda se ofrecían productos de alta calidad a precios módicos. En ella, la empresa comercializaba en su mayoría productos extranjeros: desde ropa fina y calzado a la moda traídos directamente desde EE.UU., hasta los productos de la canasta básica. Con todo ello, la población nacozarense gozaba —no solamente de las nuevas tecnologías que trajo consigo la negociación minera—, sino de los más finos y modernos productos de consumo que la misma empresa ofrecía a su fuerza laboral a través de su propia tienda, aunque no era esta la única opción. A pesar de que la empresa tenía el monopolio en los productos básicos y los empleados podían adquirir a crédito con descuento directo a su salario, había también opciones distintas, pues la comunidad china en la población ofrecía productos alternativos para el consumo. Era una realidad distinta.

Aunque el levantamiento armado encabezado por Francisco I. Madero en 1910 se basó principalmente en la necesidad de un cambio democrático que permitiera mejores condiciones sociales, el pretexto que utilizó Madero para movilizar a las masas no encajaba en la realidad que se vivía en Nacozari. Mientras en otros lugares de la república los pueblos eran víctimas de condiciones sociales muy distintas —pobreza, explotación y limitados o nulos derechos laborales—, los mineros de Nacozari gozaban de un ambiente de prosperidad y optimismo, pues el mismo año en que estalló la guerra, se descubrieron en la región nuevos yacimientos de oro y plata, logrando con ello aumentar la bonanza y la prosperidad económica del pequeño y moderno poblado que gozaba cada vez más del desarrollo y bienestar.

A pesar de que los empleados eran ciertamente rehenes de lo que la empresa les ofrecía, la fuerza laboral gozaba de las comodidades y buenos salarios. La compañía ofrecía incluso aumentos salariales sin necesidad de que los empleados o la propia ley se lo exigieran. No existía, por lo tanto, un ambiente hostil que pudiera detonar un caos político, social o laboral, tal como había sucedido en Cananea o en Río Blanco, Veracruz, años atrás. A reserva de pequeños y aislados casos de protesta —normales e inherentes a cualquier ambiente laboral—, no había en Nacozari un ambiente tenso que pudiera alimentar el deseo de lucha y de cambio entre los habitantes del mineral. No había tampoco reclamos en materia política. Aunque Nacozari era una pequeña comisaría dependiente del municipio de Cumpas, la autoridad principal en el pueblo era indiscutiblemente la empresa extranjera dueña de aquel lugar.

Pero a pesar del clima de tranquilidad social que se vivía en Nacozari al momento de estallar oficialmente la Revolución en 1910, hubo en el mineral personajes entusiastas con alto sentido de patriotismo que se identificaron con los ideales de la lucha revolucionaria. Aunque no existen evidencias de que los nacozarenses se hayan sumado de inmediato al llamado que hizo Madero mediante el Plan de San Luís el 20 de noviembre de 1910, ya para 1912 el grueso de la población se identificaba con los ideales maderistas. No obstante, a pesar de que no existieron brotes de violencia en Nacozari, los inversionistas extranjeros empezaron a ver con cierta preocupación los movimientos armados que surgieron en otros lugares. Empresas tales como la Moctezuma Copper Company miraban amenazados sus intereses tras la caída del viejo régimen que les había brindado no sólo protección y cobijo, sino una amplia flexibilidad de acción en materia socioeconómica. A diferencia de otras negociaciones en la entidad, la preocupación para las compañías mineras estaba bien fundada, pues los pueblos mineros se convirtieron en puntos estratégicos durante el prolongado conflicto.

Ante el inevitable levantamiento de distintos grupos armados en varios lugares de la entidad, el gobierno de Sonora veía con preocupación los posibles focos de alerta en algunos pueblos de relevancia política. Para las autoridades sonorenses, los municipios de Nacozari de García y Cananea, por ejemplo, causaron cierta preocupación en

ORGANIZACIÓN OBRERA EN NACOZARI

Durante los primeros años de la presidencia de Madero, se inició el desarrollo de nuevas organizaciones obreras como parte del nuevo proceso de participación política. El propósito era incluir a todos aquellos sectores que habían permanecido relegados durante el antiguo régimen.

Entre mayo de 1911 y noviembre de 1912 se habían constituido ya al menos veinte nuevas organizaciones obreras. Una de las primeras organizaciones que se formaron fue el «Club Obrero de Nacozari» en julio de 1911.

FUENTE: Archivo General de la Nación, *Departamento del Trabajo*, caja 14, expediente 11; *Nueva era y diario del hogar*. Nov.-1911 a Feb.-1913.

la clase política, dadas las manifestaciones de violencia que —aunque muchas eran esporádicas—, algunas podían llegar representar una amenaza para los intereses extranjeros en la entidad. No obstante, a diferencia de los conflictos que surgían en otros lugares, las preocupaciones del gobierno respecto al municipio de Nacozari de García eran distintas. Se pensaba que, siendo el pueblo un punto estratégico para el desarrollo debido a la inversión extranjera, la hostilidad que mostraban algunos mineros hacia los inmigrantes chinos, podía expandirse también hacia inmigrantes estadounidenses que pudieran no simpatizar con el movimiento armado, provocando con ello un conflicto entre las autoridades estadounidenses. A juicio del gobierno, dicha situación podía considerarse ante la opinión pública internacional como un conflicto «entre naciones». Ante los primeros brotes de violencia, y con la cooperación de las autoridades federales, el gobernador maderista José María Maytorena logró la reubicación de los trabajadores chinos, consiguiendo rápidamente sustituirlos con empleados mexicanos. Con esta medida se logró rápidamente controlar en Nacozari la situación de riesgo sin mayores obstáculos. Pero a pesar de los esfuerzos del gobierno estatal por controlar los posibles brotes de violencia, en los primeros años de la lucha armada ya había en el municipio algunos destacamentos militares listos para enfrentar y sofocar cualquier levantamiento. No pasó mucho tiempo antes de que se registraran en la población los primeros asaltos militares.

La rebelión de Pascual Orozco y la intervención de Nacozari de García

En marzo de 1912, un exitoso y destacado revolucionario de Chihuahua de nombre Pascual Orozco —que en un principio se había identificado con los ideales que detonaron la revolución maderista—, decidió rebelarse y levantarse en armas contra lo que él consideraba la «mala administración» del nuevo presidente.

Dando su espalda a las causas que años atrás había defendido, y resentido e inconforme con el gobierno del recientemente

PRIMERAS AMENAZAS

En diciembre de 1910 llegó a Nacozari de García el rumor de que se acercaba al pueblo un grupo de revolucionarios fuertemente armados. Ante la posible situación de riesgo, un grupo de nacozarenses se apertrechó sobre el techo y el balcón de la biblioteca (hoy Palacio Municipal) con rifle en mano a fin de defender la plaza en caso de un ataque. Fue la primera medida de seguridad que tomaban los pobladores contra posibles amenazas de ataque al estallar la Revolución.

La situación no pasó a mayores. El grupo de revolucionarios resultó ser un reducido contingente de 25 hombres provenientes de Cananea que pasaron de largo por Nacozari y se internaron en la Sierra Madre con rumbo a Chihuahua.

FUENTE: Periódico *El Paso Herald*, El Paso, Texas, 27 de diciembre, 1910.

electo Madero, decidió cambiar de bando y se unió a los enemigos del nuevo régimen. El rebelde chihuahuense se hizo llamar incluso, «generalísimo en jefe» del Ejército Revolucionario, logrando avanzar por Chihuahua con un ejército conformado por cerca de cinco mil hombres. Orozco encontró a sus principales adeptos en el norte del país, y Nacozari de García no fue la excepción. Logró encontrar entre los nacozarenses a varios personajes que se identificaban con su movimiento y fue así como algunos pobladores se sumaron a la rebelión orozquista, uniéndose a la lucha en contra del presidente Madero. A pesar de que la rebelión de Orozco tuvo presencia en el norte del país, no todos comulgaron con levantamiento, especialmente en Nacozari. Aunque algunos pobladores se identificaban con la rebelión, la mayoría de los nacozarenses seguían respaldando al gobierno de Madero y estaban dispuestos a defender en todo al nuevo presidente y a su administración.

Después de atacar el mineral El Tigre, donde se abastecieron de víveres y plata, las siguientes plazas a tomar eran indiscutiblemente Nacozari de García y Pilares de Nacozari. Sabiendo la importancia de Nacozari de García como pueblo estratégico con una población mayormente maderista, el 04 de septiembre de 1912 un grupo de aproximadamente 500 rebeldes al mando de Antonio Rojas llegó a Nacozari causando daños, buscando intimidar a los habitantes con un feroz asalto a la plaza.

Durante el ataque, el grupo armando al mando de Rojas logró impedir las comunicaciones, destrozando los cables telegráficos y quemando algunos puentes ferroviarios en el trayecto hacia Agua Prieta. Pero a pesar de los daños, el ataque no tuvo mayores consecuencias, ni presentó algún logro para el movimiento orozquista, pues los rebeldes carecían de un buen plan estratégicamente diseñado. Con el apoyo de las tropas federales al mando de los capitanes Cosme Herrera y Beltrán, que se sumaron al defensa, los vecinos de la población —apoyados por un contingente de efectivos al mando del capitán Plutarco Elías Calles—, lograron derrotar en septiembre de 1912 al grupo de anti-maderistas en una batalla que se prolongó por más de treinta horas. Ante la derrota, Rojas y sus hombres se dieron a la fuga internándose en la Sierra Madre con rumbo a Chihuahua.

Aunque el cabecilla había amenazado incluso con incendiar el pueblo y atacar a los directivos de la empresa, el ataque no pasó a mayores. Sin embargo, la noticia de la rebelión y de las amenazas de los alzados no se hizo esperar en EE.UU., donde causó cierta preocupación entre los inversionistas que controlaban la situación económica de Nacozari.

Ante la situación de alarma por una posible avanzada de otros grupos revolucionarios, la gerencia de la Phelps Dodge se comunicó directamente con agentes diplomáticos de EE.UU. advirtiéndoles de la situación. La lucha parecía tomar nuevas dimensiones y los directivos de la Phelps Dodge en Nueva York no estaban dispuestos a esperar que el gobierno mexicano les brindara protección y resolviera el problema de inseguridad que se vivía en el pueblo de Nacozari. En vista de la incertidumbre y en respuesta a la inseguridad en el pueblo, en secreto se empezó a gestar desde Bisbee, Arizona, un plan para hacer llegar hasta Nacozari a un grupo de hombres fuertemente armados con el fin de proteger las instalaciones de la empresa. Era una medida alterna de seguridad que se implementaría ante las posibles amenazas de un segundo ataque. Según relató después un agente secreto del FBI de aquella época, fue el mismo James S. Douglas quien desde Bisbee se encargó de proporcionar secretamente las armas a los «filibusteros» que habrían de llegar clandestinamente hasta Nacozari para defender los intereses de la empresa. Pero a pesar de las fuertes sumas de dinero que Douglas estaba dispuesto a pagar, nadie se atrevió encabezar al grupo de civiles armados para la defensa del pueblo.

Al final de cuentas la preocupación no pasó a mayores. No se volvió a saber nada del rebelde orozquista Antonio Rojas, ni se registró un nuevo ataque; tampoco llegó al pueblo el grupo de *gringos* que algunos pretendían utilizar como mecanismo alternativo de defensa.

Mientras tanto, en México la derrota de los alzados en Nacozari representó un gran logro para el gobierno federal. No sólo habían vencido a un grupo de rebeldes en uno de los más importantes puntos en el norte del país, sino que habían logrado también disminuir, o por lo menos sofocar momentáneamente, un conato de invasión encabezada de civiles estadounidenses. Según se supo después, había también un contingente militar fuertemente armado en Douglas, Arizona, dispuesto y a la espera de invadir el territorio nacional en auxilio de sus connacionales estadounidenses que radicaban en Nacozari de García.

Después de los ataques de septiembre, y ante la preocupación generada por las amenazas de una posible invasión extranjera a Nacozari de García, el gobierno federal ordenó la ocupación de la plaza por tropas al mando del teniente coronel Villaseñor, quien estuvo por un tiempo a cargo de la protección del poblado. Los nacozarenses se sintieron protegidos, aunque no por mucho tiempo, ya que los brotes de violencia en las cercanías de Nacozari obligaron a los altos mandos a dividir las fuerzas acampadas en el pueblo. Tras los asaltos a la plaza en el mineral del Tigre, las tropas al mando de Villaseñor y del mayor Jesús Trujillo abandonaron Nacozari y se concentraron rumbo al norte para brindar auxilio a las demás poblaciones.

El abandono de las tropas generó nuevamente la incertidumbre entre los pobladores. A raíz de las batallas que se habían librado en el mineral el mes de septiembre —y tomando en cuenta los posibles riesgos que corrían los habitantes de Pilares y Nacozari—, el superintendente de la Moctezuma Copper Company envió a la Ciudad de México un comunicado al secretario de Relaciones Exteriores, donde le manifestaba la inconformidad de los accionistas de la empresa ante tal situación. Con el respaldo diplomático desde Washington, el superintendente informó que la empresa estaba dispuesta a tomar sus propias medidas de defensa en caso de que el gobierno federal no garantizara la paz y la tranquilidad en la localidad.

Al igual que otras grandes empresas extranjeras en Sonora, la Moctezuma Copper Company implementó distintas estrategias encaminadas a defender sus intereses y a la vez garantizar la seguridad de los habitantes y la estabilidad de la región. Por una parte, solicitó al gobierno la indemnización por los daños causados a su infraestructura, así como a las personas que resultaran lesionadas a consecuencia de los ataques a la plaza. Para el efecto, fijó la cantidad de 10,500 dólares como compensación diaria durante el periodo de inactividad por motivos de levantamientos armados. La empresa temía que a raíz de las suspensiones de labores, los trabajadores se incorporaran a la lucha armada en apoyo a los distintos bandos y abandonaran en definitiva sus trabajos.

La segunda estrategia fue quizás la más enérgica y radical en cuanto a su modalidad. En un comunicado con tono amenazador, la empresa advirtió al gobierno de la república que estaba dispuesta incluso a solicitar el apoyo del Ejército de los EE.UU. en caso de verse en la necesidad de defender sus intereses. Amenazó también con hacer llegar hasta Nacozari de García a cuatro regimientos de soldados que se encontraban en la fronteriza ciudad de Douglas, preparados para incorporarse a la batalla en defensa de la empresa. El gobierno federal se limitó únicamente a responder que estaba haciendo todo lo posible por defender aquel lugar.

El gobernador Maytorena tomó por su parte la decisión de defender por su cuenta la soberanía nacional a pesar de la posición de desventaja en la que se encontraba ante una posible avanzada del ejército estadounidense. En un telegrama dirigido al superintendente de la empresa, informó que no toleraría que se violara la soberanía nacional con la entrada a territorio mexicano de tropas extranjeras, tal como ya había sucedido en Cananea años atrás.

Días más tarde, y en vista de las amenazas de una posible invasión estadounidense a Nacozari, el coronel Álvaro Obregón —que ese mismo año se había sumado en apoyo al presidente Madero—, recibió la instrucción de preparar su tren en Agua Prieta y dirigirse hacia Nacozari para brindar refuerzos a la población. Obedeciendo las órdenes, Obregón preparó un convoy militar en la ciudad fronteriza y salió rumbo a Nacozari al mando de 150 hombres integrantes del 4to Batallón Irregular de Sonora en compañía del mayor Alvarado y el teniente Maximiliano Kloss a cargo de la artillería. Fue así, con este movimiento de tropas de Agua Prieta a Nacozari, como el gobierno respondió a las demandas de seguridad que exigía la empresa.

Mientras tanto, y a pesar del movimiento de tropas hacia la población, a finales de enero de 1913 el gerente general de la Moctezuma Copper Company se comunicó con sus superiores en EE.UU., solicitando apoyo el logístico a efectos de negociar en Washington la importación de suficiente parque para hacer frente a los ataques. En una carta de Nacozari a Bisbee, fechada el 21 de enero de 1913, la gerencia pedía autorización para abastecerse de municiones. «Tengo aquí suficientes armas para todos los americanos», señaló el gerente Williams, «pero no hay suficiente parque...».

La traición de Victoriano Huerta y la reacción de Nacozari

El nuevo gobierno de la república enfrentaba nuevos retos. Madero se encontró al poco tiempo incapaz de satisfacer a propios y a extraños. Tanto los amigos como enemigos del nuevo régimen miraban en Madero a una figura débil para poder contener a las fuerzas populares como las que encabezaba Emiliano Zapata en el sur. Mientras sus aliados que lo acompañaron desde principio de la Revolución le reclamaban insistentemente el cumplimiento de sus promesas, sus detractores políticos por otra parte conspiraban en su contra, planeando en secreto su derrocamiento.

La debilidad de Madero era cada vez más evidente. En Sonora, incluso el respetado gobernador maderista José María Maytorena se preparaba ante la posible caída del presidente; y desde el punto de vista de los inversionistas extranjeros, la opinión era la misma. En Estados Unidos, el presidente de la Phelps Dodge, en un comunicado enviado al gerente general de la Moctezuma Copper Company en Nacozari, calificó al gobierno federal como débil e incapaz de sostenerse. En una carta girada el 08 de enero de 1913, James Douglas manifestó su preocupación ante la situación que enfrentaba la administración federal y expresó: «...la larga continuidad de los problemas internos y la aparente ineptitud desalentadora del señor Madero presenta un triste panorama».

Para mediados de ese mes, a pesar de que al sur de Nacozari de

García un grupo de rebeldes habían capturado la plaza de Moctezuma y otros ocupaban la población de Bacadéhuachi, entre los nacozarenses no había aún señales de alarma. El 19 de enero de 1913 se celebraron en el pueblo las primeras votaciones para elegir a las nuevas autoridades del ayuntamiento, situación que causó a la empresa serias preocupaciones pues se pronosticaba que ganaría la elección un candidato radical, a quien el gerente calificaba como «desjuiciado».

Conforme pasaba el tiempo, el gobierno del presidente Madero seguía mostrando cada vez más señales de inestabilidad y debilidad política. Justo un mes después de que en Nacozari de García se celebraran las primeras elecciones constitucionales, en la capital del país, un grupo de militares encabezado por el general Victoriano Huerta asestó un golpe de Estado, logrando encarcelar al presidente Madero. Unos días más tarde, el 22 de febrero —después de haber sido obligados a renunciar a sus cargos—, fueron asesinados a traición el presidente Madero y el vicepresidente José María Pino Suárez, mientras eran trasladados a la cárcel de Lecumberri.

La traición de Huerta y de quienes conspiraron con él —incluyendo a un sobrino y yerno del ex presidente Díaz—, provocó el descontento de destacados políticos y militares en distintas partes del país. Nacozari no fue la excepción. La población nacozarense se encontraba nuevamente en pie de lucha impulsada por la ira popular que exigía el desconocimiento del gobierno usurpador. Los ciudadanos del mineral, que desde los primeros años del gobierno de Madero se identificaron con su lucha, se sintieron ultrajados por el asesinato del presidente y la traición de Huerta. Los habitantes de Nacozari reaccionaron con rapidez y estaban dispuestos a lanzarse a las armas contra el nuevo gobierno.

En tanto, en la capital del estado, el gobernador Maytorena dimitía al cargo en razón de las presiones sociales y políticas. Sintiéndose acorralado por la invasión del ejército federal en Sonora; presionado por la exigencia popular que le pedía desconocer a Huerta y por las voces que demandaban que se hiciera justicia en contra de empresarios como él, tomó finalmente la decisión de abandonar la gubernatura. Su posición conservadora al negarse a expropiar a particulares y extranjeros para poder hacer frente al régimen de Huerta fue también, en buena medida, motivo que lo orilló a solicitar licencia para apartarse del cargo por un periodo de seis meses y refugiarse en Tucson, Arizona.

La toma de Nacozari: primera victoria en Sonora contra el gobierno de Huerta

Tras la vacante que dejó Maytorena en el poder ejecutivo del estado, asumió la gubernatura en forma interina el general Ignacio L. Pesqueira, quien finalmente tomó la decisión que su antecesor tanto había postergado. El 04 de marzo de 1913 el gobernador interino envió al Congreso una iniciativa de ley mediante la cual se desconocía en Sonora al general Huerta como presidente interino de la república. El poder legislativo recibió y aprobó sin reservas la propuesta del gobernador, quien al día siguiente promulgó la nueva ley para desconocer en Sonora al gobierno del centro. El acto se había legalmente consumado; Sonora estaba en pie de lucha en contra del régimen usurpador.

Las resistencias y movilizaciones militares tampoco se hicieron esperar; tres días más tarde, se daría en el municipio de Nacozari de García la primera victoria militar en Sonora en contra del nuevo régimen federal. Con la firme convicción de sacar a las tropas federales de los puntos más estratégicos en el estado, los sonorenses empezaron a movilizarse en distintos lugares como Nogales, Agua Prieta y Cananea. Nacozari de García —siendo un importante bastión militar en la sierra—, no podía quedar al margen de las estrategias militares de los constitucionalistas.

El combate para sacar de Nacozari al ejército huertista empezó la mañana del 08 de marzo de 1913 entre quienes se identificaban como «maderistas» y un contingente de 250 efectivos que ocupaban la guarnición federal en el municipio al mando del teniente coronel López. Al poco tiempo de haber iniciado el asalto, lo que parecía una pequeña confrontación entre dos reducidos bandos, se convirtió en un intenso y prolongado combate que impresionó a propios y extraños. En medio de aquella feroz y prolongada batalla que se libraba en el pueblo, el gerente general de la Moctezuma Copper Company, John S. Williams Jr., resultó herido de bala en una pierna mientras intentaba conciliar entre los combatientes.

La batalla se prolongó durante todo el día y su efecto fue tal, que la noticia llegó a los encabezados de principales periódicos en el extranjero. Desde Texas hasta Nuevo México y California, la noticia se publicó ese mismo día en los más importantes diarios de mayor circulación en aquella época. El asalto a la plaza de Nacozari de García fue considerado como la primera batalla que se ganaba en Sonora para sacar de la entidad a las tropas del nuevo régimen.

El enfrentamiento encabezado por los nacozarenses se extendió durante dos días. Entre cañonazos y una lluvia de balas, la ofensiva concluyó con tiroteos y repliegues hasta que, por fin, la mañana del 10 de marzo de 1913, la guarnición federal de la plaza se rindió ante las tropas al mando de Plutarco Elías Calles, Esteban Baca Calderón y Pedro F. Bracamonte, entre otros. Nacozari de García estaba por fin bajo el control de las fuerzas constitucionalistas. Después de 48 horas de combate habían logrado desplazar a las tropas federales y asegurar 80 rifles y una ametralladora que dejaron atrás los federales en su huida hacia Agua Prieta. La victoria de los constitucionalistas en la llamada «toma de Nacozari» era en realidad poco significativa en el contexto nacional, sin embargo, la derrota del ejército federal fue la primera gran victoria en Sonora contra del ejército huertista.

Mientras Obregón trataba de ocupar con sus tropas la plaza de Nogales, Sonora, los nacozarenses habían derrotado ya a los federales en el principal bastión de la sierra. En días siguientes se habrían de registrar otras victorias en Cananea, Agua Prieta y demás puntos de la entidad. Mientras tanto, en tierras nacozarenses, dos días después de la victoria —ya con el ejército derrotado y con la plaza bajo control—, el 12 de marzo de 1913, la Primera División Fronteriza del Ejército Constitucionalista del Estado de Sonora lanzó desde Nacozari de García un manifiesto a los habitantes del estado, convocándolos a unirse para tomar las armas. El extenso manifiesto iba más allá de la ley promulgada una semana antes por el gobernador Pesqueira, pues, además de desconocer públicamente a Huerta, se invitaba a los sonorenses a sumarse y levantarse en armas en contra del gobierno federal. Los integrantes del Ejército Constitucionalista congregado en Nacozari reprobaron las acciones de Huerta y señalaron:

> «...venimos a vengar el sangriento ultraje hecho a la ley cuando asesinan al Presidente de la República y a restituir a cañonazos el derecho de gentes conculcado; venimos a hacernos justicia en representación de todo el pueblo mexicano».

Al movimiento se sumaron los mineros y demás obreros de Nacozari que se identificaban con los ideales maderistas y buscaban venganza tras el magnicidio. En el manifiesto precisaron:

> «...nosotros, los hijos del trabajo y los obreros de la inteligencia, sin medir el peligro y convencidos de que es mil veces preferible perder la vida a conservarla llena de oprobio y de vergüenza, nos hemos lanzado a la lucha armada...»

El nuevo manifiesto sonorense que se firmó y se lanzó desde el pueblo de Nacozari de García tenía un simbolismo muy especial, pues los nacozarenses, en su mayoría, se habían identificado desde el inicio de la Revolución con los ideales del presidente Madero y defendieron con las armas la rebelión que años antes intentaba derrocarlo. Con el asesinato de Madero y Pino Suárez, los nacozarenses fueron los primeros en derrotar en Sonora a las tropas federales en su intento por sacar del estado a los elementos del nuevo régimen.

El movimiento encabezado por las tropas constitucionales logró concentrar en Nacozari a cinco mil hombres entre militares y civiles armados. El manifiesto llegó a todos los rincones de Sonora y a él se sumaron otros destacados militares. Los jefes, oficiales y personal de tropa del Ejército del Estado hicieron suyos los conceptos y principios plasmados en el llamado «Plan de Nacozari». Se sumaron al proyecto el coronel Juan G. Cabral, jefe de operaciones del Ejército del norte del Estado, así como Álvaro Obregón que, con el grado de coronel a cargo de la Columna del Ejército del Norte,[1] estaba impaciente por sacar de Sonora a las tropas federales.

Al poco tiempo, el pueblo de sonorense estaba listo para hacer frente a los acontecimientos; los sonorenses desconocieron a Huerta y estaban dispuestos a luchar para derrocarlo. El levantamiento en Sonora, que nació en Nacozari de García en marzo de 1913, llamó la atención de destacados líderes como el gobernador de Coahuila, Venustiano Carranza, quien logró ver en Sonora no sólo la fuerza militar, sino la unidad política necesaria para encabezar la lucha y derrocar a Huerta.

El feroz documento que se suscribió en tierras nacozarenses fue considerado después como uno de los tres documentos de mayor importancia que se lanzaron desde Sonora durante la Revolución. El llamado «Plan de Nacozari» fue el antecedente inmediato del Plan de Guadalupe, promulgado por Carranza dos semanas después en el estado de Coahuila.

Nacozari como punto estratégico en la Revolución: breve cronología

Nacozari de García, dada su ubicación geográfica en la sierra alta y su oferta de comunicación ágil por medio del ferrocarril y las líneas telegráficas, era considerado un importante y estratégico bastión militar durante el movimiento armado. Al igual que en otros centros mineros, los bandos revolucionarios podían encontrar en Nacozari el potencial no sólo de abastecerse de suministros, sino para encontrar suficientes hombres para incorporarlos a las filas de los ejércitos en combate. Los talleres ofrecían además la mano de obra y el equipo necesario para reparar las piezas de artillería utilizadas en batalla.

Además de los beneficios que ofrecían las instalaciones en Nacozari de García, su ubicación entre las montañas de la Sierra

---

1   Al momento de sumarse al manifiesto de Nacozari, la Columna Ejército del Norte que encabezaba el coronel Álvaro Obregón estaba integrada por 6 jefes y 22 oficiales, además del personal de tropa.

Madre permitía que los combatientes pudieran cruzar la serranía y replegarse por el oriente hacia Chihuahua o al poniente rumbo al río Sonora. El pueblo era considerado como un punto estratégico, pues ofrecía importantes herramientas para el avance y desarrollo de las causas revolucionarias.

El gobernador de Sonora, José María Maytorena, conociendo la influencia maderista en Nacozari, no titubeó en promulgar en octubre de 1912 la ley que elevó a este poblado a categoría de municipio libre. Como aliado del presidente Madero, conocía la importancia de contar con autoridades políticas maderistas constituidas legalmente en un lugar estratégico como lo era Nacozari. No fue casualidad que el pueblo dejara de ser comisaría de Cumpas para convertirse en municipio libre en plena Revolución Mexicana.

El pueblo fue adquiriendo la fama política y militar, y se iba convirtiendo poco a poco en un municipio de relevancia sociopolítica en el noreste de Sonora. Era, por una parte, el único pueblo de toda la serranía sonorense —y en toda la región noreste del estado—, que contaba con una línea de ferrocarril que cruzaba directamente hasta EE.UU. En una época donde el transporte terrestre se limitaba a estrechos caminos de terracería, los trenes fueron importantísimos durante la Revolución, pues con ellos se garantizaban la movilización ágil y eficaz de tropas, armamento y víveres para cualquier bando que tomara el control de las vías. Nacozari no fue la excepción a esta realidad. En 1911, por ejemplo, un pequeño grupo de revolucionarios que contaban con el apoyo de algunos empleados de la empresa minera, lograron capturar el tren de Nacozari a Agua Prieta, proporcionando a los mineros suficiente armamento para su defensa ante los posibles ataques de los que pudieran ser víctimas.

El ferrocarril de Nacozari ofrecía una línea directa con los cuarteles de Agua Prieta, incluso con el extranjero, con lo cual garantizaba el suministro constante de armamento proveniente de EE.UU. La Compañía del Ferrocarril de Nacozari, por su parte, era constante rehén de los acontecimientos. En marzo de 1914, por ejemplo, las tropas al mando del general Francisco Villa incendiaron varios puentes en el tramo hacia Agua Prieta, evitando con ello el movimiento de tropas carrancistas. El gobernador Maytorena, por su parte, aprovechó la situación para su ventaja y giró instrucciones para que se suspendieran las labores de reparación de puentes, pues con ello dificultaba el avance de sus opositores.

Además del ferrocarril como medio de transporte, el telégrafo ofrecía un método rápido de comunicación y mensajería. No fue tampoco una casualidad que en enero de 1913, Maytorena influyera para que la empresa Moctezuma Copper Company detuviera la construcción de una segunda estación radiotelegráfica que se conectaría directamente con el extranjero. El gobernador argumentaba que el servicio de comunicaciones internacionales estaba únicamente a cargo del Estado mexicano; pero en plena lucha revolucionaria, el mensaje de Maytorena se interpretaba como un impedimento evidente para obstaculizar la comunicación extranjera con las tropas enemigas de su gobierno.

En medio de aquél caos bélico y de los vaivenes políticos de la época, donde los gobiernos provisionales se veían en constante necesidad de recursos económicos para sostenerse, empresas tales como la Moctezuma Copper Company en Nacozari en ocasiones brindaban su apoyo económico a las autoridades locales. Sin embargo, a pesar de la buena disponibilidad de la compañía, en abril de 1913 se empezaron a tomar nuevas medidas para obligar al gobierno a poner de su parte y garantizar la seguridad y la tranquilidad de los pueblos. En esas mismas fechas, el gerente general de la empresa informó a sus superiores en Nueva York sobre las negociaciones que había hecho con el gobierno. Había advertido a las autoridades que si se mostraban absolutamente incapaces de mantener el orden o proteger a la población, no recibirían de la empresa ningún tipo de consideración o favores.

Las negociaciones con el gobierno resultaron fructíferas, pues gracias a la oportuna intervención del gobernador interino Ignacio L. Pesqueira, se logró sofocar un conato de huelga encabezado por varios mineros que intentaban unirse en un paro de labores. En mayo de 1913 —envueltos aún en el fervor patriótico que los había unido meses atrás con el derrocamiento de las tropas de Huerta en Nacozari—, algunos trabajadores de la Moctezuma Copper Company que laboraban en la concentradora decidieron suspender sus actividades y exigieron la destitución de dos jefes estadounidenses que describieron como «insoportables» por su mal trato hacia los empleados mexicanos. De igual forma, y en apoyo a sus compañeros nacozarenses, un grupo de cuatrocientos mineros de Pilares se sumaron a las protestas y se negaron incluso a ingresar a las minas en tanto no se resolvieran las demandas de sus compañeros. Afortunadamente, el breve conflicto laboral no pasó a mayores, gracias a las negociaciones que estuvieron directamente a cargo del titular del ejecutivo estatal, quien apeló oportunamente al razonamiento y la prudencia de los trabajadores.

Pancho Villa en Nacozari

Después de la ruptura entre Villa y Carranza en 1914, las diferencias y enfrentamientos entre ambos personajes detonaron nuevamente una guerra que habría de prolongarse por varios años después de la caída de Huerta. La lucha por establecer cada quien su proyecto de nación, intensificó las batallas en distintas regiones del país, cobrando a su paso la vida de miles de civiles y militares.

Tras el fracaso de un intento de reconciliación, se presentó nuevamente en Sonora un escenario dominado por las balas que buscaban definir en los campos de batalla un nuevo modelo político para enderezar el rumbo y gobernar al país. En tanto, el general y empresario agrícola José María Maytorena había regresado a la gubernatura en un ambiente de discordia nacional. Bajo su administración al mando del ejecutivo estatal, se empezaron a evidenciar en el estado los extremos a los que había llegado la división política en el país. Haciendo a un lado a sus viejos aliados, el general Maytorena pactó con su compadre Francisco Villa, atrayendo con ello a Sonora un nuevo capítulo de sangrientas luchas en contra de las fuerzas leales a Venustiano Carranza, comandadas principalmente por Calles y Obregón. Aunque las batallas más decisivas se libraron en otras entidades de la república en 1915, fue en el municipio de Nacozari de García donde las tropas carrancistas empezaron a derrotar desde Sonora a Villa y a sus «Dorados», meses antes de las famosas batallas suscitadas en Celaya, Guanajuato.

El 1º de octubre de 1914 —misma fecha en que Carranza convocó a la Convención de Aguascalientes buscando unificar a los distintos bandos que derrocaron al régimen de Huerta—, los bandos armados en Sonora, por su parte, se enfrentaban nuevamente a balazos en su afán por tomar una vez más la plaza de Nacozari. Pero no se trataba en esta ocasión de una lucha contra el ejército federal, sino de un conflicto entre villistas y carrancistas que buscaban cada quien apoderarse de la plaza.

El asalto inició entre el ejército carrancista al mando del Plutarco Elías Calles con el grado aún de teniente coronel, y de Benjamín Hill, quienes contaban con 3,500 efectivos, que se enfrentaron a la superioridad numérica de los maytorenistas, que lograron sumar a más de 5,200 hombres fuertemente armados. Pero a pesar de la desventaja en la que se encontraban, Calles logró derrotar a las fuerzas de Maytorena —que con el apoyo armado de indígenas yaquis—, habían sitiado Nacozari por tres frentes. Desde el punto de vista militar, el triunfo de los carrancistas sobre las tropas del general Maytorena era ejemplo de una formidable estrategia que ponía de manifiesto la superioridad logística y militar de las tropas carrancistas. Fue precisamente a partir de su victoria en Nacozari de García en octubre de 1914, cuando Calles logró ascender rápidamente, y por méritos propios, al grado de coronel.

Ante las continuas derrotas, Villa siguió, por su parte, con asaltos en distintos puntos de la entidad y, al igual que otros jefes revolucionarios, financiaba sus actividades mediante robos y «préstamos forzados» que lograba obtener de hacendados y extranjeros; confiscando armamento y municiones de particulares; apoderándose del dinero de los bancos utilizando la intimidación como método para obtener el botín. Villa conocía las riquezas de las minas de Nacozari de García y la bonanza que existía en la población. La facilidad en el transporte que ofrecía el ferrocarril, hacía de Nacozari un punto idóneo para abastecerse no solamente de metales preciosos, sino de dinero en efectivo.

En los primeros días de noviembre de 1915, a un año después de la derrota de villistas en Nacozari —y mientras el pueblo se preparaba para conmemorar el aniversario luctuoso del héroe que los salvó de una explosión de dinamita—, Villa, en contraste, amenazaba a los nacozarenses con dinamitar las minas y las instalaciones de la empresa si no se le entregaba la cantidad de 25,000 dólares para seguir financiando su guerrilla.

Mientras que en la ciudad de Cananea los directivos de la empresa accedían a los caprichos de Villa, en Nacozari la gerencia de la Moctezuma Copper Company se negó a ceder ante las extorsiones de aquel Villa derrotado que vivía de la rapiña. Tras la desarticulación de la antes poderosa División del Norte en las derrotas de Celaya en mayo de ese año, el movimiento villista, que un principio se había caracterizado en por sus firmes convicciones revolucionarias, era ahora un movimiento aislado conformado por bandoleros leales a su líder.

Ante la ola de las amenazas, y en vista de la urgente necesidad de defender la plaza de posibles ataques villistas, Nacozari y Pilares aportaron en 1915 dos contingentes militares al distrito de Moctezuma bajo el mando del teniente coronel Jesús Aguirre. Se les conoció a estos como el Batallón de Pilares y los Voluntarios de Nacozari.

Sin embargo, a pesar de los esfuerzos de la población, los ataques siguieron formando parte del diario vivir. A consecuencia del caos, en octubre de 1915 varias empresas, incluyendo la Moctezuma Copper Company, se vieron en la necesidad de detener sus operaciones ante el éxodo de trabajadores tanto extranjeros como mexicanos que salían al extranjero en busca de mejores condiciones de vida. Era el inevitable resultado de la crisis social que se vivió durante todo aquél año en el pueblo.

A la desolación se sumó un nuevo golpe para los habitantes de la zona. En los últimos días de diciembre de 1915, los «dorados» de Villa intentaron atacar Nacozari nuevamente. En aquella ocasión, un grupo de aproximadamente 500 villistas al mando del general José E.

Gutiérrez, lanzaron el 30 de diciembre un ataque sobre la plaza. Los soldados de Villa habían hecho anteriormente dos intentos desesperados de asalto sobre la población con el propósito de abastecerse de provisiones. Por su parte, el capitán Meza, quien estaba a cargo de la defensa de la plaza, solicitó refuerzos para poder hacer frente a los rebeldes. Desde Estación Esqueda, Calles envió sus tropas al mando del general Laveaga para brindar refuerzos a la población. Volvía a Nacozari el caos bélico y la lluvia de balas. Después de un enfrentamiento, las tropas de Calles lograron vencer una vez más a los villistas, quienes sufrieron numerosas bajas en el asalto a pesar de la superioridad numérica con la que contaban. La derrota los obligó nuevamente a huir por la Sierra Madre rumbo a Chihuahua. A partir de ese entonces los nacozarenses volvieron a vivir de nuevo un periodo de relativa paz y tranquilidad. Las operaciones mineras, por su parte, lograron poco a poco estabilizarse conforme llegaban al pueblo nuevos refuerzos para defender la plaza contra posibles nuevos ataques.

Gracias a la oportuna intervención de los ciudadanos de Nacozari de García que se unieron a las tropas federales en su intento por defender a la población, lograron detener los planes de Villa —quien en sus constantes intentos por abastecerse de parque y suministros—, intentó en repetidas ocasiones concluir a la fuerza lo que la dinamita no había terminado aquel 7 de noviembre de 1907, cuando el joven maquinista Jesús García impidió con su vida una tragedia de mayores proporciones.

A pesar de las constantes derrotas, no todo estaba perdido para las pocas tropas villistas que aún quedaban en la región. Para mediados de mayo de 1915, las fuerzas maytorenistas derrotaron a los carrancistas al sur de Nacozari, forzando a las fuerzas de Calles a retirar sus tropas y a los funcionarios de gobierno en los puntos de la vía del ferrocarril de Agua Prieta a Nacozari. La situación de caos que generaba inestabilidad causó nuevamente la salida del personal de las minas, dejando a la empresa minera con poca mano de obra tanto en las minas como en la concentradora.

Al igual que otros pueblos mineros, en Nacozari se vivió un

clima de inestabilidad marcado por un escenario de guerra que se extendió desde finales de 1914 hasta mediados de 1916. Los enfrentamientos armados entre las fuerzas de Calles y del general Maytorena trajeron un caos que se tradujo en destrucción de los puentes del ferrocarril que comunicaban a Nacozari con Fronteras y Agua Prieta. La situación dificultaba las actividades mineras, pues el incendio de puentes detenía constantemente el ingreso de suministros y mercancías, provocando una disminución en la importación de productos básicos en la región. La incomunicación impedía también a la exportación del mineral, con lo cual se retrasaba considerablemente la actividad económica.

El 13 de marzo de 1916, un contingente de 700 a 800 soldados carrancistas salió de Agua Prieta en un convoy con diez carros del ferrocarril cargados de provisiones y parque con rumbo a Nacozari para reunirse con las tropas de Calles, donde se habían concentrado más de 2,200 hombres. Días más tarde llegaron desde Cumpas, Sonora 1,000 soldados de caballería. Desde ahí defenderían la frontera oriente de Sonora. Fue este uno de los últimos movimientos de tropas en Nacozari que se desplazaban para defender la plaza.

En 1916, el destacado diplomático y escritor mexicano Luís Vicente Cabrera Lobato reconoció la valentía y el esfuerzo del pueblo de Nacozari de García y expresó: «Sonora es para la República lo que Nacozari es para Sonora».

> «Cuando la dinamita del villismo entró a Sonora, Nacozari se aprestó a sacarla para que estallara en otra parte, como Jesús García sacó los carros de dinamita de este pueblo...»
>
> —Luís Vicente Cabrera Lobato, 1916
> Político, diplomático y escritor mexicano

Silvestre Rodríguez Olivares: el cantor de Nacozari

La cultura y el folclor sonorense resaltan y se distinguen por su amplia variedad de expresiones artísticas que identifican al pueblo de Sonora. Desde el carácter alegre del hombre serrano en las montañas de Sonora, hasta la tranquilidad del costeño con sus tradiciones en las majestuosas playas del mar de Cortés, el estado de Sonora ofrece una incomparable y rica gama de cultura y tradición.

La identidad única de los sonorenses no ha sido estática, pues el paso de los años ha permitido que la cultura que identifica al pueblo de Sonora siga creciendo a pasos agigantados. El amplio repertorio cultural ha sido el resultado del esfuerzo de destacados artistas que no necesariamente fueron todos sonorenses, pero fue tanto el amor a esta tierra, que decidieron hacer de ella su hogar.

En la historia sonorense han sido tradicionalmente mínimas las muestras de cariño que el pueblo ha brindado a ciertos fuereños. En 1910, por ejemplo, el propio Francisco I. Madero, fue víctima del rechazo al llegar al estado en busca del apoyo para su candidatura a la presidencia de la república. Existieron, sin embargo, otros personajes que se ganaron el respeto y el cariño del pueblo sonorense; personajes que la memoria colectiva aún recuerda con gran cariño y que hasta el día de hoy se les sigue admirando por su gran trascendencia histórica y su contribución al folklor de la entidad. Tal fue el caso de Silvestre Rodríguez Olivares, el reconocido y legendario músico y compositor que enriqueció considerablemente con sus obras el mosaico cultural del estado de Sonora.

El místico compositor tuvo sus origines muy lejos de tierra sonorense en el seno de una familia humilde. Nació en Sahuayo, Michoacán en diciembre de 1874, aunque otras fuentes indican que fue en 1877. Fueron sus padres el señor Gabriel Rodríguez y la señora Juliana Olivares de Rodríguez.

Desde muy temprana edad, el pequeño Silvestre empezó a dar muestras de un talento innato, y no era para menos, pues heredó de su padre conocimientos básicos de la música que a su vez permitieron que se desarrollara en él la pasión y el amor por la cultura y las artes. El talento que demostraba el pequeño genio obligó a don Gabriel a dedicar más tiempo de lo acostumbrado a la formación musical de su hijo; instruyéndolo no sólo académicamente, sino en el conocimiento del solfeo y la ejecución musical. Sus padres veían en el pequeño Silvestre un talento que lo podía llevar a la realización de los sueños e ideales que en aquella época don Gabriel, por razones económicas no tuvo la oportunidad de alcanzar.

Ya para finales de la década de 1880, el pequeño Silvestre empezó a componer hermosas melodías que, aunque sencillas en su estructura musical, eran el claro resultado del empeño que su padre había dedicado a la formación del pequeño talento. Lamentablemente en aquella época, las limitaciones económicas de la familia Rodríguez no permitieron que las primeras composiciones del joven fueran debidamente editadas y registradas ante la ley para evitar que le fueran robadas.

Con el acelerado paso de los años, el talento musical de Silvestre Rodríguez seguía creciendo, se enriquecía y se desarrollaba en forma considerable. Desde muy temprana edad tuvo la oportunidad de participar en pequeños conjuntos musicales, orquestas y demás agrupaciones donde se le brindaba espacio para mostrar su talento en la ejecución de distintos instrumentos. Desde muy pequeño demostró ser un excelente ejecutante de violín y oboe. Fue esa la base que el joven tomó para cimentar después una carrera que con el tiempo le brindaría el reconocimiento que buscaba para él y su familia.

Cuando el pequeño músico empezaba a demostrar su aptitud para la composición musical, la familia se vio en la necesidad de migrar hacia otro estado de la república. Fue así como abandonaron la ciudad de Sahuayo, Michoacán con rumbo a Colima. La salida de su estado natal rumbo a nuevos lugares no disminuyó ni detuvo en lo más mínimo el talento de aquél joven, pues ya establecido en Colima, tuvo nuevamente la oportunidad de expandir sus conocimientos en la música.

Su capacidades artísticas le permitieron formar parte de la Orquesta Sinfónica de Colima en la década de 1890. Anteriormente también había formado parte de la Orquesta del Valle, que recorría varios estados de la región. Fue en esos años cuando aprendió a tocar el piano en forma lírica.

Cuando su carrera como músico profesional empezaba a despuntar, la familia se vio nuevamente en la necesidad de migrar hacia otro lugar de la república. Fue así como partieron rumbo al estado de Baja California Sur en la década de 1890. El constante traslado de residencia no menguó el talento del joven; pues, por el contrario, conforme recorría distintas regiones de México, iba creciendo y expandiéndose en él un conocimiento musical que le permitió años después componer bellas melodías que aún se siguen recordando en las nuevas generaciones.

Ya estando en aquel lugar del país, se abrieron nuevas puertas y con ellas la posibilidad de participar en otros grupos y orquestas, hasta que el destino le presentó una grandiosa oportunidad que pocos músicos hubieran desaprovechado. Su desempeño como músico le mereció el privilegio de dirigir personalmente la Orquesta Oficial de la Paz. Aunque la nueva encomienda no duró mucho, su permanencia en ella le ayudó considerablemente a seguir creciendo como músico y enriquecer su nato talento.

Al igual que su residencia en Colima, su paso por la península de Baja California fue algo efímera. Nuevamente se vio en la necesidad de buscar nuevos horizontes, movido tal vez por una situación económica que lo obligaba a buscar mejores condiciones para la familia. Su nuevo destino era Sonora, lugar al que llegó a finales del siglo XIX, desembarcando en el puerto de Guaymas para luego partir a los pueblos mineros de La Colorada y Minas Prietas, pueblos que destacaron por sus actividades económicas a finales de aquél siglo. En

La Colorada radicó por espacio de dos años y participó como músico en compañía de su padre.

Pasado el tiempo se incorporó a la orquesta del Circo Atayde Hermanos durante su paso por Sonora. Su presencia en la empresa cirquera le permitió recorrer y conocer varios lugares de la geografía sonorenses como Hermosillo, Cajeme, Navojoa, Altar, entre otros. Estuvo con el circo un tiempo, pero la carrera de músico lo obligaba a buscar constantemente oportunidades para su crecimiento y desarrollo. La necesidad de encontrar el sustento para él y su familia, lo orillaba a mudarse frecuentemente de ciudad en ciudad. Aunque su paso por el Circo Atayde Hermanos no fue muy duradero, sus viajes en compañía de la orquesta le permitieron conocer muchos lugares del estado. Durante su paso por el norte del país tuvo también la oportunidad de radicar por un breve espacio en la ciudad fronteriza de Nogales, Arizona, lugar donde compuso «La Nogalense», en honor a las mujeres del vecino pueblo de Nogales, Sonora.

La llegada de Silvestre Rodríguez en Nacozari

En sus constantes recorridos por Sonora, logró llegar también a la ciudad de Agua Prieta y por consecuencia a Douglas, Arizona en Estados Unidos. Estando en esa ciudad, se desempeñó como músico y maestro de música, impartiendo clases de solfeo a niños y jóvenes.

Estando en este lugar tuvo la oportunidad de conocer a un oculista de apellido Waltz, con quien hizo y compartió una buena amistad. En una ocasión, durante su estancia en la ciudad de Douglas, Arizona, el doctor Waltz lo invitó de cacería un fin de semana a la sierra de Nacozari. Fue así como el experimentado compositor llegó por primera vez al pequeño pueblo minero la tarde del 15 de abril de 1905 a bordo del tren número 56, según relataba el propio compositor.

Fue esa la gran oportunidad que tuvo el músico para conocer el pueblo donde radicaría en forma definitiva el resto de su vida. Transcurrían los primeros años de la década de 1900 y fue a partir de ese viaje cuando el maestro tomó la decisión de por fin asentar raíces en ese pintoresco lugar de la sierra sonorense. A pesar de que

PRIMERAS COMPOSICIONES DE SILVESTRE RODRÍGUEZ

Uno de los más destacados alumnos de don Silvestre Rodríguez, el maestro y compositor Manuel S. Acuña relataba que don Silvestre dio a conocer su inspiración y talento en su primera composición a la que puso como título: *Pueblito*.

por mucho tiempo había recorrido distintos estados de la república y varios pueblos de Sonora, al llegar a Nacozari quedó maravillado por la hermosura de los paisajes y la distinta arquitectura de aquel pueblo que apenas nacía. Era un pueblo completamente distinto a los que había conocido en Sonora. Fue en este lugar donde conoció y contrajo matrimonio con la señorita Delfina León Othón el 31 de agosto del mismo año en que llegó al pueblo.

Desde su llegada al pequeño pueblo de Nacozari en la serranía sonorense, Rodríguez Olivares vio las posibilidades de sobrevivir en un pueblo cuya principal actividad económica giraba en torno en la minería y que en los primeros años del siglo XX se encontraba en pleno crecimiento industrial tras la llegada del ferrocarril y la expansión de las minas.

El pueblo de Nacozari, rodeado de montañas y un atractivo caserío al estilo «americano», fue por el resto de su vida el escenario perfecto donde creció como músico y compositor, inspirado por la belleza de aquél místico lugar.

Ya cuando logró establecerse formalmente en Nacozari, el «Tío Tete», como también le llamaban de cariño, formó rápidamente una pequeña orquesta que él mismo dirigió. Entre los más destacados músicos de su agrupación sobresalían el «Timbo» en el trombón, don «Pedrito» como violinista y Tranquilino en el chelo. Formaron también parte de la orquesta Cayetano Moreno, originario de Moctezuma, Sonora y *Tegua Larga* Durazo, oriundo del pueblo de Granados. Silvestre, por su parte, alternaba en la ejecución de flauta y violín. En compaña de sus músicos logró amenizar los eventos sociales del pueblo y fue precisamente en ellos donde conoció y se hizo amigo del joven maquinista Jesús García Corona, quien se convertiría tiempo después en el héroe de Nacozari.

La llegada a este pueblo donde dominaba la industria minera y ferroviaria, representaba para el músico un reto para asentarse y echar raíces, pero gracias a su decisión y desempeño supo sobrevivir en aquél lugar aun cuando las principales actividades económicas giraban en torno a la minería.

Nacozari le brindó a Silvestre Rodríguez muchas oportunidades que supo siempre aprovechar. Además de componer numerosas melodías y desempeñarse como músico ejecutante, trabajó por mucho tiempo como maestro de música, tanto en forma particular, como en las escuelas primarias oficiales. Si bien el destino le había brindado la oportunidad de crecer musicalmente y formar un hogar al lado de su joven esposa, la suerte le negó al músico michoacano la posibilidad de procrear hijos y consolidarse como padre de familia. Aunque tuvo la oportunidad de criar a su sobrina Rosario Viondiola, la ausencia de hijos propios que pudieran heredar su talento y su amor por las artes, fue tal vez lo que motivó en él un aprecio especial por la niñez. Su encanto fue tal que compuso y dedicó en una hermosa pieza musical a la que puso por nombre *Primeras flores de primavera* y dedicó a niños de primaria, logrando editarla y registrarla debidamente en la década de 1920.

Pero no fueron sólo los niños quienes se formaron musicalmente bajo las enseñanzas de don Silvestre. Fueron también sus alumnos varios destacados compositores sonorenses que con el paso del tiempo alcanzaron también la fama en distintos escenarios nacionales e internacionales. Tal es el caso de Leonardo Yáñez «El Nano» y Manuel S. Acuña, ambos reconocidos compositores que trascendieron por su contribución al acervo cultural de México y su exaltación en el extranjero. Se puede decir, por lo tanto, que las canciones que llevaron a estos compositores a la fama, fueron posible gracias a la formación que alguna vez les ofreció el maestro Rodríguez en el pueblo de Nacozari.

Los periódicos locales de los años treinta describían en Nacozari las actividades de ilustre compositor. En septiembre de 1935, por ejemplo, el semanario local *El Nacozarense* publicó una breve nota publicitaria donde señalaba lo siguiente:

> «Este humilde y popular compositor se ha pasado la mayor parte de su vida radicando en este mineral y tiene más de mil piezas inéditas; pues diariamente produce y siempre se le encontrará al lado de su mesa escribiendo lo que produce su exuberante cerebro».

La Pilareña: himno del pueblo sonorense

Entre las numerosas piezas que engalanan el repertorio musical de don Silvestre hay una en particular que por su fama y reconocimiento nacional, destaca del resto. Al recordar las contribuciones culturales que este afamado compositor heredó al estado de Sonora, es importante hacer una pausa para brindar un trato especial a una pieza de enorme valor artístico, histórico y cultural: *La Pilareña*, una polka que lo inmortalizó como hijo adoptivo en tierras sonorenses.

El historiador sonorense Ángel Encinas Blanco señaló en alguna ocasión que *La Pilareña* bien podía considerarse como «la bandera revolucionaria en Sonora». En el mismo sentido opinan el sociólogo sonorense Enrique Vega Galindo y el historiador Rodolfo Rascón Valencia. Pero no sólo los investigadores coinciden en ello, sino en general, el pueblo de Sonora y sus alrededores están de acuerdo en la idea de que esa tradicional polka es una de las piezas musicales más representativas del pueblo sonorense.

La armoniosa pieza escrita para piano fue compuesta en la primera mitad del siglo XX. La canción acompañada por música al estilo de polka fue escrita y dedicada por el autor a doña «Loreto», una valiente mujer nacida en la sierra alta de Sonora que destacó por su activa participación en la lucha armada durante los conflictos que desató la Revolución Mexicana en el noroeste de México.

Su nombre era Loreto Durazo de Moreno. Nació en Villa Hidalgo, Sonora cuando al pueblo se le conocía aún con el nombre de Óputo. Contrajo nupcias con el joven Laureano Moreno con quien procreó cuatro hijos. En busca de mejores oportunidades, la familia salió de su pueblo con la intención de radicar en el mineral de Pilares de Nacozari, a unos kilómetros de su tierra natal. Pilares se encontraba a principios del siglo XX en plena efervescencia minera, y la bonanza de sus minas atraía a muchísima gente de distintas partes del país y del extranjero.

Desde su llegada al mineral, doña Loreto se dedicó al comercio y abrió en Pilares una tienda que llamó «La Popular», donde vendía distinto tipo de mercancías para los lugareños. Mientras ella desarro-

«...no era oriundo de Sonora, pero su música es netamente sonorense, con el sello sonorense y compuesta en la entidad; y quien no lo crea, nada más que escuche esa chulada de jacarandosa alegría que es La Pilareña, que bien pudiera tomarse como la bandera revolucionaria en Sonora, como lo fue "La Adelita" en la república entera».

—Ángel Encinas Blanco

llaba activadas mercantiles en el pueblo, su esposo trabajaba como transportista en la región. Don Laureano laboraba como chofer de carruajes tirados por mulas en los cuales transportaba bienes que conseguía en la capital y a lo largo del río Sonora.

Se dice que doña Loreto era una mujer bravía y guerrillera. Desde 1905 se inició en las actividades pre revolucionarias, brindando su apoyo a destacados líderes huelguistas. Fue así como se afilió a la Unión Industrial de Trabajadores Asalariados de Cananea, con sucursal en Pilares de Nacozari. Para finales de la década de 1900 tenía ya conocimiento de las causas maderistas y simpatizaba con los ideales de los líderes revolucionarios de la época. El historiador y sociólogo Enrique Vega Galindo la describe así:

> «...aunque casada, montaba ágilmente un brioso y fino corcel obediente a la rienda, alborotando a la "gallera" con su carabina 30-30, lanzando balazos al aire, era lumbre la mujer, de esas a quienes se les ocurre apagar un incendio con gasolina».

En el contexto de la historia revolucionaria, el mineral de Pilares de Nacozari fue un centro de mucha actividad, no sólo minera, sino política y militar. Ya para 1913, por ejemplo, al enterarse del golpe de Estado de Victoriano Huerta y del asesinato del presidente Madero, algunos pilareños que simpatizaban con la lucha maderista, empezaron a reunirse en secreto buscando planear en forma clandestina algún levantamiento armado para protestar contra el gobierno usurpador. Doña Loreto, por su parte, buscaba la oportunidad para incorporarse a la lucha, empuñado las armas si fuera necesario. La oportunidad se presentó años más tarde cuando el gobierno tomó la arbitraria decisión de clausurar los templos católicos y restringir las actividades religiosas, pues se acusaba a los feligreses de ser enemigos del sistema político. Fue durante este conflicto cristero en México cuando doña Loreto Durazo se incorporó por fin de lleno a la lucha armada. Fue una mujer que destacó por su valentía y su espíritu de lucha.

Loreto Durazo, «La Pilareña», fue en el norte de México, al igual que muchas mujeres sonorenses, un personaje ligado a las ideologías de su tiempo. Aunque no todas las mujeres tuvieron una participación activa en la lucha armada, destacaron, como doña Loreto, aquellas que intervinieron dentro del conflicto. Mientras unas permanecieron en sus pueblos, otras empuñaron las armas para sumarse a la guerra en calidad de enfermeras, soldaderas y espías.

Aunque la historiografía de la Revolución Mexicana se enfoca, en su mayor parte, en el hombre y su papel protagónico en la lucha, la mujer desempeñó también un papel importantísimo en el desarrollo de la historia. Las omisiones de la historia respecto a la mujer son evidentes y son un claro ejemplo de la necesidad que existe de incluir su figura en los procesos de la historia regional. Fue tal el impacto de la mujer que, a pesar de que hubo muchos varones que destacaron Nacozari de García durante la Revolución Mexicana, a ninguno de ellos se les premió con un himno a su memoria. Fue, por el contrario, una mujer sonorense la que le dio vida a la historia revolucionaria nacozarense. Y el maestro Silvestre Rodríguez fue precisamente el autor de ese gran homenaje que en las nuevas generaciones sigue siendo un verdadero himno sonorense.

Los antecedentes de su lucha y el escenario de guerra que se vivía en plena Revolución Mexicana fueron los elementos que inspiraron a don Silvestre a componer la famosa polka *La Pilareña* aproximadamente en 1912 en el propio pueblo de Pilares de Nacozari. Ya para la década de 1920, empezaron a proliferar las canciones revolucionaras, cuya letra relataba los acontecimientos de años atrás. Fue precisamente en el ocaso de la Revolución cuando —según relata el historiador Rodolfo Rascón Valencia—, don Silvestre le puso letra a su conocida polka. Se dice también que no hubo mucha aceptación hacia la letra de la conocida pieza, pues preferían que se ejecutara en forma instrumental.

La famosa pieza musical gozó de mucha fama desde sus inicios, pero no fue sino hasta 1959 cuando el maestro Rodríguez decidió editarla formalmente y registrarla en México conforme a la ley[1]. Esta

---

1   Los derechos de autor de *La Pilareña* permanecen vigentes hasta el año 2059, según se estipula en las leyes sobre derechos de autor.

LA PILAREÑA
Silvestre Rodríguez © 1959

Vibrante el clarín retumbó
allá en las cumbres, allá en las altas peñas.
Un treinta-treinta al momento pidió
la Pilareña que nunca se rindió.
(Se repite)

A toditos les dijo radiante:
¡Arriba muchachos!
Y cogiendo su rifle al instante
al frente marchó.
(Se repite)

Vibrante el clarín retumbó
allá en las cumbres, allá en las altas peñas.
Un treinta-treinta al momento pidió
la Pilareña que nunca se rindió.

Valiente pilareña que tanto animabas,
que en medio de las balas alegre cantabas;
hoy todos te recuerdan, hoy todos te alaban
porque sin duda fuiste quien a Sonora hiciste honor.
(Se repite)

Patria de amor
tus glorias yo cantaré
y con valor
tu nombre defenderé.

(Música)

Valiente pilareña que tanto animabas,
que en medio de las balas alegre cantabas;
hoy todos te recuerdan, hoy todos te alaban
porque sin duda fuiste quien a Sonora hiciste honor.

Vibrante el clarín retumbó
allá en las cumbres, allá en las altas peñas.
Un treinta-treinta al momento pidió
la Pilareña que nunca se rindió.

alegre polka escrita originalmente para piano ha sido interpretada en muchísimas versiones: desde orquesta típica de Sonora, hasta banda sinaloense, música norteña y en el sur al estilo de mariachi. Trascendió no sólo en el estado de Sonora, sino en el resto de México y el extranjero, pues en cada lugar del mundo donde se encuentre un sonorense, seguramente vibrará de alegría al escuchar las alegres notas de *La Pilareña*.

Otras composiciones famosas

Tu Mirada

Sin duda, una de las composiciones más famosas y reconocidas de don Silvestre Rodríguez ha sido el vals *Tu Mirada* que él describió como «vals caprichoso». Lo compuso en 1895 en el pueblo fronterizo de Naco, Sonora.

La inspiración le llegó al maestro Rodríguez cuando acudió en compañía de una orquesta a tocar en una boda. Durante la presentación, una linda joven se le quedaba mirando insistentemente. Fue así como nació el nombre del vals que después de medio siglo alcanzara la fama a nivel nacional en la inconfundible voz de Javier Solís.

Fue tanto el alcance que tuvo la composición que las notas del vals lo acompañaron literalmente hasta su tumba, pues las primeras notas de la partitura fueron grabadas en la lápida como recuerdo perenne de su talento.

Suspiros y lágrimas

El vals *Suspiros y lágrimas* es —al igual que *Tu Mirada*—, una de las obras musicales más famosas del compositor Silvestre Rodríguez. La pieza fue grabada por primera vez en New Jersey, Estados Unidos en enero de 1915 bajo la conducción de Walter B. Rogers, director de la orquesta Víctor Band.

Actualmente, la Biblioteca del Congreso de los Estados Unidos cuenta con un ejemplar de la grabación dentro de sus archivos históricos. La pieza musical fue registrada en México en agosto de 1908, según consta en el Diario Oficial de la Federación. Cuatro años más tarde, en 1912, fue registrada también en los Estados Unidos, siendo distribuida inicialmente en Los Ángeles, California. Don Silvestre dedicó este vals a su amigo Ernesto Ocaranza Llano, jalisciense de Atotonilco a quien que conoció en Pilares de Nacozari, y que de no haber fallecido al poco tiempo de haberlo conocido, hubiera editado y registrado en Nueva York toda su música, según el propio Ocaranza le había prometido. Don Ernesto no partió de este mundo sin haber recibido de don Silvestre un hermoso regalo. El hermoso titulado *María Luisa* fue expresamente compuesto y dedicado en honor a María Luisa Ocaranza, hija de su amigo Ernesto.

El vals *Suspiros y lágrimas* es un ejemplo más de la música tradicional mexicana inspirada en Nacozari de García que logró traspasar fronteras logrando alcanzar el éxito también en el extranjero.

A mi primer amor

Canción en rimo de fox-trot compuesta en la década de los años 30. Alcanzó la fama en Estados Unidos al ser grabada por primera vez y con gran éxito por el grupo «Los Madrugadores» en Los Ángeles, California.

En México se sigue interpretando por música de banda sinaloense, mariachi, música norteña y demás géneros de la música regional mexicana. Hasta la fecha se sigue reproduciendo en distintos géneros y escuchando con gran aceptación entre las nuevas generaciones.

Déjame llorar

Vals dedicado por el maestro Rodríguez al señor Ignacio González Baz y a su señora esposa. Esta canción-vals tiene un valor histórico muy particular, pues fue interpretada por los amigos y alumnos del compositor mientras expiraba sus últimos alientos la noche de su fallecimiento en Nacozari de García. Fue grabada en los años 70 por el mariachi «Los Camperos» de Nati Cano en California, Estados Unidos. Fue editado y registrado por al autor en 1954 en los Estados Unidos.

«Experiencia inolvidable fue escuchar alguna vez, en la tibia madrugada, los cadenciosos acordes de *Suspiros y lágrimas*; llegar de alguna casita en la falda del cerro, con las claras notas del cornetín entrecortado por la brisa mañanera … Toda una generación de nacozarenses ha soñado y gozado a los acordes de su dulce melodía».

—Cuauhtémoc L. Terán

El Costeño

«...si la hubiera oído Beethoven, la hubiera firmado».

—Gonzalo Martínez Ortega (1934-1998)
Productor y director de cine mexicano

El Costeño es, a la par de *La Pilareña*, una de las piezas musicales de corte alegre más reconocidas de don Silvestre. Sus alegres notas forman parte de un famoso fox-trot representativo del pueblo sonorense. Fue compuesto por el profesor Rodríguez en la década de 1920 cuando estaba en su máximo apogeo la música al estilo de jazz en los Estados Unidos. Es una pieza originalmente escrita para música tradicional de orquesta típica de Sonora, o bien, para música de jazz, pues —además de piano—, su partitura original está diseñada para ejecutarse por un ensamble de violines, contrabajo, trombón, flautín, cornetín y saxofón.

Fue grabada por primera vez por la Orquesta Internacional Novelty, de Nueva York, Estados Unidos en junio de 1922 bajo la conducción del afamado director musical Nathaniel Shilkret. La tradicional pieza sonorense ha sido grabada hasta épocas recientes en distintos géneros musicales recibiendo al igual que ayer la misma aceptación que recibió en los años veinte.

La alegría de sus magistrales notas ha contagiado por igual a nuevas generaciones. En Sonora, por ejemplo, en un documental sobre el héroe de Nacozari donde se incluyó la música del maestro Silvestre Rodríguez, el director de cine mexicano Gonzalo Martínez Ortega quedó tan fascinado durante los ensayos que pidió que *El Costeño* se repitiera y una y otra vez. Se atrevió a decir, incluso, que el mismo Beethoven la hubiera firmado si hubiera escuchado.

San Isidro

Entre las historias detrás del amplio repertorio de este ilustre compositor, una de las anécdotas más curiosas que giran en torno a su música es quizás la historia sobre la composición de su pieza titulada

San Isidro, obra registrada en el año de 1949.

En una ocasión —con motivo de las fiestas patronales de San Isidro en el pueblo de Granados Sonora—, el maestro Rodríguez recibió una invitación por parte de don Andrés L. Mada, un destacado personaje de Hermosillo, Sonora, quien lo invitó a participar, al lado de famosa orquesta hermosillense «Jazz Rojo» en las fiestas del pueblo.

Para el efecto, le solicitaron que llevara alguna pieza para amenizar con algo novedoso las fiestas patronales de aquél pintoresco pueblo. Don Silvestre aprovechó la ocasión para componer una nueva pieza en honor al santo patrón de Granados y estrenarla con la orquesta que venía de Hermosillo y que habría de acompañarlo en el estreno de su nueva pieza.

Llegado el momento de ejecutar su nueva composición, los habitantes de congregaron alrededor del templo en la plaza principal del pueblo. Esperaban con ansias la nueva melodía, pues se trataba de una composición expresamente dedicada a su santo patrono y sabían, de alguna manera, que llevaba algún tipo de dedicatoria para la gente del pueblo. La partitura estaba lista; los instrumentos afinados y los músicos listos esperando las órdenes del director para arrancar con la ejecución de aquella pieza que tanta expectativa había causado. Con el inesperado estilo de rumba, el asombrado auditorio escuchaba la música que acompañaba la pieza que llevaba el nombre de *San Isidro*. Para sorpresa de muchos se trataba de una melodía de corte «chusco», al estilo alegre del fox-trot y rumba que, lejos de asimilarse a la música sacra, invitaba a ponerse de pie y bailar al ritmo de las alegres notas de aquella pieza.

Ante el descontento generalizado causado por aquella sorpresa —y ante lo que ellos consideraron una irreverencia al no tratarse de una composición religiosa en honor a su santo patrono—, se dice que empezaron a maldecir a los músicos, obligándolos a detener la ejecución en medio de una ola de amenazas y aspavientos. La molesta turba orilló a los músicos a bajar del escenario, obligándolos a correr ante una lluvia de piedras que algunos propinaban mientras los espantados músicos huían a pie rumbo al vecino pueblo de Huásabas. No tuvieron ni si quiera la oportunidad de terminar la ejecución de la alegre pieza, según relata el historiador Rodolfo Rascón Valencia.

La melodía, que el día de su estreno no fue del completo agrado de los granadeños de aquella época, se acompaña de una graciosa letra que dice:

A San Isidro siempre he querido
porque él me ha dado lo que le pido.
Hace ya tiempo soy su devoto
y no me cambio nunca con otro.

Otras composiciones

Fue en el pueblo minero de Nacozari de García donde el maestro Rodríguez desarrolló con más énfasis su carrera como músico, maestro y compositor. Fue en este lugar, enclavado en la sierra de Sonora, donde encontró una gran cantidad de bellas mujeres que fueron por muchos años su musas de inspiración y le permitieron componer hermosas melodías que llegaron a hacer historia. Para el vals *Belén*, por ejemplo, se inspiró en la señorita Belén Quiroga, a quien le dedicó la composición en 1917. El vals *Celina*, compuesto en la década de 1930, lo dedicó a la señorita Celina Montaño; el vals *Sueños de Eva*, lo dedico a la señorita Eva Torres Ibarra; la canción-vals *María Clarissa* la dedicó en 1941 a la señorita María Clarissa Vázquez Quiroga; *Isabel* la dedicó a Isabel «Chabelita» Figueroa; *Enriqueta* fue para Enriqueta Montaño y el intermezzo *Cenizas* lo dedicó a doña Enriqueta de Parodi, prolífica escritora sonorense. Y así sigue la amplia lista de hermosas damas nacozarenses a quienes don Silvestre dedicó gran parte de sus bellas obras musicales.

Desde Nueva York le llegaban puntualmente a don Silvestre los cheques por concepto de las regalías de sus composiciones. Para mediados de la década de 1930 recibía de la disquera Brunswick Records Corporation los pagos que oscilaban entre los 50 dólares: lo equivalente a dos o seis centavos de dólares por cada disco vendido que incluyera su música, según los contractos que había firmado.

La inspiración le llegaba al maestro Rodríguez de muchas formas, especialmente por la noche al momento de recostarse. A un costado de su cama conservaba siempre hojas pautadas, listas para plasmar en ellas las notas tan pronto como llegaban a su mente durante la noche. Al despertar, se dirigía a su piano acompañado por las notas que había anotado la noche anterior. Cuando era necesario escuchar sus composiciones en voz de un cantante, llamaba a amigos y vecinos, a quienes pedía que interpretaran las canciones que había compuesto. De esta forma podía escuchar de viva voz la letra de las melodías que componía y así estudiar y analizar los registros de voz para cada una de las canciones.

Don Silvestre viajaba constantemente a los Estados Unidos y en una ocasión, estando en aquél país, le regaló al pueblo estadounidense una composición titulada *Cuatro de julio*, en honor a la fecha en que se conmemora la independencia de ese país. A la comunidad de estadounidenses de ascendencia mexicana le regaló la polka titulada *Chicana*. Inspirado por la añoranza de su terruño mientras vivía en suelo estadounidense, compuso el vals *Recuerdo de mi lejana tierra*, así como el fox-trot *Retorno al hogar*, a la que puso también un nombre en inglés: *The Home Return*.

A su regreso a Nacozari, cuando el éxodo masivo de mineros había dejado al pueblo desolado tras el cese de las actividades mineras en 1949, inspirado por la tristeza del pueblo abandonado compuso el vals *Soledad*.

La edad avanzada no limitó sus sorprendentes habilidades para componer. Ante la imposibilidad de tocar el piano u otro instrumento por la debilidad de sus manos, solicitaba a sus alumnos y amigos que interpretaran y cantaran las nuevas piezas que él no ya podía ejecutar debido al agotamiento causado por la vejez. De esta manera podía escucharlas y hacer los ajustes y modificaciones que considerara necesarias. Fueron de gran ayuda sus alumnos: Pastor Encinas, Bernardo Othón y Francisco López, así como las maestras Eloisita y Beatriz Durazo, entre otros amigos y vecinos que estuvieron cerca de él durante su vejez.

El paso de los años puso sobre hombros la inevitable carga de debilidad que trae consigo la vejez. Viudo, sin hijos y sabiendo que estaba ya en el atardecer de su vida, sacó las fuerzas necesarias —y haciendo gala de sus habilidades musicales—, realizó lúcidamente una de sus últimas composiciones a la que tituló: *La Balandra*. En su triste melodía de afligidas notas, describe la partida de una balsa que se pierde lentamente en el mar llevando en ella su alma y su querer. Pero antes de despedirse de este mundo compuso la última pieza que tituló *Paloma* y dedicó con cariño a su finada esposa.

Valses *Viva mi desgracia* y *El gorjeo de las aves*. La confusión que se hizo historia.

Uno de las más reconocidas piezas musicales que engalana la cultura mexicana es sin duda el vals *Viva mi desgracia*. Aunque muchos lo ignoran, su autoría se le adjudicó equivocadamente al maestro Silvestre Rodríguez quien lamentaba que se le hubiera acusado erróneamente de plagio, pues él mismo aseguraba que le sobraba música y no tenía la necesidad de robarle piezas a sus contemporáneos.

La confusión surgió a principios de la década de 1900 en California, Estados Unidos. En esos años, encontrándose don Silvestre en un viaje por aquella región de la Unión Americana, tuvo la oportunidad de grabar algunas composiciones de su autoría. En esa ocasión grabó en discos de acetato el famoso vals *Tu Mirada* que había compuesto unos años atrás. En el lado opuesto del disco grabaron el vals *Mi Desgracia*, del compositor sonorense Jesús «Chito» Peralta. Por aquellos años, don Silvestre había empezado a componer un vals de nombre *El gorjeo de las aves*, cuya composición aún estaba inconclusa. Los productores en el estudio le sugirieron que terminara de componerla para poderla incluir también en el disco, a lo cual el maestro Rodríguez se negó y solicitó que incluyeran otra. Probablemente la falta de tiempo representaba un limitante para poder desarrollar en tiempo y forma una buena melodía que mereciera ser incluida en el disco, motivos por el cual probablemente se negó a incluir ese vals en aquel álbum. Sin embargo, por error de producción, la disquera colocó en una de las etiquetas del disco el título del vals *El gorjeo de las aves* y sobre él grabaron equivocadamente el vals *Mi Desgracia* de «Chito» Peralta.

Al llegar el material discográfico a México, el compositor Jesús Peralta, amigo de don Silvestre, manifestó su inconformidad ante aquél gravísimo error. Interpuso una queja por aquella falta y logró que se retiraran las etiquetas de los discos que se encontrasen en producción. Fue de esta forma como se empezó a difundir la idea de que el vals con las notas de *Mi Desgracia* en ese disco era de don Silvestre Rodríguez. Al final de cuentas, el propio «Chito» Peralta fue víctima del plagio años después, ya que los amantes de lo ajeno le robaron su pieza en los años 30 y la transformaron en el vals que ahora se conoce como *Viva mi desgracia* que se hiciera famoso en voz de Pedro Infante y demás intérpretes de la canción ranchera.

Durante su prolífica carrera como compositor, Silvestre Rodríguez no limitó su obra musical a únicamente fox-trots, polkas o valses. Dentro de su amplísimo repertorio existe incluso música para concierto, sinfonías y música sacra. Lamentablemente, al morir el maestro Rodríguez, murió con él una gran parte de su colección musical que se perdió sin haberse registrado o que tal vez pasó a la cultura popular con el nombre de algún otro autor.

Homenajes y reconocimientos

Fueron muchos los reconocimientos y los homenajes en vida recibió el maestro Rodríguez. En febrero de 1939, por ejemplo, en el teatro Noriega de Hermosillo, Sonora se puso en escena la revista *Alma Sonorense* como homenaje a destacados compositores de la época, entre ellos Silvestre Rodríguez Olivares, quien recibió en aquella ocasión un merecido homenaje en compañía de compositores como Jesús Peralta, entre otros.

En 1941, el Ayuntamiento de Nacozari de García lo reconoció y le otorgó una medalla como «Premio al mérito artístico y cultural». El 11 de febrero de 1946, al estabilizarse las revueltas internacionales de la Segunda Guerra Mundial, la Alianza Hispano Americana de Hermosillo, Sonora rindió un merecido homenaje a los músicos sonorenses, incluyendo al maestro Rodríguez, quien recibió en esa importante ocasión una presea como «Premio a la inspiración».

El Sindicato Filarmónico Silvestre Rodríguez, que orgullosamente eligió el nombre del ilustre compositor como nombre de su gremio, le otorgó en 1954 en Agua Prieta, Sonora un reconocimiento como «Honor al mérito musical». La Casa Madero en México le otorgó una medalla cuatro años más tarde en 1958 «Por la exaltación de México. Reconocimiento al mérito».

En 1954, ya cerca de cumplir 80 años de edad, el Congreso del Estado de Sonora le otorgó una reducida pensión de 250 pesos mensuales por sus servicios como maestro de música en escuelas del estado y por sus méritos como compositor musical. Por aquellos mismos años se le ofreció un homenaje en Hermosillo, Sonora en uno de los eventos culturales más emotivos que se rendía al mundo artístico de aquella época. El festejo se engalanó con la presencia de una banda de música y un coro dirigido por la maestra Emiliana de Zubeldía. Al concluir los actos preliminares, el músico militar, mayor Isauro Sánchez Pérez cedió al maestro Silvestre Rodríguez una elegante batuta de plata para dar inicio al solemne evento que arrancó con la ejecución del alegre fox-trot *El Costeño*, que el propio Silvestre tuvo el honor de dirigir sin necesidad de ensayo ni preparación.

Quiso morir entre su gente

Ya cuando alcanzó una edad muy avanzada, al encontrarse solo y débil de salud, su cuñado Efraín León decidió llevarlo con él a la ciudad de Mexicali, Baja California para atenderlo debidamente. Pasado el tiempo, y consciente que estaba cerca el fin de sus días, el maestro pidió que lo llevaran de regreso a Sonora. Su médico de cabecera, el doctor Manuel Contreras le preguntó que si deseaba que lo trasladaran hasta su tierra natal de Michoacán, a lo que el maestro Rodríguez —profundamente disgustado por aquella pregunta—, pidió que lo llevaran a Nacozari de García. Era su deseo morir y ser sepultado entre su gente; en el terruño que tanto había querido.

No. 241

Decreto que concede una pensión vitalicia al C. Silvestre Rodríguez

ARTÍCULO ÚNICO – Se concede al C. Silvestre Rodríguez una pensión vitalicia de $250 (doscientos cincuenta pesos) mensuales, por sus méritos como compositor musical y otros servicios prestados en las escuelas del estado.

TRANSITORIOS

PRIMERO – Para los efectos del pago de la pensión a que este decreto se refiere, se adiciona al Presupuesto de Egresos que regirá en el estado el próximo año de 1954, con una partida número 554-II, que deberá quedar como sigue:

Partida 554-II – Silvestre Rodríguez, según Decreto No. 241, de 23 de diciembre de 1953; mensual: $250.

SEGUNDO – Este decreto entrará en vigor a partir del día 1º de enero de 1954, previa su publicación en el Boletín Oficial del Estado.

Decreto publicado en el Boletín Oficial del Gobierno del Estado de Sonora el 02 de enero de 1954

A su paso por la ciudad de Douglas, donde había sido sepultada su señora esposa —y donde había comprado incluso un pequeño lote a un costado de la tumba de su mujer para descansar junto a ella—, le preguntaron si prefería quedarse ahí, al lado doña Delfina. Apenado por la circunstancia, se disculpó ante la memoria de su esposa y pidió que prosiguieran hasta Nacozari. Al llegar a Agua Prieta, lo embarcaron a bordo de su camilla en el *caboose* de un tren especial que lo haría llegar el pueblo.

Ya cuando el tren se acercaba a la población, el doctor Contreras se acerca le informa:

—Maestro, ya llegamos a Nacozari.

Profundamente conmovido por la noticia, balbuceante y con las pocas fuerzas que aún le quedaban, alzó la voz y débilmente exclamó:

—Nacozari... ¡Viva Nacozari!

Únicamente quienes estaban cerca de él pudieron entender aquél débil grito de alegría.

Eran aproximadamente las 17:00 horas cuando arribó el tren a la estación donde lo esperaba ya un numeroso público. Tal como había llegado por primera vez a Nacozari en 1905 a bordo de un tren, llegaba ahora sesenta años después por el ferrocarril, pero esta vez para quedarse para siempre entre su gente.

Al bajarlo en su camilla, se encontró a una multitud que lo recibió con gran júbilo. A la llegada del tren, estaban presentes en la estación autoridades municipales, músicos, grupos de estudiantes y, en general, una muchedumbre que se aglomeró para recibir con gran alegría y cariño a quien ellos bautizaron como «El cantor de Nacozari».

De ahí lo trasladaron a la casa cural a un costado de la iglesia para que se le atendiera debidamente con todos los cuidados médicos necesarios. El presbítero José Juan Cantú le administró el sacramento de la extremaunción, pues el destacado músico fue durante toda su vida un hombre católico, apegado siempre a su religión.

En su lecho de muerte estuvo rodeado de sus más queridos amigos y ex alumnos. En torno a su cama se congregaron músicos, compañeros y ex discípulos que le cantaban y tocaban la música que él con tanto cariño les había compuesto y dedicado.

La noche del 31 de marzo de 1965, el prolífico compositor exhalaba sus últimos alientos mientras escuchaba el vals *Déjame llorar* que interpretaban «Chabelita» Figueroa, Virginia y Alicia Montaño, la profesora Eloisita Durazo, entre otras personas que lo acompañaban en su agonía. Esa misma noche sonaron las campanas del templo en señal de luto para el pueblo de Nacozari de García.

Los vecinos se cotizaron para costear los gastos funerarios. Al día siguiente, el presidente municipal, Antonio García Cázares encabezó el cortejo fúnebre del profesor Silvestre Rodríguez, cuyos restos reposan en el panteón municipal bajo una lápida que destaca de las demás. En vez de una cruz sobre su tumba, se colocó una lápida en forma de arpa, en la cual se grabaron las primeras notas del encantador vals *Tu Mirada*.

El legado musical de don Silvestre Rodríguez sigue trascendiendo. Las nuevas generaciones siguen recordando su música y enalteciendo su memoria. Un ejemplo de ello fue la creación de la rondalla «Silvestre Rodríguez» en el año 2005, integrada por jóvenes nacozarenses dedicados a interpretar y difundir la música de compositores sonorenses en distintas partes del estado.

En febrero de 2013, el Ayuntamiento de Nacozari de García —por iniciativa del profesor Juan Carlos Barreras Valenzuela[2]—, aprobó en sesión de cabildo un acuerdo para la creación de la medalla «Silvestre Rodríguez», para otorgarse como homenaje al mérito artístico y cultural a aquellas personas que destaquen por sus contribuciones a la cultura y las artes.

El nombre de Silvestre Rodríguez se ha impuesto en calles, salas, auditorios, sindicatos de músicos, etcétera; incluso en el municipio de San Luís Río Colorado, un auditorio cívico orgullosamente lleva su nombre. Pero los más grandes homenajes a su memoria se reservaron para el pueblo donde quiso morir.

En el municipio de Nacozari de García, se erigió un monumento a su memoria que se colocó en una plaza que lleva el nombre

---

2   Fundador y director musical de la rondalla Silvestre Rodríguez.

MARÍA CLARISSA
Silvestre Rodríguez © 1953

María Clarissa, María Clarissa;
no seas esquiva, María de mi alma.
Por Dios te pido una sonrisa,
una sonrisa, María de amor.

Eres mi delirio, ¡oh mujer!
Eres el anhelo de mi amor.
Sólo en ti sueño vida mía;
y sin verte siento un no sé qué.

Ya mi vida entera te entregué
junto con mi amante corazón.
Tu cariño es lo que ambiciono yo.
Por piedad no me hagas padecer.

(Se repite de principio a fin)

de «Silvestre Rodríguez» en la zona centro. Don Silvestre no tuvo descendencia, pero el destino lo premió con un jardín de niños que también lleva su nombre.

En 1986, el gobierno del estado de Sonora —con el fin de instalar un museo en el municipio—, adquirió por conducto del Instituto Sonorense de Cultura el inmueble que fuera la casa donde habitó gran parte de su vida el músico-compositor para habilitarla como museo dedicado a los personajes que hicieron historia en el pueblo. El Ayuntamiento, por su parte, modificó el nombre de la vialidad donde se ubica dicha casa y la denominó «Avenida Silvestre Rodríguez».

Consideraciones finales

Hablar de don Silvestre y de su música es tocar parte del corazón mismo del folclor y la cultura sonorense. Sus composiciones fueron y siguen siendo piedra angular del colorido mosaico cultural que engalana a la entidad y al igual que Campodónico o Juventino Rosas, Silvestre Rodríguez Olivares sigue siendo en Sonora un ilustre personaje que continúa alegrando con su música a las nuevas generaciones.

El nonagenario compositor tuvo en su haber más de dos mil composiciones entre vales, polkas, fox-trots, danzas e intermezzos; lamentablemente, al morir don Silvestre, murieron con él muchísimas composiciones, siendo inéditas y desconocidas la mayor parte de ellas. Pero a pesar de haberse perdido con el tiempo, la gran cantidad de piezas que han logrado sobrevivir, se encuentran ya grabadas en las páginas culturales de la historia mexicana.

Los nacozarenses de ayer y hoy veneran la memoria del «Cantor de Nacozari», aquel ilustre músico michoacano que quiso hacer de Sonora su tierra... y de Nacozari su hogar.

SALSA PICANTE

Silvestre Rodríguez © 1959

Cuando te miro muy elegante
me dan ganitas de ser travieso;
y bien quisiera de repente darte un beso
con algo de salsa picante.

Si en muchas cosas soy inconstante,
siempre en amores soy el primero;
y no me importa el quedarme sin dinero,
salsa picante tengo yo.

(Música)

Todos me dicen que soy galante,
mas sólo he sido un buen amigo.
Hoy quiero ver si un amorcito me consigo
usando mi salsa picante.

Confiado siempre sigo delante;
la buena suerte anda conmigo.
Salsa picante me da pan y me da abrigo,
y también puede darme amor.

Fin.

Algunas composiciones de Silvestre Rodríguez:

A mi primer amor
Alborada
Amigos alegres
Amor del alma
Amor secreto
Bandera Nacional
Belén
Canción sin palabras
Carlota
Celina
Cenizas
Chicana
Chollas
Churunibabi
Consuelo
Cuatro de julio
Cuca
De Agua Prieta a Nacozari
Déjame llorar
Despierta
Ecos de tu voz
Elvira
El Costeño
El gorjeo de las aves
El Limoncito
El Palmero
El Serrano
El Vaquero
El Yaqui
Enriqueta
Flores y espinas
Himno a Jesús García
Irrigación
Isabel
Labios de coral
La Balandra
La Bernardina
La charanga de Horacio
La Mancornadora
La Montañita
La Nogalense
La Paisanita
La Pilareña
La Respingona
La viuda negra
Linda madrugada
Linda morena
Los Calzones
Los cuatro aventureros
Los Naranjos
Mañana
Marcha Jesús García
María Clarissa
María Luisa
Me es en vano
Me lleva el tren
Ojos azules
Pachita
Paloma
Para ella
Por tu amor
Primeras flores de primavera
Prospectador
Pueblito
Quien pudiera volverte a ver
Recuerdos de mi lejana tierra
Recuerdos del pasado
Retorno al hogar
Salsa picante
San Isidro
Soledad
Sonora en marcha
Soñando
Sueño de amor
Sueños de Eva
Suspiros y lágrimas
Teresita
Trinidad
Tu mirada
Tuya
Un ángel más
Vida de ensueño
Viva Nacozari
Volví a mi patria

MÚSICO DE MUY BUEN OÍDO

«Siempre estaba oyendo», relató alguna vez su ex alumno Francisco López.

En una ocasión, mientras el joven alumno Francisco se encontraba en casa del maestro tocando en el piano el vals *Rosalía* de Jesús Peralta, el profesor Rodríguez se encontraba ausente escuchando a lo lejos la interpretación de ese famoso vals. De pronto, y de manera intempestiva —sorprendido y apresurado—, llegó ahogándose, cuestionando severamente a su alumno.

—¿De dónde sacaste ese *do*? preguntaba insistentemente.

—¡Ese *do* es natural!

El confundido pianista, convencido que no había error en la ejecución, intentaba convencer inútilmente al profesor Rodríguez mientras señalaba la nota directamente en la partitura.

—Pues yo conocí al «Chito» Peralta, decía don Silvestre —y ese *do* es natural.

A MI PRIMER AMOR
Silvestre Rodríguez © 1934

¿Sabes vida mía por qué lloro?
Porque te quiero; porque te adoro.
¿Sabes por qué nunca te he olvidado?
Porque tú fuiste mi primer amor.

Paso las horas, paso los días, paso los años
sufriendo a solas chatita mía mil desengaños.
Mas yo nunca, nunca te he olvidado
porque tú fuiste mi primer amor.

Con el suave aroma de las flores
recuerdo siempre de tus amores;
y la encantadora y fresca brisa
en tu sonrisa me hace soñar.

Paso las horas, paso los días, paso los años
sufriendo a solas chatita mía mil desengaños.
Mas yo nunca, nunca te he olvidado
porque tú fuiste mi primer amor.

Historia política de Nacozari de García: conflictos y progreso

Por más de cien años, Nacozari de García ha formado parte de la geografía política sonorense como municipio libre en el noreste de la entidad. Un siglo es un periodo relativamente corto considerando que, según las evidencias históricas, el poblado existe como centro minero en la región desde mediados del siglo XVII. A pesar de que tanto colonizadores como mineros extranjeros habían habitado la zona por más de doscientos años, no fue sino hasta la segunda década del siglo XX cuando Nacozari de García logró su independencia política, alcanzando por fin la categoría de municipio libre con autoridades legalmente constituidas en su territorio político definido.

Desde la fundación del «nuevo» Nacozari en la segunda mitad de la década de 1890, el pueblo contaba con una densidad demográfica suficientemente amplia como para sostenerse como entidad autónoma. Pero a pesar de contar con los elementos básicos de cualquier pueblo —población creciente, viviendas, infraestructura urbana y demás obras para su desarrollo—, el pueblo pertenecía territorialmente al municipio de Cumpas dentro del distrito de Moctezuma.

La jurisdicción que ejercían las autoridades cumpeñas sobre el poblado de Nacozari se prolongó por varias décadas. Cuando llegaban a la región los exploradores extranjeros, todo trámite legal se realizaba desde Cumpas o Moctezuma a pesar de que a finales del siglo XIX Nacozari contaba con una población más grande que otros poblados.

Con la llegada al pueblo de la empresa minera Phelps Dodge en la década de 1890 —y tras instalar a su filial mexicana, la Moctezuma

Copper Company—, la fundación del nuevo pueblo empezó a tomar una nueva dimensión socioeconómica que empezó a despuntar a partir de 1895. Fue desde ese entonces cuando el verdadero crecimiento se materializó, dando un nuevo rumbo de progreso y desarrollo.

No obstante que la empresa minera estadounidense tenía no sólo el monopolio económico, sino que ejercía también casi el control absoluto sobre cuestiones sociales y económicas, el pueblo seguía formando parte de la jurisdicción de Cumpas y para el efecto, el gobierno del estado designó a un delegado de policía para que estuviera a cargo de la paz y el orden en el poblado. La designación del gobernador recayó sobre el señor Gabriel Fimbres.

«Don Pepe», primera autoridad del Nacozari moderno

Otra de las personas más destacadas y de mayor relevancia en la historia moderna de Nacozari de García y Pilares de Nacozari fue un reconocido comisario quien fungió por varios años como primera autoridad en el pueblo.

Al iniciar el nuevo siglo, José B. Terán o «Don Pepe», como comúnmente se le conocía, fue nombrado directamente por el general Luís Emeterio Torres, gobernador porfirista, para desempeñar las labores de comisario. El puesto en aquellos años era un cargo muy similar a la función del famoso *sheriff* en Arizona, pues en aquellos lugares aún hostiles, su trabajo principal era mantener el orden y garantizar justicia entre los pobladores. Sin embargo, aun cuando la designación del comisario provenía directamente del titular del ejecutivo estatal, la Moctezuma Copper Company cubría su sueldo y demás emolumentos básicos para el cabal desempeño de sus funciones como primera autoridad.

Don Pepe era un hombre inteligente y progresista, con integridad y rectitud probada. Durante su gestión como comisario de Nacozari logró encausar con éxito la vida social de la población durante los primeros años de su fundación. Como primera autoridad, sus funciones no se limitaban únicamente a garantizar la estabilidad y paz social, pues como autoridad se dedicó también a buscar el bienestar moral de los habitantes. Esta labor incluía, por ejemplo, que las escuelas en el pueblo —aun cuando eran administradas por la empresa—, contaran con maestros bien calificados para la enseñanza de los alumnos.

Como autoridad en el *company town*, la encrucijada para la primera autoridad era inevitable. Por un lado, su nombramiento directo del ejecutivo estatal lo investía con personalidad jurídica para actuar como máxima autoridad en el pueblo, pero por otra parte, su dependencia económica de la empresa lo hacía empleado directo de la Moctezuma Copper Company. Sin embargo, a pesar de la disyuntiva en la que se pudo haber encontrado, don Pepe supo ejercer y hacer valer su autoridad para señalar y corregir incluso algunos abusos de la empresa.

Con su investidura de comisario, Terán rigió los destinos del pueblo desde principios de la década de 1900, periodo durante el cual se vivió en Nacozari una paz y estabilidad social relativa a comparación de otros pueblos mexicanos en el ocaso del porfiriato. Su benevolencia y mano dura permitieron que el pueblo permaneciera como lugar estable y que su población avanzara sin mayor contratiempo hacia el desarrollo. Terán era un hombre con ideas progresistas y se destacaba por su rectitud, integridad y un alto sentido de responsabilidad. Durante sus años como autoridad, logró consolidar el orden y el progreso en la comunidad. A él se le reconoce también el hecho de que el heroico maquinista Jesús García Corona haya recibido, desde el día mismo de su sacrificio, un reconocimiento adecuado y a la altura de su hazaña.

Cambios legales al nombre de la comisaría

Tras el sacrificio de Jesús García, se dieron varios cambios en el pueblo de Nacozari. Uno de ellos fue la modificación del nombre legal de la comisaría. Fue tanto el impacto generado por la hazaña del joven ferrocarrilero que en las altas esferas del gobierno del estado se consideró modificar el nombre de la población a fin de homenajear simbólica y permanentemente al joven García. De esta manera, en noviembre de 1909, un día después de la inauguración del monumento a héroe, la XXII Legislatura del Congreso del Estado de Sonora decretó la ley número 11 que cambió oficialmente el nombre de la comisaría a *Nacozari de García*, perpetuando de esta forma el nombre del joven maquinista.

La noticia del cambio de nombre se comunicó puntualmente a los habitantes de Nacozari por medio de un telegrama enviado al comisario de policía el 08 de noviembre de 1909. El nuevo ordenamiento legal, que entró en vigor a partir del viernes 12 de noviembre de ese mismo año, modificó desde entonces el nombre del poblado y sigue representando hasta nuestros días uno de los más grandes e importantes homenajes a la memoria de García.

Fotografía: *Freeport-McMoRan, Inc. - Phelps Dodge Collection.*

Ayuntamiento de Nacozari de García, 1923.
El presidente municipal, Sr. Martín C. Corral acompañado por integrantes del cabildo, secretario, personal de tesorería y altos funcionarios de la Moctezuma Copper Company.

No. 11

Ley que modifica el nombre de la comisaría de Nacozari

ARTÍCULO ÚNICO – La comisaría de Nacozari se denominará en lo sucesivo «Nacozari de García».

Comuníquese al Ejecutivo para su sanción y promulgación

Ley publicada en el diario *El Estado de Sonora*, órgano oficial del Gobierno del Estado Libre y Soberano de Sonora, el 12 de noviembre de 1909.

El surgimiento de un municipio libre

Nacozari empezó a evolucionar con gran rapidez al iniciar el siglo XX. Había llegado la modernidad y el progreso, y el pueblo contaba con una creciente población que vivía en una comunidad cuidadosamente diseñada con calles bien trazadas, agua potable por tubería, drenaje, electricidad pública y doméstica, transporte ferroviario y vías de comunicación telegráfica, entre otros grandes avances de infraestructura. La población superó en poco tiempo a la cantidad de habitantes en la cabecera municipal, con lo cual la comisaría demostró tener los elementos necesarios para proveer su existencia política como municipio libre. Para finales de la década de 1900 existía también una derrama económica consolidada, que permitía una constante y sostenida generación de empleos generados por las actividades mineras. En este escenario aparecieron personajes políticos que consideraban que el pueblo contaba ya con los suficientes componentes para subsistir políticamente en forma independiente.

El sueño se hizo por fin realidad el 8 de octubre de 1912, cuando el pleno de la XXIII Legislatura del Congreso del Estado decretó la ley número 76 mediante la cual Nacozari de García se constituyó en municipio libre en términos de la Constitución Política local de 1872.

El año de 1912 significó una época muy trascendental para la vida política y militar en el estado de Sonora en razón de dos importantes factores que cambiaron el rumbo de la entidad. Por una parte, los principales puntos mineros del estado, tales como Nacozari, Cananea y El Tigre, fueron escenario de una guerra constante donde se libraron importantes batallas durante el ocaso del maderismo. Hubo también de nueva cuenta algunos brotes de violencia en materia laboral que fueron impulsados por movimientos huelguistas, mientras se empezaba a generalizar entre los obreros mexicanos un espíritu nacionalista.

En medio de este clima —y sabedor de que el grueso de la población nacozarense se identificaba mayormente con los ideales del presidente Francisco I. Madero—, el gobierno encabezado por el general Maytorena miraba positivamente la aprobación en esas fechas de la ley número 76, pues consideraba sumamente importante contar con autoridades municipales constitucionalmente establecidas que se identificaran con él y con la causa maderista, principalmente en puntos estratégicos de Sonora como lo era Nacozari de García. La noticia causó impacto, no sólo en Sonora, sino también en Estados Unidos. En Arizona, por ejemplo, el periódico *Tombstone Epitaph* publicó la noticia días más tarde señalando: «Nacozari ya no es un campo minero. Es una ciudad».

Tras la aprobación del nuevo ordenamiento legal, Maytorena quedó obligado a disponer, dentro de sus facultades como titular del ejecutivo estatal, los elementos necesarios para que se cumplieran las prevenciones establecidas en la ley número 76, misma que fue debidamente sancionada el día 11 de octubre de 1912 y publicada en el periódico oficial *El Estado de Sonora* el 15 de octubre del mismo año, entrando en vigor a partir de esta fecha.

El nuevo marco jurídico declaró como cabecera del municipio a la localidad del mismo nombre y quedaron anexos dentro de su jurisdicción los poblados de Pilares de Nacozari, Nacozari Viejo, Churunibabi, San José, Esperanza, El Barrigón y Cuesta de Castillo, desprendiéndose en lo sucesivo de las municipalidades a las cuales anteriormente pertenecían.

Un municipio en busca de expansión

Sin embargo, a pesar de la fanfarria política de octubre de 1912, el recientemente creado municipio no disponía de los terrenos necesarios para su fundo legal. Es decir, no obstante la entrada en vigor de la ley que le dio categoría de municipio libre, Nacozari de García no contaba con una extensión territorial definida para uso urbano de los habitantes. Habían pasado casi dos meses —y aunque legalmente el pueblo era ya políticamente independiente—, el municipio seguía siendo en la práctica una «comisaría» de Cumpas. Ante la imposibilidad de sentirse como municipio independiente, las autoridades nacozarenses enviaron al Congreso del Estado un comunicado para

No. 76

Ley que erige en municipalidad el pueblo de Nacozari de García

ARTÍCULO PRIMERO – Se erige en municipalidad el pueblo de Nacozari de García, en el distrito de Moctezuma, por llenar los requisitos que establece el artículo 81 (reformado) de la Constitución Política del Estado; cesando en consecuencia, la calidad de comisaría que hasta ahora ha conservado.

ARTÍCULO SEGUNDO – La cabecera del municipio de Nacozari de García será la localidad del mismo nombre, y le estarán anexos los puntos siguientes: «Pilares de Nacozari», «Nacozari Viejo», «Churunibabi», «San José», «Esperanza», «El Barrigón» y «Cuesta de Castillo», quedando segregados de las municipalidades a que actualmente pertenecen.

ARTÍCULO TERCERO – El Ejecutivo dispondrá en la esfera administrativa lo que sea necesario para que se cumplan las previsiones de los artículos anteriores, así como se provea a dicha municipalidad de las autoridades que deban funcionar interinamente bajo su nueva categoría, en los términos de los artículos 16 de la Ley Orgánica del Gobierno y Administración Interior y 38 de la Ley Orgánica Electoral vigente del Estado.

Comuníquese al Ejecutivo del Estado para su sanción y promulgación.

Ley publicada en el diario *El Estado de Sonora*, órgano oficial del Gobierno del Estado Libre y Soberano de Sonora, el 15 de octubre de 1912.

informar a los diputados sobre la situación que aún prevalecía. En su petición, solicitaron a la mesa directiva de la legislatura que se designara una comisión especial que se acercara al gobernador a efectos de proveer lo que fuera necesario para que el municipio gozara, en la práctica, de las nuevas disposiciones legales previstas en la ley que le otorgaba autonomía. Aunque la propuesta fue debidamente presentada al pleno de la cámara, el trámite no rindió los frutos deseados.

Ocho meses habían pasado y la situación seguía igual. Para finales de junio de 1913, el gobierno del estado no proveía aún lo necesario para dotar al pueblo del fundo legal obligatorio para constituir el territorio de dominio del nuevo municipio. Nacozari de García era municipio únicamente en papel; la aprobación de la ley número 76 era sólo un mero trámite legal de letra muerta. Sin el fundo legal obligatorio, era legalmente imposible disponer de los terrenos necesarios para lo más básico: la construcción de algún edificio que albergara los poderes públicos y asentara debidamente al nuevo ayuntamiento, electo en los comicios municipales del 19 de enero de ese año.

En razón de la problemática entre los nacozarenses, el gobierno del estado envió por fin a un ingeniero a supervisar y evaluar la zona en búsqueda del lugar más idóneo para dotar al pueblo del fundo legal que tanto se había postergado. Para ventaja de la Moctezuma Copper Company, el peritaje parecía desarrollarse a favor de sus intereses. Desde la promulgación y entrada en vigor de la nueva ley, la compañía minera vio amenazados sus intereses, pues esto significaba que perdería cierta autoridad política sobre el pueblo. Pero al ver que no había ya otra alternativa, la gerencia cedió ante las exigencias políticas y optó por otorgar a las autoridades municipales un pequeño terreno hacia el poniente, por rumbos del cementerio en un lugar apartado de la centro de influencia de la población. El ayuntamiento, por su parte, no estaba dispuesto a aceptar la humillante oferta. Las autoridades municipales manifestaron públicamente que lograrían apoderarse de todas las propiedades de la empresa e incorporarlas al fundo legal a fin de controlar completamente las calles, el sistema de alumbrado público, el drenaje y la red de agua potable en el pueblo.

Fotografía: *Arizona Historical Society.*

Juego de béisbol en el antiguo campo deportivo, 1939.

El 18 de julio de 1932, el Ayuntamiento de Nacozari de García, en sesión ordinaria de cabildo, realizó modificaciones a su reglamento a efectos de aumentar a la mitad el cobro por cada juego de béisbol en el municipio. El acuerdo de cabildo quedó aprobado en los siguientes términos:

Acuerdo

Único: Dígase al señor R. S. Clinch, de nacionalidad norteamericana y representante de la negociación minera de Churunibabi de esta jurisdicción municipal y encargado de las novenas de baseball en aquél lugar: que este H. Ayuntamiento, con fundamento en el artículo 2°, fracción X del Plan de Propios y Arbitrios vigente, autoriza el cobro por cada juego de baseball de $5.00 a $10.00. Comuníquese.

Pero no fue todo. El presidente municipal lanzó otra amenaza aún más agresiva. Advirtió a la empresa que cuando el gobierno estatal autorizara en forma definitiva el fundo legal, el municipio podría apoderarse y disponer incluso de los terrenos donde se ubicaba la residencia del propio gerente general. Pero tanto el ingeniero a cargo del peritaje como los abogados de la empresa, hicieron lo posible para que la situación no escalaría a tal grado.

Mientras los abogados de la Moctezuma buscaban conseguir un recurso del amparo, el gerente general solicitaba autorización de sus superiores en los Estados Unidos para negociar personalmente en Hermosillo la situación sobre la controversia en torno a los terrenos para el fundo legal. Estaba seguro que podía convencer al gobernador y a los diputados de aceptar el terreno que la empresa ofrecía. El gerente estaba dispuesto incluso a sobornar a las autoridades con dos ofertas muy ambiciosas. Una de las opciones era comprarle al estado diez mil pesos en bonos estatales si autorizaban el terreno que la empresa pretendía ceder al municipio. La segunda propuesta era más ambiciosa e iba más allá de pedir que se aceptara el proyecto del terreno. La Moctezuma duplicaría la oferta y le compraría al estado veinte mil pesos en bonos si accedían a quitarle a Nacozari de García la categoría de municipio para que volviera a su antigua calidad de comisaría segregada al pueblo de Cumpas.

En una carta del 25 de junio de 1913 enviada directamente a James Douglas hasta Nueva York, el gerente de la empresa señaló con seguridad:

> «Estoy muy seguro que si ubican el fundo legal donde el presidente y el ayuntamiento lo quieren, estaríamos sujetos a muchísimas molestias que harían casi imposible nuestras operaciones».

Unos días más tarde, desde la metrópolis neoyorkina, la alta gerencia de la Phelps Dodge autorizó a la Moctezuma a que procediera con el plan de soborno. La situación obligó a las nuevas autoridades a negociar la adquisición de terrenos con la empresa, la cual seguía siendo legalmente dueña de grandes extensiones territoriales en toda la región.

Finalmente, después de una intensa negociación, a mediados de 1914 la empresa hizo al municipio de Nacozari de García una donación de cien hectáreas en el centro del poblado. El acto protocolario se realizó en Cumpas el 20 de marzo de 1914, cuando se depositó debidamente en el Registro Público de la Propiedad la escritura pública número 672. Con una reducida porción de cien hectáreas, el municipio contaba al fin con el fundo legal necesario.

Con el paso de los años, la extensión y dominio territorial fueron creciendo considerablemente a favor del municipio. El 26 de diciembre de 1930, por ejemplo —ante el abandono demográfico de muchos pueblos tras la crisis económica de aquellos años—, el Congreso del Estado aprobó la ley número 68, que suprimió algunos municipios del estado y adjudicó varias comisarías a otros municipios. Como parte de esta nueva ley, la población minera de El Tigre, en la Sierra Madre, quedó a partir del día 1° de enero de 1931 bajo la jurisdicción territorial del municipio de Nacozari de García en calidad de comisaría.

El gobierno mexicano se impone a la Moctezuma Copper Company

Sin bien la población se sentía jubilosa por su autonomía política y su expansión territorial, la Moctezuma Copper Company no compartía esa misma alegría. El hecho de que Nacozari de García fuera municipio libre y contara con autoridades electas significaba para la empresa una pérdida de control sobre la situación social y política. La constitución otorgaba amplias facultades a los ayuntamientos, lo cual no era bien visto a ojos de las empresas extranjeras. Para el año de 1926, por ejemplo, la Moctezuma atribuyó el elevado costo de producción en parte al gobierno municipal. A diferencia del antiguo sistema, ahora los presidentes municipales insistían en aumentar los impuestos en la tienda de abasto de la empresa e imponer obligaciones tributarias incluso en la producción ganadera de la compañía.

En mayo de 1967, el Congreso del Estado de Sonora decretó la ley número 98 que declara oficialmente desaparecida la comisaría «El Tigre» en el municipio de Nacozari de García, pues no se justificaba ya su existencia en el mapa político de la entidad ante la escasa población que radicaba en esa localidad.

Este famoso y próspero mineral se ubicó como uno de los centros mineros de mayor relevancia en Sonora a la par de Cananea y Pilares de Nacozari. Después de pertenecer desde su fundación al municipio de Óputo, Sonora, pasó por casi cuatro décadas a la jurisdicción municipal de Nacozari de García a partir de 1931 hasta su desaparición definitiva el 07 de junio de 1967 tras la promulgación de la ley antes mencionada.

No obstante la nueva situación adversa para la empresa, la Phelps Dodge supo manejar inteligentemente el revés político. En un pueblo donde la actividad económica principal era la minería, era fácil para la empresa controlar a su propia gente. Al final de cuentas, más del 90 por ciento de la población laboraba para la Moctezuma, incluyendo a los empleados y autoridades del municipio. Con ello, se garantizaba que la compañía siguiera ejerciendo autoridad sobre sus empleados, aunque las autoridades electas estuvieran investidas del fuero constitucional.

El 16 de septiembre de 1923 dejó la presidencia municipal Manuel S. Molina y asumió el cargo Martín Corral, quien se había desempeñado como carpintero de la empresa minera. Aunque la Moctezuma seguía teniendo control e influencia sobre los gobiernos municipales, ello no garantizaba en su totalidad ciertos agravios contra sus intereses. Las amplias facultades constitucionales de los ayuntamientos permitían que los cabildos autorizaran medidas contrarias a los intereses de los extranjeros dueños de las minas. Las libertades que otorgaba la constitución a los ayuntamientos permitieron que en muchas ocasiones los cabildos aprobaban incluso acuerdos que contradecían los lineamientos dictados por el gobierno estatal.

Una de las principales preocupaciones para la empresa era la venta ilegal de bebidas alcohólicas en el municipio. La Moctezuma señalaba constantemente esta situación y presionaba a las autoridades municipales para que actuaran más rigurosamente, ya que ello repercutía directamente en inasistencia de los trabajadores y en un mayor número de accidentes. Tan solo en Pilares de Nacozari había más de 200 «aguajes» donde se venía mezcal clandestinamente.

La Moctezuma sentía que los ayuntamientos ejercían la ley únicamente cuando se trataba de afectar sus intereses, mientras que la venta ilícita de alcoholes pasaba desapercibida y los delincuentes quedaban impunes. La situación se tornaba cada vez más difícil para los intereses extranjeros, pues los alcaldes favorecían en buen el sistema sindical, llegando a ser calificados como comunistas. En la correspondencia interna de la empresa, la gerencia describió a uno de los presidentes municipales en 1927 como «bolchevique» debido a su marcado apoyo al sistema sindical.

Dada la situación política adversa para la empresa, esta se vio obligada a negociar directamente con las autoridades estatales a fin de mantener su control sobre el pueblo. Esta nueva medida tuvo éxito. En 1928, el entonces gobernador del estado, Fausto Topete, logró la destitución del presidente municipal de Nacozari de García por así convenir a los intereses de la Moctezuma. Era evidente que la empresa seguía controlando la política en el municipio.

El segundo golpe para la empresa angloamericana fue el reparto agrario que se dio durante el gobierno del presidente Lázaro Cárdenas (1934–1940). La distribución de tierras afectó directamente

Fotografía: *Colección del autor.*

Ayuntamiento de Nacozari de García, ca. 1927
Integrantes del cabildo y demás funcionarios del ayuntamiento, escoltados por dos cabos de la policía. Nótese la ausencia de mujeres en el cuerpo colegiado de regidores. Las leyes de la época no contemplaban el derecho de la mujer a votar ni a ser electas a puestos de elección popular.

a la empresa, pues desde su llegada a finales del siglo XIX acaparó amplias extensiones territoriales en la sierra alta sonorense. Mientras los agraristas nacozarenses luchaban por tener acceso a tierras ejidales, la Moctezuma se rehusaba a ceder y declaró la guerra a sus opositores. Como medida de represalia, se les cortaba el servicio eléctrico y el suministro de agua a quienes encabezaban la lucha agraria a finales de la década de 1930.

Sin embargo —y a pesar de un extendido pleito legal—, el gobierno federal obligó a la empresa a ceder parte de sus terrenos. La compañía, por su parte, se defendió argumentando que en 1914 había donado una superficie de cien hectáreas para que se constituyera el fundo legal del municipio. Sin embargo, los argumentos que presentó no fueron aceptados, pues no se habían aportado las pruebas necesarias respecto a la cesión de los terrenos que decía haber otorgado gratuitamente. Finalmente, mediante una resolución presidencial publicada en el Diario Oficial de la Federación el 20 de julio de 1937, el ejido Nacozari de García fue dotado de más de 14,700 hectáreas de extensión territorial, de las cuales 7,800 eran propiedad de la Moctezuma Copper Company.

Para principios de la década de 1970, el gobierno del estado, encabezado por Faustino Félix Serna, coordinó esfuerzos económicos con el ayuntamiento de Nacozari de García a fin de resolver el problema del abastecimiento de agua potable en el municipio. Con el decidido apoyo del gobierno federal, se iniciaron los trámites para hacer realidad el proyecto. Mucho de los terrenos eran aún propiedad de la empresa minera y se encontraban en arrendamiento con particulares. Para poder dar solución al problema de terrenos irregulares, intervino oportunamente la Dirección de Obras Públicas del gobierno estatal. Finalmente, en diciembre de 1972, tras los procedimientos legales y administrativos necesarios, se autorizó a la Moctezuma a vender a particulares a un precio fijo por metro cuadrado, dando amplia libertad a la empresa para realizar contratos de compraventa con particulares en ciertos casos.

La poderosa empresa que alguna vez conservó la propiedad

absoluta de cada centímetro de terreno en el pueblo, se vio obligada a ceder gratuitamente al municipio el predio que ocupaba el edificio del mercado municipal, los terrenos ocupados en la plaza Jesús García, el predio y edificio ocupados por la escuela primaria Benito Juárez, el terreno que ocupaba la antigua cancha de la escuela secundaria, así como todas las áreas ocupadas por calles y callejones de servicio público, quedándose únicamente con el local que albergaba la Cárcel Pública. Tuvieron que transcurrir seis largas décadas para que por fin el municipio asumiera la propiedad legal de estos lugares.

El gobierno federal dictaminó que si la Moctezuma Copper Company, S.A. había adquirido extensiones mayores a las que tenía derecho, lo hizo violando la constitución, y por lo tanto, tales enajenaciones carecían de validez legal, resultando ineficaces para originar derecho de propiedad a favor de la empresa.

Fotografía: *Freeport-McMoRan, Inc. - Phelps Dodge Collection.*

Antiguo Mercado Municipal

El 2 de noviembre de 1936, el Ayuntamiento de Nacozari de García, en sesión ordinaria de cabildo, aprobó el Reglamento Interior del Mercado Municipal. El estricto ordenamiento legal, en su artículo 1º señalaba lo siguiente:

> Art. 1º - El mercado municipal de esta ciudad está destinado exclusivamente al comercio de artículos alimenticios de consumo general y estará a cargo del H. Ayuntamiento, de acuerdo con el contrato de arrendamiento celebrado con cada inquilino.

No. 134

Ley que cambia la capital del Estado de Sonora a la villa de Nacozari de García

ARTÍCULO 1º - La XXXIV Legislatura Constitucional del Estado Libre y Soberano de Sonora, en uso de la facultad que le confiere la fracción XIV del artículo 64 de la Constitución Política Local, cambia la capital del estado a la villa de Nacozari de García, Sonora por el término de tres días como homenaje de simpatía al C. General Lázaro Cárdenas, Presidente de la República.

ARTÍCULO 2º - Por el término a que se refiere el artículo anterior, la villa de Nacozari de García tendrá la categoría de ciudad.

ARTÍCULO 3º - Transcurrido que sea el término que se fija mediante esta ley, volverá a ser capital del Estado de Sonora la ciudad de Hermosillo.

ARTÍCULO 4º - Los días 20 al 27 inclusive, del corriente mes, se declaran inhábiles para la práctica de actuaciones judiciales del Supremo Tribunal de Justicia del Estado.

TRANSITORIOS

PRIMERO - Se abroga la ley número 54 del 18 de junio de 1937 que traslada la residencia oficial del Poder Legislativo a la villa de Agua Prieta, Sonora.

SEGUNDO - Esta ley entrará en vigor el día 23 del presente mes, debiendo publicarse en el Boletín Oficial del Estado.

Comuníquese al ejecutivo para su sanción y promulgación.

Ley decretada por el Congreso del Estado del 16 de mayo de 1939.

Una nueva historia, un nuevo capítulo

Las evidencias históricas coinciden en que Nacozari ha sido una zona de abundante y constante actividad minera con asentamientos humanos que se remontan hasta el año de 1645. A través de los años, la región pasó por manos de indígenas ópatas, misioneros europeos de la Orden de los Jesuitas, mineros exploradores, prospectadores extranjeros y locales; todos con un mismo propósito: encontrar la riqueza a partir de la exploración de minas.

A pesar de la grande visión de muchos, las ambiciosas metas no eran suficientes para alcanzar la riqueza. Así como muchos llegaban atraídos por leyendas de yacimientos de oro y plata, otros tantos se iban sin poder encontrar la bonanza que tanto buscaban. La realidad no parecía cambiar con la llegada del siglo XX. Pero a pesar de todo, los vaivenes sociales y económicos iban forjando con los años una nueva historia.

Desde la época de la colonia, hasta los años del México independiente en el siglo XIX, Nacozari gozó siempre del reconocimiento a nivel mundial no sólo por la riqueza de sus minas, sino por los acontecimientos históricos que se registraron en la región durante varias generaciones. Trescientos años después de que se registraran en la región los primeros asentamientos humanos, el pueblo de Nacozari seguía aún con vida a pesar de los constantes problemas económicos que lo paralizaron en repetidas ocasiones, dejando al lugar en el abandono constante.

Ya para la década de 1940, los acontecimientos internacionales parecían presentarle a Nacozari de García nuevas oportunidades de desarrollo. Las actividades mineras eran estables; reinaba la paz y había una relativa tranquilidad social entre la población. Para desventaja de muchos y gloria de otros, el inicio de la Segunda Guerra Mundial en 1939 exigió a la industria minera un aceleramiento en la producción de cobre, transformando con ello a los pueblos mineros de México y Estados Unidos en laboriosos centros de actividad industrial. En Nacozari se expandieron las capacidades industriales mediante la adquisición de maquinaria moderna para lograr el máximo rendimiento. Se mejoraron también las condiciones de seguridad e higiene para garantizar por igual la salud y la vida de los mineros. Sin embargo, en 1942, una nueva huelga amenazaba con paralizar la producción en las minas de cobre. En junio de ese año los mineros se declararon en huelga, exigiendo una revisión de su contrato colectivo de trabajo. Y aunque el paro laboral duró únicamente unos días, las manifestaciones obreras fueron el preámbulo de nuevas decisiones que habrían de cambiar el rumbo de la historia contemporánea.

Para 1942 la mina y la concentradora en Nacozari de García operaban en forma estable. Un año antes, Estados Unidos se había incorporado a la guerra, orillando al gobierno a conseguir reservas suficientes de metal para garantizar la producción de parque y armamento. Para tales efectos, el Departamento de Guerra de EE.UU. y la Junta de Producción de Guerra de ese país, pactaron y negociaron un contrato con la empresa estadounidense Metal Reserve Company. Esta, a su vez, se avocó a trabajar en colaboración con la Moctezuma Copper Company en territorio mexicano a partir del 1º de noviembre de 1942 para extraer el agua hasta el nivel 2,100 de la mina de Pilares, a fin de adecuar los túneles y generar una mayor producción de mineral.

Al igual que muchas empresas mineras en aquellos años, en Nacozari de García —siendo la Moctezuma Copper Company una empresa de capital extranjero—, se sintió en la necesidad de contribuir a los esfuerzos de producción de metales para la guerra contra los países del eje. Todo estaba listo. Al poco tiempo inició la rápida expansión de las minas y la adquisición de la maquinaria industrial necesaria para el efecto.

Los resultados hablaron por sí solos. Para el año siguiente inició la construcción de nuevas viviendas para los trabajadores en Pilares de Nacozari, y para julio de 1942 habían iniciado ya nuevas operaciones. Atrás había quedado la crisis mundial de principios de los años 30 y por si la producción de cobre no fuera suficiente, el mercado del zinc parecía brindar nuevas oportunidades a las negociaciones mineras. Para mediados del siguiente año se iniciaron los trabajos de preparación en las minas de La Fortuna y La Lillie, que por muchos años habían permanecido inactivas. Se abrieron incluso nuevos caminos para facilitar la comunicación. Todo parecía estar bien encaminado, pues la guerra garantizaba, por algunos años, la necesidad de producción y comercialización constante de metales. El aumento en la producción tanto de cobre; como de zinc y molibdeno, obligó a la expansión de la concentradora para evitar el transporte de «materia

Fotografía: *Colección del autor.*

Taller de carpintería de la Moctezuma Copper Co., 28 de mayo, 1949.
A unos días del paro definitivo de actividades de la empresa minera, el grupo de carpinteros, encabezado por don Martín C. Corral, posa tranquilamente para la fotografía del recuerdo.

muerta» a las fundidoras en el extranjero. Desde la concentradora de Nacozari salía el metal casi listo para incorporarse a las máquinas de guerra en Europa y el Pacífico.

Fue así como la Moctezuma Copper Company pactó con la Metals Reserve Company la apertura y equipamiento de la antigua mina de La Fortuna para la explotación de zinc. Aunque la Segunda Guerra Mundial concluyó en septiembre de 1945 y el Departamento de Guerra de EE.UU. dio por terminados sus negocios con los proveedores de cobre, Pilares y sus minas seguirían produciendo cobre y otros minerales, aunque no sería ya por mucho tiempo.

Bonanza y abandono: paradojas de los años 40

La década de 1940 llegó a Nacozari de García con un panorama y un ambiente muy distintos a los que se vivieron en la década anterior. A diferencia de los años treinta —que empezaron con tragedia y concluyeron con esfuerzos renovados encaminados hacia la bonanza—, los años 40 empezaron con estabilidad económica y terminaron con una tragedia, esta vez irreversible.

Para estos años existían ya dos secciones sindicales que agrupaban a los trabajadores: la 114 y 140 del Sindicato Industrial de Trabajadores Mineros, Metalúrgicos y Similares de la República Mexicana que contaban cada uno con su respectivo contrato colectivo de trabajo. En materia educativa, en las escuelas primarias estatales tanto en Pilares como en Nacozari había cerca de dos mil alumnos que recibían formación básica en amplios edificios, cuya conservación y mantenimiento estaba directamente a cargo de la empresa minera, misma que brindaba incluso los útiles escolares para los estudiantes. El personal docente, por su parte, recibía cada mes un apoyo económico y gozaba de los mismos derechos que los empleados directos de la empresa. La Moctezuma transformó incluso el viejo edificio de principios de siglo donde albergaba los almacenes de la tienda, y lo convirtió en la Escuela Secundaria Número 8, que llegó a ser considerada en la década de los 40 como uno de los mejores centros de educación secundaria en Sonora.

El ambicioso pacto firmado en el '42 entre la Moctezuma y la Metals Reserve llegó a su fin el 30 de noviembre de 1945, dos meses después de haber concluido la guerra. El final de la conflagración generó en los Estados Unidos una sobreoferta y un superávit de material para la producción bélica y no había necesidad ya de seguir produciendo minerales para fines bélicos. Pero a pesar de ello, las esperanzas seguían vivas, ya que la Metals Reserve buscaba comprar la totalidad del cobre a cambio de una pequeña utilidad. Sin embargo, las esperanzas se desplomaron cuando dicha empresa dio marcha atrás en su propuesta. Aunque la empresa salió de tierras nacozarenses al concluir su contrato, la Moctezuma, por su parte, permaneció operando en México con cierta normalidad en la explotación de cobre; esta vez, sin embargo, su presencia en los mercados internacionales volvió una vez más a caer en la incertidumbre. No pasó mucho tiempo antes de que volvieran a volar entre los cerros las malas noticias. En 1948, la gerencia de la Moctezuma habría de dar a sus trabajadores una triste noticia: las reservas de cobre durarían únicamente un par de años más.

Finalmente, el 28 de mayo de 1949, la agencia periodística estadounidense *The Associated Press* anunció en una breve nota la catastrófica noticia. La Moctezuma Copper Company habría de paralizar sus actividades a partir del 1º de junio de 1949, incluyendo las labores en las minas y la concentradora. Bajo el argumento de que el mineral de baja ley hacía ya incosteable la producción, la gran empresa daría por terminadas sus operaciones, limitándose únicamente a la lixiviación, es decir, a la extracción de varios sólidos a partir del uso de solventes químicos.

Rápido llegó aquella fecha; era miércoles, así lo recordaron después 2,200 trabajadores que vieron con tristeza cómo concluían las operaciones que por más de medio siglo habían posicionado al pueblo de Nacozari de García en la mira de los mercados internacionales y había representado para sus habitantes una gran fuente de empleo. A diferencia de los paros de labores registrados en 1921 y en 1931, esta vez, el cierre sería gradual y definitivo. No había vuelta de hoja.

Si la enorme necesidad por el mineral que provocó la guerra

había llevado el aceleramiento de la explotación mineral años atrás, ahora la desaceleración en la producción de cobre ocasionaba la falta de trabajo, el abandono paulatino y el triste silencio en las polvorientas calles del municipio. Este panorama transformaba a Nacozari y a Pilares en pueblos fantasmas, este último casi olvidado entre los imponentes cerros que rodean el socavón de la mina. Atrás iban quedando los años de bonanza, de riqueza y desarrollo. Parecía cumplirse la profecía que vendió años antes el gerente de la empresa cuando en septiembre de 1944 señaló:

> «...aunque todas estas obras de mejoramiento social y cultural no son debidas en su totalidad a la Moctezuma Copper Company, no puede desconocerse que sin el apoyo moral y material de la compañía no estuvieran a la altura que actualmente guardan y que probablemente desaparecían en parte, si no del todo si la negociación suspendiera sus actividades...»

De esta manera, el génesis de una grandeza minera llegaba a su ocaso con un triste desenlace que acabó con los sueños y las esperanzas de muchos, pero sobre todo con una fuente de ingresos para su sustento. Nacozari, por su parte, parecía estar en puerta de un destino no muy distinto al de Pilares.

Aunque la Moctezuma habría de permanecer en Nacozari por algunos años tras del cierre del '49, los pueblos de Pilares y Nacozari empezarían a vivir una realidad triste y muy distinta. La fuerza laboral tuvo que reducirse considerablemente y quienes tuvieron la dicha de permanecer como empleados de la empresa, se limitaban únicamente a desempeñar los trabajos más básicos de lixiviación. No sonarían ya las máquinas perforadoras, los ruidos del *incline*, ni los estruendos de pólvora en los túneles de la mina. Lejos habían quedado los tiempos del presidente Porfirio Díaz y guardados en el olvido quedaron los años de bonanza que se vivieron en los «alegres años veinte». Una nueva realidad social y económica dibujaba entre los nacozarenses el paisaje de un futuro incierto. Pero aun frente a la adversidad, el pueblo se negaba a morir a pesar del lento abandono de sus habitantes.

Tras la suspensión de labores de la Moctezuma en junio de 1949, la explotación de otras pequeñas minas en la zona de influencia de Nacozari de García permaneció a cargo de pequeños propietarios particulares, que siguieron por algún tiempo buscando mantenerse activos en un pueblo que empezaba ya a quedar nuevamente en el abandono.

Aunque el pueblo se resistía a desaparecer, los factores jurídicos que llegaron más tarde en la década de 1960 parecían presagiar un posible final definitivo al municipio minero. El 7 de junio de 1967, por ejemplo, el Congreso del Estado decretó la desaparición oficial de la comisaría de El Tigre, que había pertenecido al municipio de Nacozari de García por casi cuatro décadas. El viejo mineral seguía estando dentro de la jurisdicción municipal, pero ya sin la categoría de comisaría. Muchos pensaron que al igual que El Tigre, tal vez Pilares o el propio Nacozari llegarían también al mismo desenlace. Pero para suerte de muchos, una nueva historia estaba por dar inicio, ya no con el capital extranjero como a finales del siglo XIX, sino por medio de los proyectos de empresas mexicanas que habrían de llegar al pueblo en búsqueda de nuevas riquezas.

Resurgimiento económico

Con la promulgación de la nueva Ley Minera de 1961, se dio inicio a una nueva etapa industrial en el ramo de la minería. El nuevo marco jurídico en la materia estableció a nivel nacional nuevas bases para la creación de varios organismos nacionales que apoyarían el fomento a la industria minera nacional. Mientras al noreste de Nacozari de García la vieja comisaría de El Tigre desaparecía del mapa político de la entidad, al suroriente del pueblo se vislumbraba entre las montañas el amanecer de un nuevo capítulo en la historia de la minería en la región.

En la década de 1960 se empezó a disolver el viejo y tradicional eslabón que unía directamente a los *company towns* con la mina y su

Fotografía: *Túnel de El Porvenir.* © *Ernesto Ibarra.*

La Moctezuma Copper Company anunció el cierre definitivo de sus operaciones a partir del 1º de junio de 1949. Atrás quedaba una era de grandeza y en el olvido quedaron los años de bonanza que se vivieron en los «alegres años veinte». Una nueva realidad social y económica dibujaba entre los nacozarenses el paisaje de un futuro incierto. Pero aun frente a la adversidad, el pueblo se negaba a morir a pesar del lento abandono de sus habitantes.

empresa. Poco a poco desaparecía ese antiguo y fuerte vínculo que predominó en generaciones anteriores, cuando era difícil concebir la vida social y económica fuera de las actividades mineras. Nacozari de García empezó a poco a poco a perder en buena medida el aislamiento en el que vivía. Las minas no eran ya el eje central de las actividades sociales y económicas de la época. Ante este escenario cambiante, los nacozarenses aprendieron a vivir en un pueblo que no dependía ya en su totalidad de la actividad minera. Después del cese de actividades de 1949, los habitantes del pueblo empezaron a vivir una realidad distinta donde buscaban integrarse gradualmente a la economía y a los patrones sociales, políticos y culturales que predominaban a nivel nacional. El pueblo no podía permanecer ya como un enclave aislado bajo el antiguo concepto de costumbres *gringas*.

Fue precisamente en esa década cuando los cambios nacionales de la época llegaron a Nacozari. Una nueva perspectiva se vislumbró a partir del 15 de febrero de 1961, cuando el gobierno de la república encabezado por el presidente Adolfo López Mateos (1958-1964) decretó la nacionalización de la industria minera. Era necesario sacar adelante a esta importante industria que desde el final de la Segunda Guerra Mundial había permanecido prácticamente en el estancamiento. Pero el objetivo iba más allá. Los propósitos de esa «mexicanización» eran asumir el control nacional y orientar la producción de minerales hacia los mercados mexicanos, procurando que las minas estuvieran a cargo de profesionistas nacionales. Tal como había sucedido con la industria petrolera dos décadas atrás, cuando el presidente Lázaro Cárdenas (1934-1940) había decretado su expropiación, el Estado mexicano se apropiaba ahora del sector minero.

La nueva Ley reglamentaria del artículo 27 constitucional en materia de explotación y aprovechamiento de los recursos minerales buscaba, entre otras cosas, que el Estado se adueñara de los minerales estratégicos y prohibía a los extranjeros ser propietarios de más del 49 por ciento de las acciones en empresas nacionales. A diferencia de Cananea, donde la empresa se vio obligada a mexicanizarse, en Nacozari de García la situación fue un tanto distinta. El cambio se vio más drástico en esta comunidad, pues desde 1949 el pueblo se había quedado gradualmente en el abandono.

Nuevas exploraciones repiten la historia

A principios de los años 60, el Consejo de Recursos Naturales No Renovables[1] inició, en colaboración con un fondo especial de la Organización de las Naciones Unidas, un proyecto especial de exploración para la búsqueda de cobre y molibdeno en las regiones que rodean a Nacozari. Casi trescientos años de historia minera en la región eran, de alguna manera, una garantía histórica de la riqueza que aún podría encontrase con la ayuda de las nuevas tecnologías. En 1965, tan solo en el estado de Sonora, se habían producido casi 24,000 toneladas de cobre en distintas modalidades: mineral natural, concentrados, precipitaciones y productos metálicos impuros. Finalmente, después de varios años de exploración continua, en 1968 el Consejo celebró un convenio de colaboración con la empresa Asarco Mexicana, S.A.[2] para la evaluación de grandes depósitos cerca de Nacozari que parecían esconder en sus entrañas formidables cantidades del metal rojo.

Al igual que en 1895, cuando los exploradores estadounidenses encontraron en Pilares una riqueza increíble capaz de detonar en gran medida la explotación minera, en 1968 los nuevos exploradores mexicanos encontraron un importante yacimiento cuprífero con reservas probadas de 1,359 millones de toneladas en las inmediaciones del lugar conocido históricamente como «La Caridad». Aunque las exploraciones durarían poco más de un lustro, pronto se habrían de iniciar las operaciones con la nueva infraestructura para la explotación y procesamiento diario de hasta 72,000 toneladas de mineral para obtener 1,600 toneladas de concentrado de cobre.

Tomando en cuenta los resultados del peritaje —y considerando

---

[1] Según la Ley del 30 de diciembre de 1957, el Consejo de Recursos Naturales No Renovables tenía como objetivo principal investigar las reservas minerales del país y explorar en busca de nuevos yacimientos, así como evaluar su posible explotación.

[2] Asarco se formó en 1965 con cincuenta y uno por ciento de participación mexicana. En 1974 cambió su nombre a Industrial Minera Mexicana (IMMSA).

el enorme potencial que se escondía bajo de la tierra—, el Consejo de Recursos Naturales No Renovables asumió el proyecto de La Caridad mientras que Asarco se hizo cargo de las exploraciones, así como de las obras complementarias de infraestructura. Finalmente, el 30 de octubre de 1968 se constituyó legalmente en la Ciudad de México una sociedad anónima de capital variable con el nombre de Mexicana de Cobre. Su objetivo principal era la explotación, aprovechamiento y beneficio de minerales metálicos y no metálicos, estableciendo para tales efectos la llamada «Unidad La Caridad» en el municipio de Nacozari de García.

La historia se estaba repitiendo. Tal y como la Moctezuma Copper Company fundó en 1895 el nuevo pueblo de Nacozari, la nueva empresa Mexicana de Cobre S.A. de C.V. construiría también sus propias viviendas para la clase obrera. Con la construcción de casas y nuevas colonias alejadas del centro del pueblo, esta negociación minera iniciaba una nueva etapa en la historia del pueblo nacozarense. La llegada de nuevos trabajadores de todas partes de la República Mexicana causó una explosión demográfica desproporcionada que obligaba a tomar medidas urgentes para resolver el problema de vivienda, pues entre 1960 a 1976 la población aumentó en 300 por ciento.

El acelerado crecimiento de la población se convirtió en un grave problema que se reflejaba en la escasez de viviendas, falta de equipamiento y servicios, utilización inadecuada del suelo, falta de control sobre acciones que afectaban el desarrollo urbano y la falta de participación de la ciudadanía, originada de una marcada apatía y desconfianza por cualquier programa o acción que se buscara implementar en el municipio.

Fue pues, en razón de conseguir lugares en forma urgente para ubicar a la fuerza laboral, que la Comisión para la Regularización de la Tenencia de la Tierra (CORETT) solicitó a la Secretaría de la Reforma Agraria la expropiación de más de 409 hectáreas que pertenecían al ejido Nacozari de García, a fin de lotificarlas y regularizarlas para su titulación legal en favor de los nuevos ocupantes mediante su venta respectiva. Finalmente el proyecto se convirtió en realidad a partir de la expropiación que hizo el gobierno federal a favor de CORETT de más de 395 hectáreas que pertenecían al ejido Nacozari de García.

Se construyeron nuevas escuelas públicas y privadas para la instrucción de la niñez. Se edificó también una nueva clínica médica, pero a diferencia del viejo hospital de la Moctezuma Copper Company, construido en la década de 1900, el nuevo nosocomio no estaría ya a cargo de la empresa minera, sino del Instituto Mexicano del Seguro Social, fundado tan sólo seis años antes del gran cierre de operaciones del '49.

El nuevo desarrollo presentaba nuevos retos. La historia se empezaba a repetir, y tal y como había sucedido en la década de 1890, cuando las remotas distancias dificultaban el transporte del mineral, en la década de 1970 se presentaba un problema similar. La ubicación de la mina —enclavada en la serranía de la sierra alta sonorense—, representaba otros desafíos para la nueva negociación minera debido a los deficientes métodos de comunicación terrestre. Aunque en un principio se contempló la posibilidad de instalar una nueva vía del ferrocarril, el proyecto terminó por convertirse en una carretera que se comunicaría directamente a la carretera federal que atraviesa el municipio. Hasta en marzo de 1974 se inició el proceso para volar y descapotar las cúspides de los cerros.

La realización del magno proyecto cuprífero de La Caridad —uno de los yacimientos de cobre más grandes del mundo—, requirió de la participación conjunta de distintas empresas nacionales y extranjeras. Participaron, por ejemplo, la Banca de Desarrollo, dedicada a la capacitación y prestación económica de pequeñas y medianas empresas, así como la Comisión de Fomento Minero. Al proyecto se sumaron instituciones financieras estadounidenses como el prestigiado banco norteamericano Bank of America y el United California Bank, entre otras firmas de igual reconocimiento.

Al igual que en 1895 cuando un perito extranjero estudió la factibilidad de explotar las minas de Pilares, las nuevas exploraciones para la viabilidad del nuevo proyecto de la Caridad fueron hechas también por prestigiadas empresas estadounidenses. Por un lado, participó en las obras de construcción la reconocida Parsons Jurden Corporation de Los Ángeles, California, una reconocida firma dedicada a la prestación de servicios técnicos, de ingeniería y construcción. Por otra parte, llegaron hasta la región dos empresas también extranjeras: la Fluor Enterprises de Utah, EE.UU., y la Furukawa Engineering & Construction, directamente desde Japón, ambas dedicadas a los servicios de ingeniería.

Mientras tanto, atrapados en medio de la expansión económica y el nuevo desarrollo industrial, permanecían a la deriva los pequeños propietarios de minas que se quedaron en Nacozari después del cierre de operaciones de la Moctezuma. Desprotegidos, uno a uno vieron como se les despojaba de sus terrenos tras ser expropiados para la expansión de la nueva negociación minera.

Nacozari de García y Villa Hidalgo disputan la mina

La llegada de nuevas negociaciones mineras a la región no estuvo ajena a problemas políticos. Tanto el pueblo de Nacozari de García como el de Villa Hidalgo, buscaban que los nuevos trabajos de minería quedaran dentro de sus respectivos municipios, pues conocían la magnitud de la derrama económica que estaba en puerta.

La disputa inició por el año de 1968 cuando arrancaron los primeros trabajos de exploración y explotación en la nueva mina de «La Caridad». Aun cuando el 20 de agosto de 1971 la Dirección General de Geografía y Meteorología del gobierno federal confirmó al Ayuntamiento de Nacozari de García que el fundo minero de la mina se encontraba dentro de su jurisdicción municipal, el Ayuntamiento de Villa Hidalgo presentó ese mismo año al Congreso del Estado una controversia sobre los límites jurisdiccionales. La disputa fue motivo de estudio durante tres periodos legislativos, hasta que finalmente el 16 de octubre de 1975, la XLVI Legislatura del Congreso del Estado de Sonora aprobó el decreto número 99 que, a partir de su entrada en vigor seis días más tarde, vino a poner fin a la controversia de límites territoriales entre ambos municipios. El decreto aprobó, en todos y cada uno de sus términos, un convenio firmado entre las autoridades de ambos ayuntamientos, donde se estableció la delimitación de linderos entre los dos municipios. Una fotografía capturó aquella histórica escena: ambos alcaldes estrechaban la mano, sellando en forma simbólica el acuerdo ante la presencia de la presidenta en turno del Congreso del Estado.

Según el resolutivo del convenio acordado entre ambos municipios, la asignación minera que contaba con seis fundos de 500 hectáreas cada uno, quedó finalmente dividida entre ambos municipios. La explotación de la mina quedó dentro de la jurisdicción municipal de Nacozari de García, mientras que una parte de ella quedó dentro de los límites de Villa Hidalgo. Aunque existieron después algunas inconformidades fundadas, el decreto puso fin a la controversia de límites jurisdiccionales entre ambos pueblos.

En una audiencia con el gobernador Carlos Armando Biebrich Torres, el presidente municipal de Nacozari, Pablo Ernesto Romo Saldate, expresó:

> «...era nuestra voluntad y deseo terminar este conflicto con nuestros vecinos y amigos de Villa Hidalgo [...] Estimamos que ellos son nuestros amigos y es esto un acto de buena voluntad, de vecindad y de fraternidad...»

Surgen los primeros conflictos laborales

Aunque todo parecía apuntar hacia el desarrollo y la prosperidad económica, la situación social y laboral no parecía estar encaminada hacia el mismo rumbo. A nivel nacional, el periodo comprendido entre 1976 y 1982 fue calificado en México como el «sexenio de la lucha sindical». El calificativo tenía un buen fundamento, especialmente con la consolidación de distintas empresas en toda la República Mexicana. Tan solo en 1979 habían estallado 378 paros y huelgas en todo el país. En Nacozari de García, la situación no era distinta. En 1976, por ejemplo, un grupo de 4,500 obreros que laboraban en los trabajos de infraestructura inicial, se declararon en huelga contra la empresa Mexicana de Cobre. El paro de labores que duró cinco días se fundaba principalmente en demandas relacionadas contra el sindicato de la Confederación de Trabajadores de México (CTM), al cual se habían afiliado, así como a los bajos salarios y la mala alimentación que se les proporcionaba. A pesar de la huelga, los resultados no fueron del todo satisfactorios, pues no se resolvieron ni una sola de las demandas colectivas. La situación se tradujo en brotes de tifoidea a consecuencia de la mala alimentación y el agua contaminada que consumían los obreros. A lo anterior se sumaron cuantiosos accidentes de varias áreas y departamentos al interior de la empresa. Al no resolverse sus demandas, los empleados decidieron manifestarse nuevamente, esta vez exponiendo su inconformidad trabajando a paso lento y con menos agilidad, lo que vino a causar el despido de muchos trabajadores.

La difícil situación obligó a los trabajadores a congregarse en forma clandestina. Con una base organizada, lograron conformar una comisión de 270 miembros que consiguieron organizar y planear una nueva huelga general que se registró en febrero de 1978. La situación se volvía cada vez más difícil para los trabajadores. Los obreros fueron víctimas de amenazas y presiones que llegaron incluso a la violencia, pues al poco tiempo arribó hasta Nacozari un contingente de 400 efectivos del Ejército. Con la presencia intimidante de los soldados, se les dio a los huelguistas un plazo de 72 horas para reanudar sus labores e incorporarse a las labores de construcción. La situación resultó en varias negociaciones. La empresa, por su parte se comprometió a mejorar las condiciones laborales, no sin antes despedir a un total de 52 trabajadores que se habían sumado agresivamente a la huelga. Cuando por fin se cumplió el plazo acordado, no había señales de resolución a las demandas, por lo que se organizó un nuevo paro de labores que habría de estallar el 29 de abril de ese año. Los trabajadores contaron en esta ocasión con el apoyo de obreros de los pueblos aledaños, incluso con mineros del vecino estado de Arizona. Cuando hubieron transcurrido casi dos meses del paro, el movimiento de huelga fue sofocado nuevamente con la presencia del Ejército y elementos de la policía federal. El violento resultado condujo a la disolución de la huelga y al arresto de 38 dirigentes que fueron trasladados directamente en aviones de la Fuerza Aérea hasta la Ciudad de México, donde se les acusó del delito de terrorismo. La represión fue incluso calificada como «salvaje» en la prensa y en los medios nacionales.

Avance de las operaciones mineras en Nacozari

A pesar de los paros laborales y de las atrasadas condiciones en las que algunos obreros trabajaban, el proyecto de modernización y desarrollo seguía en pie y estaba más vivo que nunca.

La segunda etapa de desarrollo inició en 1978 con la construcción de la infraestructura necesaria para procesar el mineral. Casi una década después, el 1º de junio de 1986 —con la presencia del presidente Miguel de la Madrid Hurtado y los gobernadores de Sonora, Arizona y Nuevo México, Rodolfo Félix Valdez, Bruce Babbitt y Toney Anaya, respectivamente—, se inauguró la nueva planta fundidora sobre el kilómetro 21 al margen de la carretera federal número 17, al norte de Nacozari. Al igual que las inversiones iniciales que iniciaron los estadounidenses a principio del siglo XX, las nuevas tecnologías de la inversión mexicana habrían de marcar en la región un precedente para las nuevas generaciones. Así pues, la nueva y moderna planta arrancó con una capacidad anual para procesar hasta 180,000 toneladas de cobre.

Tras la disolución oficial y voluntaria de la Moctezuma Copper Company el 8 de junio de 1979 ante las instancias estadounidenses en el estado de West Virginia, todos los bienes muebles e inmuebles que obraban en su poder, pasaron a formar parte de los activos de la nueva empresa mexicana, a excepción de la antigua biblioteca, que después de muchos años de abandono, fue otorgada al municipio de Nacozari de García para el asentamiento de los poderes municipales.

Más de ocho décadas habían pasado desde la instalación de la Moctezuma en territorio nacional. Con ella se iba toda una era en la historia moderna de la minería en Sonora. En Pilares quedaban como mudos testigos las viejas torres del malacate, las viviendas abandonadas y saqueadas. En Nacozari permanecieron en pie las antiguas estructuras de piedra labrada como fieles testigos presenciales de una época en la que se vivió el desarrollo y el crecimiento de un Nacozari que se encontraba en el abandono a finales del siglo XX. Abundaban los recuerdos y las añoranzas de quienes por muchos años trabajaron en los socavones de la mina. Ahora, la nueva realidad presentaba un panorama ineludible. Nacozari empezaba a crecer nuevamente en vías de convertirse, una vez más, en el gran orgullo de la minería mexicana.

El año de 1979 marcó el inicio de una nueva era. La nueva concentradora inició operaciones ese año con una capacidad para procesar hasta 72,000 toneladas de mineral diariamente. Para 1986, la cantidad aumentó en un 25 por ciento, logrando procesar un total de 90,000 toneladas al día.

Finalmente, una década más tarde, el 7 de noviembre de 1989, en el marco del 82º aniversario luctuoso del héroe de Nacozari, don Jorge Larrea Ortega, acompañado por el gobernador Rodolfo Félix Valdez, anunció oficialmente el cambio de domicilio fiscal de Mexicana de Cobre S.A. de C.V. al municipio de Nacozari de García.

Actualmente la empresa forma parte de la división minera de Grupo México que adquirió el 95 por ciento de la empresa a finales de la década de 1980, y cuya principal actividad es la minería, misma que ha detonado el desarrollo económico en distintas regiones. Nacozari alberga en La Caridad, una de las tres minas de cobre de explotación a tajo abierto más grandes del mundo, sumándose también a la producción de oro, plata y molibdeno.

En el estado de Sonora, la industria de la explotación del cobre se compone de un total de cinco distintas minas productoras del metal rojo, dentro de las cuales se encuentra La Caridad, como una de las dos más grandes de México. Gracias a ella, Sonora se ha convertido en el único estado de la república en producir molibdeno, un mineral aditivo que se utiliza en acerías, en vaciados de hierro y en la elaboración de reactivos químicos.

Nacozari de García cuenta con un complejo minero-metalúrgico completamente integrado. Desde la mina a tajo abierto, hasta la planta de alambrón, de trituración, de concentración por flotación, fundición, refinación y planta para metales preciosos.

Fotografía: *Planta concentradora de Mexicana de Cobre, S.A. de C.V.* © *Ernesto Ibarra.*

El año de 1979 marcó el inicio de una nueva era. La nueva concentradora de Mexicana de Cobre inició operaciones ese año con una capacidad para procesar hasta 72 mil toneladas de mineral diariamente. Para 1986, la cantidad aumentó en un 25 por ciento, logrando procesar un total de 90 mil toneladas al día.

Consideraciones finales

La agenda de Sonora para las próximas décadas está marcada, entre otras cosas, por la disputa por los recursos naturales. Así lo anticipó el historiador sonorense Ignacio Almada Bay en el año 2010. Y al concluir con esta obra que da un breve recorrido por más de trescientos años de la historia de Nacozari de García, bien podríamos decir que, en efecto, la historia de esta región del estado está caracterizada por los recursos naturales que se esconden en el subsuelo.

La minería sigue siendo para Sonora una de las principales actividades económicas que permiten el desarrollo de la entidad. Ha sido tanto su impacto, que el propio escudo del estado incorpora los elementos distintivos de esta importante industria.

La historia seguirá su rumbo, y con ella, el estilo de vida de su gente. Los vaivenes de la economía seguirán definiendo el curso de la historia de la minería. El pesado péndulo del destino oscilará como siempre lo ha hecho; unas generaciones vendrán, otras dejarán de acompañarnos, pero de algo podemos estar seguros: Nacozari de García será siempre recordado por la riqueza mineral que emana de sus entrañas.

Para el año 2016, año de la publicación de este libro, la actual empresa minera Mexicana de Cobre, de Grupo México, habrá de cumplir cuarenta y ocho años de operaciones; le faltarán más de tres décadas para estar a la par del período en que operó en Nacozari la Moctezuma Copper Company que, durante sus más de cuatro décadas de existencia, dejó en el pueblo un histórico legado.

A pesar de las negociaciones, nacionales y extranjeras, que han llegado hasta la serranía nacozarense en busca de sus riquezas, es su gente la que dibuja el presente y define la realidad. Sin el impulso de los primeros mineros y gambusinos a mediados del siglo XIX, hasta los trabajadores del siglo XXI que extraen los minerales empleando la más moderna tecnología, es el factor humano el que le da rostro a este pueblo. Son sus pobladores quienes impulsan y sacan adelante esta tierra. El ejemplo más destacado de ello fue el heroísmo de José Jesús García Corona que aquel 7 de noviembre de 1907 —lejos de contemplar las pérdidas materiales—, fueron sus semejantes lo que cruzaron el pensamiento del valiente ferrocarrilero.

La llegada del nuevo milenio trajo consigo cuantiosos retos: unos añejos, unos nuevos y otros que están por definirse. Ciertamente, la historia de Nacozari que se relata en estas páginas no es, ni pretende ser, la versión única y definitiva. Esta obra es únicamente parte un trabajo constante de investigación que no concluye con su publicación, pues la historia de este pueblo sigue formulando muchísimas interrogantes que sólo podrán aclararse con investigaciones más a fondo. Con el tiempo surgirán nuevas fuentes de información que probablemente vengan a confirmar, corregir o reescribir lo que hasta hoy conocemos. No obstante esta posibilidad, las páginas de este libro brindarán al lector la información más básica y elemental para comprender la realidad de nuestro entorno. Y ese conocimiento —con certeza—, infundirá entre las nuevas generaciones un amor más arraigado por esta tierra; un cariño equiparable, tal vez, al amor que impulsó al héroe de Nacozari a entregar su vida por el pueblo.

Durante más de tres siglos, las generaciones que nos antecedieron hicieron lo posible, con su esfuerzo y dedicación, para forjar el Nacozari de García que hoy tenemos. Nos toca ahora a nosotros contribuir con nuestro esfuerzo para entregar a las futuras generaciones un pueblo donde siga valiendo la pena el sacrificio del héroe de Nacozari. Escribir las nuevas páginas que serán parte de su registro histórico será nuestra tarea. El reto es grande. La historia nos espera...

Lugares emblemáticos de la historia contemporánea

Fuente de las Sonrisas: un regalo europeo para Nacozari

Uno de los íconos más emblemáticos que engalanan la plaza central de Nacozari de García es, sin lugar a dudas, la famosa Fuente de las Sonrisas: un hermoso obsequio europeo que desde 1921 adorna el centro histórico del poblado.

La joya arquitectónica, además de ser la única en toda la República Mexicana, es también la segunda en su tipo en todo el continente americano. En Europa existen cinco ejemplares: en Dijon, Francia; Odessa, Ucrania; Düsseldorf, Alemania; Burmmen, Holanda y Zúrich, Suiza. En el hemisferio occidental se tiene registro de dos réplicas únicamente, una en Denver, Colorado, EE.UU., y la más grande en Nacozari de García, Sonora. De todas las réplicas que existen, la versión mexicana es la que cuenta con un diseño único y distinto a las demás. Fue hasta el año 2010, cuando varios historiadores alemanes se enteraron de la existencia de la fuente en Nacozari de García, causando gran sensación entre los estudiosos del arte moderno. Aunque para muchos es ya un ícono que distingue al pueblo serrano, para las nuevas generaciones presenta interrogantes lógicas e inevitables: ¿Cuáles son los orígenes de la fuente? ¿Cómo y por qué llegó hasta Nacozari? La respuesta a estas preguntas se remonta al año de 1918 en París, Francia, cuando en Europa occidental se vivían aún los estragos causados a finales de la Primera Guerra Mundial.

La historia que el lector está a punto de descubrir fue relatada directamente por el mismo arquitecto-decorador que diseñó la base de la fuente y la plaza central del pueblo, con la cual se buscaba inaugurar en el pueblo la década de los alegres años veinte.

Transcurría el año de 1918. En una exposición de arte que se llevaba en la ciudad de País, Francia, James Stuart Douglas —uno de los hijos del profesor James Douglas, el fundador del Nacozari moderno—, entabló una plática con el destacado arquitecto neoyorquino Leslie Giffen Cauldwell (1864-1941), uno de los expositores. Al tiempo se entrevistaron de nuevo en el estudio personal del artista, donde intercambiaron opiniones sobre arte moderno. Fue a partir de ahí donde nació una de las propuestas más insólitas que el artista habría de recibir. Ese mismo año había fallecido en Nueva York el octogenario filántropo canadiense James Douglas, por lo que sus hijos deseaban erigir en Nacozari de García un monumento a su memoria que sería presentado también como un obsequio al pueblo nacozarense.

Mientras sus familiares debatían en Estados Unidos la forma de homenajear a su padre, su hijo James Stuart encontró en París la idea perfecta. El también ex gerente general de la Moctezuma Copper Company planteó a Cauldwell, de 54 años, la propuesta de viajar de regreso a las Américas para instalar personalmente en México una réplica de una fuente que había lo cautivado en el pueblo de Dijon, Francia. La insólita propuesta implicaba viajar hasta Nueva York, de ahí a Arizona y después hasta la sierra de Sonora para hacer realidad la visión de la familia Douglas.

El arquitecto —que se desempeñaba también como decorador y capitán en la Cruz Roja Americana—, aceptó el proyecto. Había, sin embargo, un pequeño inconveniente: ninguno conocía al autor de la obra en bronce que adornaba el área central de la fuente. Tras una breve investigación encontraron al autor de la hermosa obra. Se trataba del afamado escultor francés Max Blondat (1872-1926). Douglas dispuso de los recursos necesarios para que el escultor reprodujera su magnífica obra mediante el proceso conocido como «cera perdida». Era el método más costoso pero también el más artístico en cuanto a su producción. Se trataba, de hecho, del proceso que utilizaba el famoso escultor renacentista italiano Benvenuto Cellini en el siglo XVI.

Mientras se hacían las negociaciones y los preparativos para la reproducción de la obra, llegaron hasta París los planos de la plaza central de Nacozari de García. A primera vista, el terreno parecía estar completamente nivelado. No obstante, al contemplar el diseño de aquél lugar, el arquitecto diseñador vio que la pequeña fuente se perdería en aquella inmensidad de terreno. En vista ello, Cauldwell escribió hasta Nueva York proponiendo al señor Douglas un nuevo diseño para la base de la fuente. En el propio estudio de Blondat en París diseñaron una maqueta que logró llegar tiempo después hasta el estado de Arizona, donde recibió el visto bueno de la familia Douglas.

A diferencia de la obra original situada en Dijon, Francia, la nueva propuesta contemplaba una obra de mayor tamaño. La escultura en bronce, que consiste en un grupo de tres niñas sentadas sobre una gruta de la que emana el agua de la fuente, tendría dos piletas y no una como en los demás diseños. En contraste a la obra francesa, el grupo de ranas en bronce que intercambian miradas con las niñas, no estaría posicionado sobre la orilla de la fuente, sino al interior de

Fotografía: *Freeport-McMoRan, Inc. - Phelps Dodge Collection.*

Al arquitecto-decorador neoyorquino Leslie Giffen Cauldwell supervisa personalmente la construcción de la obra. Diciembre de 1920.
La piedra cantera fue cuidadosamente cortada en Indiana, EE.UU., desde donde llegó directamente en tren hasta Nacozari de García.

una pila que forma parte de la gruta al interior de la fuente. La base circular estaría rodeada de un redondel de piedra de ocho pies que se eleva, a su vez, tres pies sobre la jardinera que rodea a la fuente. El acceso al redondel superior contaría con tres escalinatas de piedra. En un principio se contemplaron dos accesos, pero fue el propio Blondat quien sugirió el tercero.

Los escalones de piedra estarían conectados por el círculo de piedra más grande de donde nace el jardín. En el área verde se sembrarían plantas perennes sobre tierra fértil para adornar los alrededores de la base.

Todo estaba listo; la fecha había llegado. La noche del 24 de noviembre de 1920 llegó en tren hasta Nacozari el arquitecto Cauldwell acompañado de *Monsieur* Ratti, el escultor encargado de pulir y tallar la cantera. Sin nadie que fuera a recibirlos a la estación, el artista y su acompañante recorrieron la parte trasera de la biblioteca y subieron a lo que Cauldwell supuso que sería la plaza central. La sorpresa fue inevitable:

—*Oh, mon Diu, c'est la fontain!* «¡Dios mío, es la fuente!» —exclamó en francés, el asombrado artista ante la grande fortaleza circular en el centro de la plaza.

—¡Jamás! —replicó su acompañante.

—Tiene por lo menos unos cinco pies de altura —añadió.

Se percataron después que sólo se trataba de la base de cemento donde se montaría posteriormente la fuente de piedra labrada. Pero algo estaba diferente. A diferencia de los planos que había visto en París, la plaza estaba completamente desnivelada; parecía tener al menos unos dos pies de diferencia de norte a sur. Esa misma noche, ya estando en el hotel, sobrevino sobre el arquitecto la preocupación por solucionar el problema del desnivel. Finalmente logró conciliar el sueño tras haber encontrado la respuesta a sus inquietudes respecto al diseño.

Al día siguiente se entrevistó con los ingenieros Irwin y Hamilton, los encargados de la obra, quienes le confesaron que el enorme muro de cemento les habían preocupado y habían solicitado que se detuviera

Fotografía: *Freeport-McMoRan, Inc. - Phelps Dodge Collection.*

Construcción de la Fuente de las Sonrisas. Diciembre de 1920.
A diferencia de la obra original en Dijon, Francia, la nueva propuesta contemplaba para Nacozari una obra de mayor tamaño. La joya arquitectónica, además de ser la única en toda la República Mexicana, es también la segunda en su tipo en todo el continente americano.

---

la obra en tanto llegara desde París el arquitecto-decorador.

Cauldwell les presentó una nueva idea. Entre los tres analizaron un nuevo bosquejo donde proponían elevar el nivel de la plaza y colocar escalones que condujeran a la calle que rodeaba el parque frente a la biblioteca. Con la autorización de los arquitectos, comunicaron a Douglas la propuesta sin necesidad de contemplar el punto de vista del ayuntamiento para el avance de la obra que alteraría el diseño de la plaza.

Con los cambios en la nivelación de la plaza se alteraba todo el diseño del pequeño parque, pero a pesar de los cambios, Douglas aceptó sin reserva, pues se trataba de un diseño que estaría a la altura de la magnífica obra francesa que adornaría el centro del poblado.

Las dificultades de la obra en la construcción de la fuente se superaron gracias al talento de los ingenieros auxiliares. La piedra cantera fue cuidadosamente cortada y labrada por la empresa estadounidense John A. Rowe Cut Stone Company de Bedford, Indiana,

EE.UU., desde donde llegó directamente en tren hasta Nacozari de García.

Al proyecto incluyeron también un nuevo elemento que hasta le fecha marca la diferencia entre las demás fuentes de su tipo. A los costados de la fuente, como dos imponentes guardianes, se colocaron a varios metros de distancia, dos copas de cantera labrada con la cabeza de dos gárgolas cada una; ambas sobre la base de altos pedestales del mismo material. El diseño se logró gracias a *Monsieur* Ratti, el escultor que acompañó al arquitecto Cauldwell hasta Nacozari en 1920.

Antes de inaugurar la magnífica obra, habría que adecuar el parque para contar con la iluminación necesaria, pues una escultura de esta naturaleza merecía permanecer iluminada para lucir su esplendor durante la noche.

Frente a la fuente, la hermosa biblioteca contaba con ocho pequeños faroles que iluminaban el balcón y el pórtico principal, pero resultaban insuficientes para la iluminación total del parque. Para solucionar el problema, idearon una opción que a su vez vendría a coronar la bella obra arquitectónica. Aprovechando las instalaciones de la concentradora de la empresa, se fundieron en Nacozari ocho postes de cobre para el alumbrado público del parque. Ese sería el sello final que iluminaría los alrededores de la fuente. El diseño del arquitecto incluía en cada farol a un grupo de cuatro delfines con la cola deslizada sobre el aire y en el pico se colocarían anillos movibles de bronce de donde se colgarían, de poste a poste, guirnaldas con pequeñas luces que en las noches de fiesta iluminarían los árboles de pimiento que rodeaban el parque.

La escultura de bronce había llegado hasta Nacozari. Eran tres niñas que se colocarían como si estuvieran sentadas a orillas de una gruta de donde emana el agua en forma de cascada. Las esculturas miran fijamente a tres ranas reunidas sobre una roca, viendo también a las pequeñas. La mayor de las tres niñas, de unos diez años de edad, está visiblemente sorprendida; la segunda, de seis años, sonríe al igual que la otra y la tercera y más pequeña, de unos tres años de edad, parece no comprender bien aquél tierno cuadro.

Fotografía: *Arizona Historical Society*.

Fuente de las Sonrisas. Década de 1920.

A SU OBRA ORIGINAL, MAX BLONDAT la llamó *Jeunesse*, que en francés quiere decir «Juventud». El arquitecto Cauldwell, en cambio, bautizó a la obra de Nacozari como «Fuente de las Sonrisas», pues decía que nadie puede detenerse sin admirar esta obra de arte sin sonreír de oreja a oreja.

En 1921, Cauldwell escribió en sus memorias que entre los mexicanos, el espíritu de inocente alegría se siente entre los viejos, hombres y mujeres, jóvenes, padres de familia y niños de escuela. A su obra original, Max Blondat la llamó *Jeunesse*, que en francés quiere decir «Juventud». El arquitecto-diseñador la bautizó en cambio, como «Fuente de las Sonrisas», pues decía que nadie puede detenerse sin admirar esta obra de arte sin sonreír de oreja a oreja.

A pesar de que en la ciudad de Jerome, Arizona existe desde 1916 una lujosa mansión que perteneció a la familia del profesor Douglas, sus hijos eligieron a Nacozari de García para inmortalizar el nombre de su padre. Ni si quiera Bisbee, ni la propia ciudad de Douglas, Arizona, fundada en honor a James Douglas, fue elegida como punto para construir el hermoso memorial. Fue pues el pueblo de Nacozari el lugar elegido para albergar la hermosa obra parisina.

Al igual que los imponentes edificios de piedra de corte europeo que rodean la plaza, la fuente ha permanecido al igual que ellos como mudo testigo de la historia que se forjó a su alrededor. A pesar de los muchos cambios estéticos que ha sufrido la plaza a través de los años, la Fuente de las Sonrisas sigue firme, adornando con su singular belleza el centro histórico del municipio. Sigue siendo, a la fecha, la única réplica de la magnífica obra francesa en todo México. Es, indiscutiblemente, una hermosa joya que merece ser preservada.

El castillo de la cuesta

«Al otro lado de un profundo arroyo, entre frutas y flores, esbelta y gentil, se asienta una magnífica finca de blanquísima piedra labrada que parece como por encanto llevada de una ciudad al corazón de la montaña...» Con estas poéticas palabras el historiador Federico García y Alva describió en 1907 la hermosa y elegante residencia escondida entre los cerros que rodean a Nacozari.

El imponente castillo fue edificado entre 1898 y 1899 por Francis «Frank» Marion Watts, un inglés naturalizado mexicano que se dedicaba a actividades mineras en el norte de Sonora y que habitó el inmueble junto con su esposa, la señora Guadalupe Ruiz de Watts. Su construcción sobre una loma a un costado de un arroyo hace de este hermoso lugar un encantador panorama adornado de viñas y árboles frutales. Celosamente escondida entre cerros y cañadas, la casona de piedra fue el inmueble que albergó por algún tiempo las oficinas centrales de la compañía minera The Sonora Land and Mining Company durante los primeros años del siglo XX.

Durante sus años como sede de la empresa minera, se controlaron desde ahí las operaciones de 84,000 hectáreas de tierras de agostadero en Arizpe, 400,000 en Moctezuma y 117,000 en Sahuaripa. Quienes buscaban invertir en buenos negocios llegaban hasta el castillo para ponerse en contacto con las autoridades de dicha empresa.

Watts habitó en su residencia durante algunos años de la década de 1900 hasta que decidió venderla a la Moctezuma Copper Company, la cual, a su vez, la vendió a la Iglesia Católica quien, bajo la administración del presbítero Jesús Alba Ávila, se rentaba a algunas familias. En enero de 1909, la Moctezuma adquirió cerca de 80 hectáreas de terreno alrededor del inmueble a efectos de contar con acceso al agua y evitar posibles conflictos con el derecho de vía del ferrocarril.

Entre 1926 y 1929, durante la guerra iniciada por el gobierno del general Plutarco Elías Calles contra el clero católico, el pueblo mexicano vivió en carne propia las escenas de otra inquisición en pleno siglo XX. Ante el asesinato de sacerdotes y el cierre de templos, el castillo de la cuesta se convirtió en un escondite perfecto para los religiosos que buscaban realizar en secreto sus rituales. En este lugar se escondió incluso el obispo de Sonora, don Juan Navarrete y Guerrero, con un grupo de seminaristas durante aquella guerra que costó la vida de más de 250,000 personas.

El castillo se siguió utilizando como templo clandestino para los fieles católicos, especialmente en la década de 1930, ya que mediante un decreto presidencial promulgado el 18 de julio de 1934 por el presidente de México Abelardo L. Rodríguez (1932-1934), se retiró del servicio del culto público al templo parroquial de Nacozari de García, procediendo la Secretaría de Hacienda y Crédito Público a tomar posesión del inmueble y sus anexos.

Para 1939, y ya concluida la guerra, el padre Alba vendió el inmueble en 10,000 pesos a un mestizo chino de nombre Tomás Grijalva, quien, lejos de preservarlo debidamente, empezó a vender los techos. Tiempo después, ante una crítica situación económica, empeñó la propiedad al señor Gustavo Vásquez Gudiño, quien se quedó con aquél lugar ante la imposibilidad de Grijalva por recuperar la posesión.

A la fecha, el castillo de la cuesta sigue siendo un simbólico edificio histórico que encierra dentro de sus paredes más de un siglo de historia; y al igual que en los primeros años de su construcción, el inmueble sigue siendo una importante atracción para las nuevas generaciones.

Fotografía: *Arizona Historical Society.*

El castillo de la cuesta
Mansión edificada entre 1898 y 1899 por el inglés Frank Marion Watts. En sus inicios formó parte de la empresa Sonora Land & Mining Company; pasó después a manos de particulares, siendo incluso escondite para religiosos durante la Guerra Cristera (1926-1929).

Cronología de hechos históricos

1645   Primeras evidencias de presencia de indígenas ópatas en la región de Nacozari.

1660   El misionero jesuita Guilles de Fiodermont funda el poblado de Nuestra Señora del Rosario de Nacozari como real de minas con su respectiva parroquia.

1724   El destacado militar Ventura Félix Calvo, teniente de justicia mayor y capitán de guerra del real de minas de Nuestra Señora del Rosario de Nacozari, se suma a las campañas militares contra los apaches.

1742   El 5 de mayo, un grupo de apaches ataca el mineral de Churunibabi.

1754   El 16 de abril, una banda de apaches ataca al sacerdote Pedro Rodríguez Rey. Los indígenas destruyen el pueblo, incendian la parroquia y dejan el lugar en ruinas.

1885   Se registra en Nacozari el último ataque de los apaches.

1892   Un explorador estadunidense de nombre William Charles Streeter denuncia formalmente la mina «Los Pilares», obteniendo la concesión correspondiente el 1º de abril.

1896   El 4 de febrero, se constituye legalmente y se instala en Nacozari la empresa minera Moctezuma Copper Company, S.A. como filial mexicana de la minera estadounidense Phelps Dodge & Corporation.

1899   Se constituye legalmente la Compañía del Ferrocarril de Nacozari.

1900   El 31 de julio, entra en operaciones la «Casa de Fuerza» como una de las plantas de energía eléctrica más grandes y modernas de Latinoamérica.

1901 Queda concluido el tramo ferroviario de Nacozari a los campos de El Porvenir.

1904 Se concluye la construcción de un ferrocarril de Douglas, Arizona a Nacozari con una distancia de 123 kilómetros.

El 26 de mayo, llega a Nacozari la primera locomotora desde los EE.UU.

1905 El 27 de abril, la Compañía del Ferrocarril Cananea, Río Yaqui y Pacífico recibe una concesión para construir un tramo ferroviario desde el puerto de Guaymas hasta la población de Nacozari.

1907 El ferrocarrilero José Jesús García Corona salva al pueblo de una catástrofe al conducir fuera de la población un tren cargado de explosivos.

Se inaugura la «biblioteca» como centro de entretenimiento para la fuerza laboral.

1908 El 15 de octubre, se otorga a Jesús García Corona de manera póstuma en Washington, D.C., Estados Unidos la medalla *The American Cross of Honor* como homenaje a su heroísmo. Se convierte en el primer mexicano en recibir el galardón estadounidense.

1909 El 24 de julio, la autoridad eclesiástica autoriza el funcionamiento de la parroquia de Nacozari de García.

El 7 de noviembre se inaugura el monumento al héroe de Nacozari.

El Congreso del Estado modifica el nombre de la comisaría de Nacozari y la nombra «Nacozari de García» en honor al joven ferrocarrilero.

1910	Para el mes de julio, las minas de Pilares de Nacozari albergan los segundos depósitos de cobre más grandes del mundo.
1912	El 4 de septiembre, un contingente de soldados federales al mando de Plutarco Elías Calles logra derrotar a un grupo de rebeldes anti maderistas en una batalla que se prolonga por más de 30 horas.
	El 15 de octubre, entra en vigor la ley número 76 que eleva a Nacozari de García a categoría de municipio libre.
	Se termina y entra en operaciones la presa «El Huacal».
1913	El 19 de enero, se celebran comicios para elegir al primer ayuntamiento constitucional de Nacozari de García.
	El 8 de marzo, inicia una intensa batalla entre maderistas y 250 tropas federales el mando del teniente coronel López a cargo de la guarnición federal en el municipio.
	El 10 de marzo concluye la ofensiva con la victoria de las tropas al mando de Plutarco Elías Calles, Esteban Baca Calderón y Pedro F. Bracamonte. Nacozari de García queda bajo control de las fuerzas constitucionalistas. Fue la primera victoria en Sonora contra el régimen de Victoriano Huerta.
	El 12 de marzo, la Primera División Fronteriza del Ejército Constitucionalista del Estado de Sonora lanza desde Nacozari de García el llamado «Plan de Nacozari» convocando a los sonorenses a tomar las armas contra el gobierno del general Huerta.
1914	El 1º de octubre, se enfrentan en Nacozari de García las tropas carrancistas al mando de Plutarco Elías Calles y Benjamín Hill contra las tropas de Villa y Maytorena. Los carrancistas toman la plaza a pesar la desventaja numérica.
1915	El 30 de diciembre, el ejército villista intenta tomar la plaza de Nacozari, siendo derrotado por las tropas de Plutarco Elías Calles.

1918   El 1° de enero entra en vigor la ley número 16, que declaraba municipio libre a la comisaría de Pilares de Nacozari.

1919   El 22 de julio, se exhuman los restos de Jesús García Corona para trasladarse —personalmente por el gobernador Plutarco Elías Calles— y depositarse al pie del monumento a su memoria.

1921   A partir del 15 de abril se suspenden por tres años las operaciones industriales en Nacozari de García y Pilares de Nacozari.

1931   El 1° de enero, entra en vigor la ley número 68 que incorpora al pueblo minero del Tigre, Sonora a la jurisdicción municipal de Nacozari de García.

Con la entrada en vigor de dicho ordenamiento desaparece el municipio de Óputo, Sonora y se incorpora al municipio de Pilares de Nacozari en calidad de comisaría.

En noviembre entra en vigor la ley número 16 que desaparece el municipio de Pilares de Nacozari.

1934   El 13 de julio, por decreto presidencial, se retira del culto al templo parroquial del Sagrado Corazón de Jesús en Nacozari de García, Sonora. La Secretaría de Hacienda y Crédito Público procede a tomar posesión del edificio con todos sus anexos.

1937   Se constituye el Ejido Nacozari de García mediante resolución presidencial.

1939   El 16 de mayo, el Congreso del Estado decreta la ley número 134 que declara a Nacozari de García como capital provisional del estado de Sonora por un lapso de tres días como homenaje de simpatía al presidente de la República Lázaro Cárdenas, que visitó el mineral esos días.

1941   El 21 de julio el Ayuntamiento de Nacozari de García, en sesión de cabildo, declara oficialmente desaparecido el poblado de Casa de

Teras en virtud de la construcción de la presa Lázaro Cárdenas.

1942   Concluye la construcción de la presa Lázaro Cárdenas (iniciada en 1936), conocida como «La Angostura», sobre el cauce del río Bavispe dentro del municipio de Nacozari de García, con una capacidad para almacenar más de 703 millones de metros cúbicos de agua.

1949   El 1° de junio, se suspenden en definitiva los trabajos de la empresa Moctezuma Copper Company, causando el despido de miles de trabajadores y el éxodo masivo de las poblaciones de Nacozari de García y Pilares de Nacozari.

1963   En noviembre, Jesús García Corona es introducido al Salón Nacional de la Fama de los Ferrocarrileros de los Estados Unidos en el marco de su 56° aniversario luctuoso.

1964   El 7 de noviembre, entra en vigor la ley número 4 que declara el 07 de noviembre de cada año como día solemne en el estado de Sonora en conmemoración de la gesta heroica del héroe ferrocarrilero Jesús García Corona.

1965   El 31 de marzo, fallece en Nacozari de García el afamado músico y compositor Silvestre Rodríguez Olivares.

El 15 de agosto, procede la nacionalización *de facto* el Ferrocarril de Nacozari en virtud del abandono definitivo de la empresa ferrocarrilera Southern Pacific.

1967   El 7 de junio desaparece oficialmente la comisaría El Tigre en la jurisdicción municipal de Nacozari de García con la entrada en vigor de la ley número 98.

El 7 de noviembre, en el marco del sexagésimo aniversario luctuoso del héroe de Nacozari, el Ferrocarril de Nacozari se incorpora al resto de la red ferroviaria del país.

1968   El Consejo de Recursos Naturales No Renovables celebra un convenio con la empresa Asarco Mexicana S.A. para la evaluación de grandes depósitos de cobre en Nacozari de García.

El 30 de octubre se constituye en la Ciudad de México la sociedad anónima de capital variable denominada Mexicana de Cobre con el objetivo de explotar, aprovechar y beneficiar los minerales de la Unidad La Caridad en el municipio de Nacozari de García.

1977   Nacozari de García y Douglas, Arizona se constituyen oficialmente como «ciudades hermanas» mediante acuerdo de cabildo aprobado el 3 de febrero.

1979   El 8 de junio se disuelve oficial y voluntariamente la Moctezuma Copper Company tras 84 años de existencia.

Entra en operaciones una nueva concentradora con una capacidad para procesar hasta 72 mil toneladas diarias de mineral.

1986   El 1º de junio, el presidente de la república, Miguel de la Madrid Hurtado, inaugura en Nacozari de García la fundición de Mexicana de Cobre S.A. de C.V.

1989   El 7 de noviembre, se anuncia el cambio de domicilio fiscal de Mexicana de Cobre, S.A. de C.V. al municipio de Nacozari de García.

2001   En septiembre, se introduce a Jesús García Corona al Salón de la Fama de la Minería de los Estados Unidos.

2007   El 7 de noviembre, Nacozari de García es declarado, por ley, capital del estado por un lapso de doce horas y se trasladan al municipio los poderes del estado como homenaje al centenario luctuoso de Jesús García Corona.

Bibliografía

Capítulo 1

Almada Bay, Ignacio, *Sonora. Historia breve*. El Colegio de México; Fondo de Cultura Económica, México, D.F., 2010.

Atondo, Ana María; Escandón, Patricia; López Mañón, Edgardo; Ortega Noriega, Sergio; Ortega Soto, Martha; Del Río, Ignacio; Vidargas del Moral, Juan Domingo, *Historia General de Sonora. II. De la Conquista al Estado Libre y Soberano de Sonora*, Gobierno del Estado de Sonora, Sonora, México, 1985.

De la Torre Curiel, José Refugio, *Vicarios en entredicho. Crisis y desestructuración de la provincia franciscana de Santiago de Xalisco, 1749-1860*. Universidad de Guadalajara. Centro Universitario de Ciencias Sociales y Humanidades, México, 2001.

Elizondo, Domingo, *Noticia de la expedición militar contra los rebeldes seris y pimas del cerro prieto, Sonora, 1767-1771*. Universidad Nacional Autónoma de México, México, 1999.

Garate, Donald T., *Juan Bautista de Anza. Basque Explorer in the New World*, University of Nevada Press, Reno, Nevada, 2003.

García Madrid, Manuel, *El señor del palofierro*, Editorial Garabatos, Sonora, México, 2008.

McCarty, Kieran, *A Spanish Frontier in the Enlightened Age. Franciscan Beginnings in Sonora and Arizona, 1767-1770*, Academy of American Franciscan History, Washington, D.C., 1981.

Mirafuentes Galván, José Luís, *Movimientos de resistencia y rebeliones indígenas en el norte de México (1680-1821), Guía documental II*, Universidad Nacional Autónoma de México, México, 1993.

Moncada Barajas, Carlos Ariel, *Cruz, espada y maíz: los primeros sonorenses (1533-1640)*, Hermosillo, Sonora, México.

Navarro García, Luís, *Sonora y Sinaloa en el siglo XVII*, Siglo XXI Editores, México, 1992.

Ortega Noriega, Sergio; Del Río, Ignacio; Atondo Rodríguez, Ana María, *Tres siglos de historia sonorense (1530-1830)*, Universidad Nacional Autónoma de México, México, 1993.

Polzer, Charles W.; Sheridan, Thomas E., *The Presidio and Militia of the Northern Frontier of New Spain. A Documentary History. Volume Two, Part One. The Californias and Sinaloa-Sonora, 1700-1765*. The University of Arizona Press, Tucson, Arizona, 1997.

Roca, Paul M., *Paths of the Padres Through Sonora: An Illustrated History & Guide to Its Spanish Churches*, Arizona Pioneers Historical Society, Tucson, Arizona, 1967.

Sweeney, Edwin R., *From Cochise to Geronimo: The Chiricahua Apaches, 1874-1886*, University of Oklahoma Press, Norman, Oklahoma, 2010.

Ward, Henry George, *Mexico: With an Account of the Mining Companies, and of the Political Events in That Republic, to the Present Day. In Two Volumes, Vol. I*, London, 1829.

West, Robert C., *Sonora, Its Geographical Personality*, University of Texas Press, Austin, Texas, 1993.

Yetman, David, *Conflict in Colonial Sonora. Indians, Priests and Settlers*, The University of New Mexico Press, Albuquerque, New Mexico, 2012.

Capítulo 2

Bisbee Daily Review, "The Kingdom of Nacozari", Vol. X, No. 9. Bisbee, Arizona, EE.UU., 19 de enero, 1907.

_____, "St. Patrick's Day Observed in Mexico. Grand Ball is Given in Library in Nacozari", Vol. XI, No. 82. Bisbee, Arizona, EE.UU., 22 de marzo, 1908.

_____, "Nacozari Mill Cannot Operate Much Longer Without Rain", Vol. 13, No. 36. Bisbee, Arizona, EE.UU. 22 de junio, 1910.

_____, Segunda Sección. Bisbee, Arizona, EE.UU. 07 de agosto, 1910.

Cauldwell, Leslie, *Douglas Memorial Fountain at Nacozari, Sonora, Mexico*, 1921.

Cleland, Robert Glass, *A History of the Phelps Dodge 1834-1950*, Alfred A. Knopf, New York, 1959.

De Kalb, Courtenay, "Los Pilares Mine, Nacozari, Mexico" en *Mining and Scientific Press*, Vol. 100, No. 25, San Francisco, California, 1910.

Dedera, Don, *In Search of Jesús García*, Prickly Pear Press, Arizona, 1989.

_____; Robles, Bob, *Goodbye García, Adiós*, Flagstaff Press, Arizona, 1976.

Dinsmore, Chas A., "The Moctezuma Copper Deposit in Mexico" en *The Mining World*, Vol. XXIX, No. 13, September 26, 1908,

Douglas, James, *Douglas Papers, 1880-1938*. Arizona Historical Society, Tucson, Arizona.

Dunbar, Alexander R., *American Mining Manual. Embracing the Principal Operating Metal Mines, Smelting and Refining Plants of the United States, Canada and Mexico*. The Mining Manual Co., Chicago, 1920.

Fargo, William J., "Method and Cost of Constructing the Huacal Dam in Sonora, Mexico" en *Engineering and Contracting*, Vol. XLI, No. 20, Chicago Illinois, 20 de mayo, 1914.

Figueroa Valenzuela, Alejandro; Gracaida Romo, Juan José; Hu-Dehart, Evelyn; Jiménez Ornelas, Roberto; Radding De Murrieta, Cynthia, Ruíz Murrieta, Rosa María, *Historia General de Sonora, IV. Sonora Moderno: 1880-1929*. Gobierno del Estado de Sonora, Hermosillo, 1895.

García y Alva, Federico, *México y sus progresos. Álbum-Directorio del Estado de Sonora*. Hermosillo, 1905-1907.

Gardner, E. D.; Johnson, C. H.; Butler, B. S., *Copper Mining in North America, History of Copper Mining; Sonora, Nacozari*, United States Department of the Interior, Bureau of Mines. Boletín 405, United States Government Printing Office, Washington, 1938.

Gonzáles, Michael J., *United States Copper Companies, the State, and Labour Conflict in Mexico, 1900-1910*, Cambridge University Press, United Kingdom, 1994.

Grupo México. Mexicana De Cobre, "La Mina de Pilares" en *Ecos de la Caridad, 98*; Número 72, agosto-septiembre, México, 1998.

Harner, John, "Place Identity and Copper Mining in Sonora, Mexico" en *Annals of the Association of American Geographers*, Vol. 91, No. 4, diciembre, 2001.

Hawgood, H., *Huacal Dam, Sonora, Mexico*. American Society of Civil Engineers, Informe No. 1320. 20 de mayo, 1914.

Henderson, Peter V. N. "Un gobernador maderista: José María Maytorena y la Revolución en Sonora", *Historia Mexicana*, Vol. LI, núm. 1, julio - septiembre, 2001, El Colegio de México, A.C. México, D.F., 2001.

Herrick, R. L., "El Tigre Mine. District of Moctezuma, Sonora Mexico- Duccaneergin for Ownership-Geological Notes-Mining, Milling, and Operating Costs" en *Mines and Minerals*, Vol. XXIX-No. 11. Junio, 1909. Denver, Colorado, EE.UU.

Higgins, Edwain, *The Engineering and Mining Journal*, 26 de diciembre, 1908, Vol. LXXXVI, No. 26, New York, 1908.

Lance E. Davis; Lance, Edwin Davis; Cull Robert J., *International Capital Markets and American Economic Growth*, 1820-1914, Cambridge University Press, United Kingdom, 2002.

Langton, John, *The Power Plant of the Moctezuma Copper Company at Nacozari, Sonora, Mexico*, New York, 1903.

_____, Legrand, Charles, "Steam-turbine Power and Transmission Plant of the Moctezuma Copper Company, Nacozari, Sonora, México", en *Western Electrician*, Vol. XLII, No. 15, Chicago, 1908.

_____, *Steam-turbine Power and Transmission Plant of the Moctezuma Copper Company, Nacozari, Sonora, México*. Transactions of the Canadian Society of Civil Engineers, Vol. XXII, Parte I. Enero-Junio, 1908. The Witness Press, Montreal, Canadá, 1908.

Lara, Olvera Raúl, "Nacozari: Bonanza y fin de la minería. Nacozari: Orgullo Minero" en *Sonora: Cuatro siglos de minería, Vol. II*, Gobierno del Estado de Sonora. Secretaría de Educación y Cultura, Sonora, México, 2001.

Mason Hart, John, *Empire and Revolution. The Americans in Mexico since the Civil War*, University of California Press, California, 2002.

Mining Reporter, Vol. XLIX, No. 12, *Arizpe and Moctezuma Districts*, 24 de marzo, 1904.

Moody Manual, Co. *Poor's and Moody's manual consolidated*, Vol. 1, parte 1. New York, 1921.

O'Brien, Thomas F., *The Revolutionary Mission: American Enterprise in Latin America, 1900-1945*. Cambridge University Press, United Kingdom, 1996.

Parker's, Morris B., *Mules, Mines and Me in Mexico 1895-1932*, The University of Arizona Press, Tucson, Arizona, 1979.

Quijada Hernández, Armando, *Cumpas. Fragmentos de su historia*, Hermosillo, Sonora, 1993.

_____, Rubial Corella, Juan Antonio, *Historia General de Sonora, III. Periodo del México Independiente 1831-1883*. Gobierno del Estado de Sonora, Hermosillo, 1895.

Rickard, T. A., *Interview with Mining Engineers*, San Francisco Mining and Scientific Press, California, 1922.

Romero Gil, Juan Manuel, *La minería en el noroeste de México: Utopía y realidad 1850-1910*, México, D.F., Universidad de Sonora y Plaza y Valdés, 2001.

_____, *Sonora: La revolución en el Socavón, 1910-1918*. México, D.F., 2009.

_____, Heath, Hilarie, J.; Rivas Hernández, Ignacio, *Noroeste minero. La minería en Sonora, Baja California y Baja California Sur durante el porfiriato*, Instituto Sudcaliforniano de Cultura, Plaza y Valdés, Baja California Sur, México, 2002.

Russell, B. E., "Nacozari Mining District, Sonora, Mexico" para *The Engineering and Mining Journal*, 03 de octubre, 1908, Vol. LXXXVI, No. 14, New York, 1908.

Schwantes, Carlos A., *Vision and Enterprise. Exploring the History of the Phelps Dodge Corporation*. The University of Arizona Press, Tucson, Arizona, 2000.

Soltero Contreras, María Guadalupe, *Una Empresa y la Formación de Tres Espacios*, Sonora: Cuatro Siglos de Minería, Tomo I. Sociedad Sonorense de Historia, 2001.

Terán, Cuauhtémoc L., *Jesús García, El héroe de Nacozari*, Artes Gráficas y Editoriales Yescas, S.A., Sonora, México, 1991.

The Moctezuma Copper Company, *The Moctezuma Copper Company. Annual Report Year 1923*, Nacozari de García, Sonora, México, 1923.

Weed, Walter Harvey; *The Mines Handbook, an enlargement of The Copper Handbook, a manual of the Mining Industry of North America*, Vol. XI 1912-1913, Michigan, 1914.

_____, *The Mines Handbook, an enlargement of The Copper Handbook, a manual of the Mining Industry of North America*, Vol. XII, The Stevens Copper Handbook Co., New York, 1916.

Wynkoop, James, "Pilares Copper Mines Operate Two Hundred Miles of Working" en *Los Angeles Herald*, 30 de Julio, 1910. Vol. 37, No. 302, Los Ángeles, California, 1910.

Capítulo 3

Barney Sturgis, Edward, *Mines Register: Successor to the Mines Handbook and the Copper Handbook. Describing the Non-Ferrous Metal Mining Companies in the Western Hemisphere*. Vol. 14. Mines Publications, Inc., 1920.

Bird, Allen T., *Huacal & Churunibabi*. Periódico: *The Oasis*, Nogales, Arizona, 21 de noviembre, 1903. Vol. II, No. 2. Chronicling America: Historic American Newspapers. Biblioteca del Congreso de los EE.UU.

Camou Healey, Ernesto; Conde, Óscar; Chávez, J. Trinidad; Guadarrama Rocío; Ibarra, Eduardo; Lagarda, Horacio; León Ricardo; Manríquez, Miguel; Martínez, Cristina; Martínez, Lourdes; Peña, Elsa M.; Ramírez, José Carlos; Silva, Carlos; Vidal, Alonso, *Historia General de Sonora. V. Historia Contemporánea de Sonora 1929-1984*. Gobierno del Estado de Sonora. Hermosillo, 1895.

Chacón Flores, Carlos Alberto, *Procesos de constitución y desarrollo del company town de la mina La Caridad (1970-1985)*. El Colegio de Sonora, Sonora, México, 2014.

De Kalb, Courtenay, *Los Pilares Mines, Nacozari, Mexico*. Mining and Scientific Press. San Francisco, California, 1910.

Douglas, James, carta dirigida a J. S. Williams, Gerente General de la Moctezuma Copper Company. 12 de noviembre de 1917.

El Paso Herald, El Paso, Texas; 12 de abril, 1911. Chronicling America: Historic American Newspapers. Biblioteca del Congreso de los EE.UU.

_____, 05 de julio, 1911. Chronicling America: Historic American Newspapers. Biblioteca del Congreso de los EE.UU.

_____, 18 de junio, 1913. Chronicling America: Historic American Newspapers. Biblioteca del Congreso de los EE.UU.

_____, 03 de diciembre, 1913. Chronicling America: Historic American Newspapers. Biblioteca del Congreso de los EE.UU.

El Tigre Silver Corp., "Drilling Commences at the El Tigre Property, Sonora, Mexico", 27 de enero, 2011.

El Universal, 20 de septiembre de 1931. México, D.F.

Emmons, Samuel Franklin, "Los Pilares Mine, Nacozari, Mexico" para *Economic Geology. The American Geologist*, Vol. I, No. 7, julio-agosto, 1906.

Figueroa, Gustavo Adolfo, *Pilares y Nacozari. Reseña histórica*. Editorial Garabatos, Hermosillo, Sonora, 2008.

Gardner, E.D.; Johnson, C.H.; Butler, B.S.; *Copper Mining in North America*. U.S. Department of the Interior. Bureau of Mines. Boletín 405, Washington, D.C., 1938.

Gobierno del Estado de Sonora, *Boletín Oficial*, Tomo XXVI, 31 de diciembre de 1930. Hermosillo, Sonora, México.

Hawley, E.W., *Trunks, Leather Goods and Umbrellas*. Nueva York, 1902.

Herrick, R. L., "El Tigre Mine" en *Mines and Minerals*, Vol. XXIX, No. 11. Denver, Colorado, 1909.

Ingersoll, Ralph McA., *In and Under Mexico*. The Century Co. New York & London, 1924.

Masterson, R. M., *Opportunities in Copper Bonds. The Magazine of Wall Street*, Vol 29, No. 12. New York, EE.UU., 15 de abril, 1922.

Moctezuma Copper Company, *Acquired 1895 – 1975. Annual Report*.

Mosier, McHerny, *Report on Churunibabi Mines of the Moctezuma Copper Company*, septiembre, 1913. Nacozari de García, Sonora, México.

Oviedo Castillo, Rosa María; Ríos Ulloa, Patricia, *Pilares: Sus años de ensueño*. Instituto Sonorense de Cultura, 1997.

Parker, Morris B., *Mules, Mines and Me in Mexico, 1895-1932*. The University of Arizona Press, Tucson, Arizona 1979.

The Engineering and Mining Journal, 25 de mayo, 1905. Vol. LXXIX, No. 21. Nueva York, 1905.

The Evening Star, "Phelps Dodge Big Loss", No. 28,475. Washington, D.C., 15 de abril, 1922.

The Mexican Year Book, 1912. Londres, Inglaterra, 1912.

Thrapp, Dan L., *Encyclopedia of Frontier Biography, Vol. 1. A-F.*, Washington, 1988.

U.S. Department of Commerce and Labor. Bureau of Foreign and Domestic Commerce. *Daily Consular and Trade Reports*. Año 16. No. 1. Washington, D.C., 02 de enero, 1913.

Vásquez Montaño, Rosario Margarita, *Los Pilares de la memoria. Construcción de una identidad y la memoria colectiva de un pueblo minero*, México, 2015.

Vega Galindo, Enrique, *Pilares de Nacozari: retrospectiva histórica y social*, México, 2000.

Ward, Henry George, *Mexico, in 1825, 1826, 1827, and 1828*. Vol. I. Londres, Inglaterra, 1829.

Weed, Walter Harvey, *The Copper Handbook. A Manual of the Copper Mining Industry of the World*. Vol. XI, 1912-1913. Michigan, 1914.

_____, *The Copper Handbook. A Manual of the Copper Mining Industry of the World*. Vol. XIV. New York, 1920.

Williams, John S., *The History of the Moctezuma Copper Company. History*. Douglas, Arizona, 01 de febrero, 1922.

Capítulo 4

Acuña, Rodolfo F., *Corridors of Migration. The Odyssey of Mexican Laborers, 1600—1933*. The University of Arizona Press, Tucson, Arizona, 2007.

Alarcón Menchaca, Laura, *José María Maytorena: una biografía política*, El Colegio de Jalisco, El Colegio de Sonora, Universidad Iberoamericana, 2008.

Almada Bay, Ignacio, *Sonora. Historia breve*. El Colegio de México; Fondo de Cultura Económica, México, D.F., 2010.

Ayuntamiento de Nacozari de García, Sonora, Acta de Cabildo No. 05, 13 de diciembre, 2000.

Coatsworth, John H., *El impacto económico de los ferrocarriles en el porfiriato, I*. México, 1976.

Coordinación Nacional de Monumentos Históricos. Instituto Nacional de Antropología e Historia. Oficio No. 4012.F(6)28.2015/2521 dirigido al Lic. Jesús Ernesto Ibarra Quijada por parte del Arq. Arturo Balandrano Campos, Coordinador Nacional de Monumentos Históricos, Conaculta. México, D.F., a 18 de junio, 2015.

Dedera, Don, *In Search of Jesús García*, Prickly Pear Press, Arizona, 1989.

_____; Robles, Bob, *Goodbye García, Adiós*, Flagstaff Press, Arizona, 1976.

Diario Oficial de la Federación. Secretaría de Comunicaciones y Transportes. Acuerdo mediante el cual se destina al servicio de la Secretaría de Comunicaciones y Transportes el total de los inmuebles que constituyen las vías generales de comunicación ferroviaria denominadas Vía Corta Chiapas y Vía Corta Nacozari, así como los inmuebles e instalaciones para la presentación de los servicios auxiliares. Primera Sección. 23 de agosto de 1999.

_____, Concesión otorgada en favor del Ferrocarril Mexicano, S.A. de C.V., respecto a la vía general de comunicación ferroviaria Nacozari. Primera Sección. 17 de noviembre de 1999.

Dirección Gral. de Transporte Ferroviario y Multimodal. Secretaría de Comunicaciones y Transportes. Oficio No. 4.3.2.-140/15, dirigido al Lic. Jesús Ernesto Ibarra Quijada por parte del Ing. Ramón Plazola Flores. México, D.F. con fecha del 6 de marzo de 2015.

Dublán, Adolfo, *Legislación Mexicana. Colección completa de las disposiciones legislativas expedidas desde la independencia de la República*. Tomo XXXI, México, 1902.

Ferrocarriles Nacionales de México, Contrato de Comodato. Antigua Estación Nacozari. H. Ayuntamiento de Nacozari de García, Sonora. Ferrocarriles Nacionales de México. 28 de abril, 1999.

Figueroa Valenzuela, Alejandro; Graciada Romo, José Juan; Hu-Dehart, Evelyn; Jiménez Ornelas, Roberto; Radding de Murrieta, Cynthia; Ruiz Murrieta, Rosa María, *Historia General de Sonora IV Sonora Moderno: 1880-1929*. Gobierno del Estado de Sonora, Hermosillo, 1985.

García y Alva, Federico, *México y sus progresos. Álbum-Directorio del Estado de Sonora*. Hermosillo, 1905-1907.

Hofsommer, Don L., *The Southern Pacific, 1901 – 1985*. Texas A & M University Press, Texas, 1986.

La Patria de México. Diario. Año XXVIII, No. 8,269. 2 de julio, 1904.

Lewis, Daniel, *Iron horse imperialism: The Southern Pacific of Mexico, 1880-1951*, The University of Arizona Press, Tucson, Arizona, 2007.

Nacozari Railroad Company: Memorándum en relación a la solicitud de la Nacozari Railroad Company para reformar su concesión a efectos de permitir la extensión de la vía desde Nacozari hacia Cumpas y de Cumpas a Hermosillo, incluyendo una declaración respecto a la concesión otorgada a la Cananea, Río Yaqui & Pacific Company (Southern Pacific). D. J. Haff. 19 de octubre, 1906. México, D.F.

Nieves Medina, Alfredo, *Los ferrocarriles en Sonora*, Mirada Ferroviaria, No. 07, Boletín documental, 3ra época.

Parker, Morris B., *Mules, Mines and Me in Mexico, 1895-1932*. The University of Arizona Press, Tucson, Arizona, 1979.

Presidencia de la República. Carta dirigida al Sr. J. S. Douglas por parte del general Porfirio Díaz. 09 de julio de 1906. México, D.F.

Quijada Hernández, Armando, *Cumpas fragmentos de su historia*, Hermosillo, Sonora, 1993.

Romero Gil, Juan Manuel; Heath, Hilarie J.; Rivas Hernández, Ignacio, *Noroeste minero. La minería en Sonora, Baja California y Baja California Sur durante el porfiriato*, Instituto Sudcaliforniano de Cultura, Universidad Autónoma de Baja California Sur, Plaza y Valdez, S. A. de C. V., 2002.

Secretaría de Comunicaciones y Transportes, *Discursos pronunciados en Nacozari de García el 07 de noviembre de 1967*, México, 1967.

_____, *Nacionalización del Ferrocarril de Nacozari y Construcción del ramal Naco-Agua Prieta*, 1967.

Servicio de Administración y Enajenación de Bienes. Secretaría de Hacienda y Crédito Público. Oficio No. DCRI/023/2015, dirigido al Lic. Jesús Ernesto Ibarra Quijada por parte del Lic. Rodrigo Garza Arreola, Director Corporativo de Relaciones Institucionales. México, D.F., a 27 de mayo, 2015

Sindicato de Trabajadores Ferrocarrileros de la República Mexicana. Representación Nacional por Jubilados. Expediente No. RNJ-29-15. Oficio dirigido al Lic. Jesús Ernesto Ibarra Quijada por parte del Lic. José de Jesús Ortiz Rodríguez, Representante Nacional de Jubilados. México, D.F., a 9 de abril, 2015.

T. A. Rickard, *Interviews with Mining Engineers*, San Francisco Mining and Scientific Press, California, 1922.

Terán, Cuauhtémoc L., *Jesús García, El héroe de Nacozari*, Artes Gráficas y Editoriales Yescas, S.A., 1991.

The Bisbee Daily Review, "Nacozari Excursion Is Arranged", Vol. VIII, No. 115; Bisbee, Arizona; 22 de septiembre, 1904.

_____, "Railroads Reach an Amicable Agreement", Bisbee, Arizona; 28 de marzo, 1908.

_____, Vol. VII, No. 165. 13 de noviembre, 1903.

_____, Vol. X, No. 174; Bisbee, Arizona, 20 de julio, 1907.

The Moctezuma Copper Company. Carta dirigida al Sr. Presidente de la República, Gral. Porfirio Díaz por parte de James S. Douglas. 02 de julio de 1906.

The Official Guide of the Railways and Steam Navigation Lines of the United States, Porto Rico, Canada, Mexico and Cuba, Año 36, No. 8; enero, 1904; *General Railway Information*, p. XXXII.

Villafuente, Carlos, *Ferrocarriles*, Fondo de Cultura Económica, México-Buenos Aires, 1959.

Capítulo 5

Bisbee Daily Review, "García was honored by a great crowd", Vol. XII, No. 271. 9 de noviembre, 1909.

Bojórquez León, Juan de Dios, *Biografía del héroe de Nacozari*. México, D.F.: Talleres Gráficos de la Nación, 1926.

Carlyle, Thomas, *Los héroes*. España: Planeta Agostini, 1985.

Dedera, Don, *In Search of Jesús García*, Prickly Pear Press, Arizona, 1989.

_____; Robles, Bob, *Goodbye García, Adiós*, Flagstaff Press, Arizona, 1976.

Diario Oficial de la Federación, Secretaría de Estado y del despacho de Relaciones Exteriores. Tomo XCIX. Número 43. 21 de diciembre de 1908.

Estévez Ángeles, Patricio, *Jesús García, héroe de Nacozari*. VII Simposio de Historia y Antropología. Universidad de Sonora, Hermosillo, Sonora, México, 1984.

Figueroa Valenzuela, Alejandro; Graciada Romo, José Juan; Hu-Dehart, Evelyn; Jiménez Ornelas, Roberto; Radding de Murrieta, Cynthia; Ruiz Murrieta, Rosa María, *Historia General de Sonora IV Sonora Moderno: 1880-1929*. Gobierno del Estado de Sonora, Hermosillo, 1985.

Gobierno del Estado de Sonora, *Boletín Oficial*, Decreto No. 155 – Decreto que crea la condecoración "Jesús García Corona". Tomo LXXII, No. 37. 04 de noviembre de 1953. Hermosillo, Sonora, México.

Ibarra Quijada, Jesús Ernesto; Vásquez Montaño, Rosario Margarita, "Jesús García Corona, El héroe de Nacozari. CII Aniversario Luctuoso, 1907-2009", México, 2009.

La Constitución. Periódico Oficial del Gobierno Libre y Soberano de Sonora. Tomo XXXVIII, No. 13. Hermosillo, Sonora, México. 1º de febrero, 1909.

Locke, Charles Edward, *A Man's Reach or Some Character Ideas*. New York: Eaton & Mains, 1914.

Martínez Diaz, Esteban, ¡Eres un héroe, Jesús! Dossier Político. 12 de noviembre, 2007.

National Mining Hall of Fame and Museum, *The High-Grade*. Fall 2001/Winter 2002.

Padilla Campillo, Antonio. Cronista de la ciudad de Empalme, Sonora. *Revista Sumario*. Guaymas, Sonora, México. Ed. No. 39. Noviembre, 2003.

Registro Civil del Estado De Sonora. Acta de Defunción No. 50. 10 de abril, 1937.

Sandomingo, Manuel, *Biografía del héroe de Nacozari* Agua Prieta: Imprenta Sandomingo, 1950.

Terán, Cuauhtémoc L, *Jesús García, el héroe de Nacozari*. Cuarta edición. Hermosillo, Sonora: Imágenes de Sonora, 1997.

The Trainmaster Pacific Northwest Chapter. National Railway Historical Society, No. 74, Portland, Oregon, EE.UU. Noviembre, 1963.

Capítulo 6

Alarcón Menchaca, Laura, *José María Maytorena: una biografía política*. El Colegio de Jalisco, El Colegio de Sonora, Universidad Iberoamericana, 2008.

Buchenau, Jürgen, *Plutarco Elias Calles and the Mexican Revolution*. Rowman & Littlefield Publishers, 2006.

_____, *The Last Caudillo: Alvaro Obregon and the Mexican Revolution*, John Wiley and Sons, Massachusetts, 2011.

Comité Militar de Historia, "La verdadera revolución mexicana", Consejo Nacional para la Cultura y las Artes, México, D.F., 2013.

Diario de Chiapas. Periódico Independiente. Tuxtla Gutiérrez, domingo 8 de septiembre, 1912; No. 105.

El Paso Herald, El Paso, Texas, 04 marzo 1913. Chronicling America: Historic American Newspapers. Biblioteca del Congreso de los EE.UU.

_____, 27 de diciembre, 1910. Chronicling America: Historic American Newspapers. Biblioteca del Congreso de los EE.UU.

Gorostiza, Francisco Javier, *Los ferrocarriles en la Revolución Mexicana*, Siglo XXI Editores, México, 2010.

Hart, John Mason, *Revolutionary Mexico: The Coming and Process of the Mexican Revolution*. University of California Press, California, 1987.

Knight, Alan, *La Revolución mexicana. Del porfiriato al nuevo régimen constitucional*. Fondo de Cultura Económica, México, D.F., 2010.

Obregón, Álvaro, *Ocho mil kilómetros en campaña*, México, 1917.

Romero Gil, Juan Manuel, *La Revolución en las regiones: una mirada caleidoscópica*. Universidad de Sonora. Hermosillo, Sonora, México, 2010.

_____, *Sonora, la otra revolución: autonomía y resistencia en las comunidades mineras, 1910-1920*.

_____, *Sonora: La revolución en el Socavón, 1910-1918*; México, D.F., 2009

The Arizona Republican, An Independent Progressive Journal, 14 de marzo, 1916. Vol. XLVI, No. 300. Phoenix, Arizona.

The Rock Island Argus, 10 de marzo, 1913. Año 62, No. 121, Illinois, EE.UU.

The Topeka State Journal, 06 de noviembre, 1906, Topeka, Kansas, EE.UU.

Universidad de Sonora, XIII Simposio de Historia y Antropología de Sonora. *Memoria. Vol. 1*. Hermosillo, Sonora, México. Editorial Unison. Sonora, México, 1989.

Vásquez Montaño, Rosario Margarita, *Mujeres de frontera. Golondrinas errantes en el contexto revolucionario (1910-1920)*. Universidad de Sonora; Hermosillo, Sonora, México, 2011.

Capítulo 7

Gobierno del Estado de Sonora, *Boletín Oficial*, Decreto No. 241 que concede una pensión vitalicia al C. Silvestre Rodríguez. Tomo LXXIII, No. 1. 02 de enero de 1954. Hermosillo, Sonora, México.

Encinas Blanco, Ángel, *Silvestre Rodríguez*, Hermosillo, Sonora, 1989.

Ibarra Quijada, Jesús Ernesto, *Silvestre Rodríguez. El cantor de Nacozari*, México, 2010.

Rascón Valencia, Rodolfo, *Compositores sonorenses, 1860-1940*. Editorial Unison. Hermosillo, Sonora, 1992.

_____, Radio Sonora. Programa: De ida y vuelta. Entrevista. 30 de marzo, 2015. Hermosillo, Sonora.

Rodríguez Espinoza, Héctor, "Mayor Isauro Sánchez Pérez. Breve ensayo" en *Dossier Político*. Junio, 2011. Hermosillo, Sonora.

Vega Galindo, Enrique, "La Pilareña" en *Primera Plana*. No. 2237, Vol. XXXII. Noviembre, 2014. Hermosillo, Sonora.

Capítulo 8

Douglas, James, The Moctezuma Copper Company. Carta dirigida a Walter Douglas, Gerente General de la Moctezuma Copper Company. 30 de abril de 1913.

Douglas, Walter, The Moctezuma Copper Company. Carta dirigida al doctor James Douglas a Nueva York. 25 de junio de 1913.

Gobierno del Estado de Sonora, Acuerdo de la Comisión de Planificación del Estado de Sonora para la regularizar la propiedad de predios urbanos en Nacozari de García, cabecera del municipio de Nacozari, estado de Sonora. 22 de diciembre de 1972. Hermosillo, Sonora.

Gobierno del Estado de Sonora, *El Estado de Sonora*. Poder Legislativo – XXIII Congreso de Sonora. Número 76. Ley que erige en municipalidad el pueblo de Nacozari de García. Tomo III, No. 32. 15 de octubre de 1912. Hermosillo, Sonora.

_____, *El Estado de Sonora*. Poder Legislativo – XXIII Congreso de Sonora. Sesión ordinaria del día 29 de noviembre de 1912. Tomo III, No. 48. 6 de diciembre de 1912. Hermosillo, Sonora

_____, *Boletín Oficial*. Poder Ejecutivo – Número 98. Ley que declara desaparecida la comisaría "El Tigre" del municipio de Nacozari de García. Tomo XCIX, No. 45. 07 de junio de 1967. Hermosillo, Sonora.

Instituto Nacional de Ecología. Subsecretaría de Asentamientos Humanos. Dirección General de Centros de Población. *Desarrollo urbano: Plan emergente de desarrollo urbano de Nacozari, Sonora*. Junio, 1978.

Terán, Cuauhtémoc L., *Jesús García, El héroe de Nacozari*, Artes Gráficas y Editoriales Yescas, S.A., Hermosillo, Sonora. 1991.

Capítulo 9

Alvarado Martínez, Víctor J.; Volke Sepúlveda, Tanía L.; Salgado Figueroa, Paola; De La Rosa Pérez, D. Alejandro, *Informe de resultados del proyecto: Método de análisis y propuesta para el manejo de los residuos mineros del sitio de Nacozari, Sonora.* Secretaría de Medio Ambiente y Recursos Naturales. Instituto Nacional de Ecología. Dirección General del Centro Nacional de Investigación y Capacitación Ambiental. Dirección de Investigación en Residuos y Proyectos Regionales. México, diciembre, 2004.

Consejo de Recursos Naturales No Renovables. *Sumario estadístico de la minería mexicana.* México, D.F., 1965.

Gobierno del Estado de Sonora, *Boletín Oficial,* Tomo CXVI, No. 33. 22 de octubre de 1975. Hermosillo, Sonora, México.

_____, Secretaría de Economía. *La minería en la economía de Sonora,* Hermosillo, Sonora, México, 2015.

Grupo México, *Historia,* grupomexico.com/nosotros/historia.

Peláez Ramos, Gerardo, *México: un sexenio de lucha sindical (1976-1982). El movimiento obrero y sindical recibió durante el lopezportillismo serios golpes y diversas formas de represión,* México, 2010.

Revista Nacozari, Boletín de la Comisión Reguladora del Desarrollo Urbano de Nacozari. Año 1, No. 5. "Fin al problema de límites entre Nacozari y Villa Hidalgo", octubre 30 de 1975. Nacozari de García, Sonora, México.

Secretaría de Agricultura y Ganadería. Dirección General de Geografía y Meteorología. Oficio No. 209 dirigido al ciudadano Ernesto Peraza Munguía, Presidente Municipal de Nacozari de García, por parte del subdirector Silvino Aguilar Anguiano. 20 de agosto de 1971. Tacubaya, D.F.

The Moctezuma Copper Company. *Annual Report – Year 1979.* Nacozari de García, Sonora, 1979.

Valdés Calderón, Sergio; et al, *Historia General de Sonora: Historia contemporánea de Sonora, 1929-1984.* Gobierno del Estado de Sonora, Sonora, México, 1985.

West Virginia Secretary of State. Online Data Services. The Moctezuma Copper Company. Business Organizational Detail. www.wvsos.comx

www.ingramcontent.com/pod-product-compliance
Lightning Source LLC
Chambersburg PA
CBHW071725080526
44588CB00013B/1902